GHS – Göttinger Handelswissenschaftliche Schriften

Gordon H. Eckardt

Business Management I

Einführung in die Betriebswirtschaftslehre und Grundlagen der Unternehmensführung

Göttingen 2019

Eckardt, G. H.:

Business Management I
- Einführung in die Betriebswirtschaftslehre und Grundlagen der Unternehmensführung

Göttingen: GHS, 2019

ISBN 978-3-943538-12-0

ISBN 978-3-943538-12-0

2019 Göttinger Handelswissenschaftliche Schriften e.V.,
Platz der Göttinger Sieben 3, 37073 Göttingen

Vorwort – Gebrauchsanleitung

Das vorliegende Buch ist konzipiert als Begleit- und Arbeitsbuch für die Lehrveranstaltung „Einführung in die Allgemeine Betriebswirtschafts- und Managementlehre". Zielgruppen sind daher Studienanfänger der Studiengänge „Bachelor BWL" und „Nicht-konsekutiver Master BWL". Beiden Zielgruppen soll das Buch die aktive Vor- und Nachbereitung der Lehrveranstaltungen ermöglichen. Darüber hinaus kann es im Verlauf des gesamten Studiums als Wiederholungs- und Nachschlagewerk herangezogen werden. Nicht zuletzt ist es für die Vorbereitung auf das abschließende Kolloquium geeignet. Dem interessierten Praktiker mag das Buch darüber hinaus der effizienten Aneignung, Wiederholung und Anwendung grundlegender betriebswirtschaftlicher Inhalte dienen.

Der erste Teil enthält eine komprimierte Darstellung der wesentlichen begrifflichen und methodischen Grundlagen der Betriebswirtschaftslehre. Die Aufbereitung des Stoffes geht von einer managementorientierten Sichtweise aus und ist an den charakteristischen Funktionsbereichen eines Industrieunternehmens orientiert. Eingangs zu den einzelnen Kapiteln werden die jeweils im Mittelpunkt stehenden Lernziele genannt. Abgeschlossen werden die Kapitel mit „Begrifflichkeiten zum Nachschlagen", „Wiederholungsfragen" zur Lernkontrolle und Festigung des Wissens sowie kapitelbezogenen „Literaturhinweisen". Im Textverlauf unterstützen Marginalien das Verständnis und erleichtern die Orientierung.

Im Anschluss an die Darstellung der Grundlagen finden sich im zweiten Teil des Buches eine Fallstudie sowie eine Projektanleitung „Real Case", welche jeweils mit Hilfe umfassenderer Aufgaben die praxisorientierte Anwendung und Vertiefung der Stoffinhalte unterstützen sollen:

- Die Fallstudie „BEST-TENT Outdoor OHG" steht in engem Bezug zum Planspiel „TOPSIM – easyManagement". Es geht um die Vertiefung, die Routinisierung und den Transfer des grundlegenden Wissens.
- Das Projekt „Real Case" leitet dazu an, die in diesem Buch behandelten Inhalte anhand eines selbst gewählten „realen" Unternehmens zu spiegeln und die praxisseitige Relevanz dieser Inhalte kritisch zu reflektieren.

Dozenten lade ich herzlich dazu ein, mit mir Kontakt aufzunehmen. Gerne sende ich Ihnen kostenfrei umfangreiche Materialien in Form von Powerpoint-Charts sowie weitere Empfehlungen zum didaktischen Einsatz des Buches in Lehrveranstaltungen für die genannten Zielgruppen.

Ich wünsche Ihnen viel Erfolg mit diesem Buch und freue mich jederzeit über Feedback und Anregungen zur Verbesserung (gordon.eckardt@fh-kiel.de)!

Kiel, im September 2019 Gordon H. Eckardt

Inhalt

I Einführung und Grundlagen

Lernziele des Kapitels

Dieses Kapitel soll Sie vertraut machen mit den folgenden Themen:

Verständnis und Abgrenzung der folgenden Begriffe:

- Markt, Bedürfnis, Bedarf, Nachfrage, Angebot,
- Wirtschaft, Wirtschaftsgut, ökonomisches Prinzip,
- Wirtschaftseinheiten: Haushalt, Unternehmen, Bestimmungsfaktoren des Betriebes

Die verschiedenen Sichtweisen auf ein Unternehmen als Betrachtungsgegenstand der Betriebswirtschaftslehre kennen.

1 Wirtschaft und ihre Elemente

1.1 Markt – Bedürfnis, Bedarf, Nachfrage, Angebot

Unter einem **Markt** versteht man ganz allgemein den realen oder virtuellen Ort des Zusammentreffens von Angebot und Nachfrage. Je nach Art der auf einem Markt gehandelten Sachen lassen sich so beispielsweise Arbeits-, Immobilien-, Aktien-, Geld- und Kapitalmärkte unterscheiden.

Markt
= realer oder virtueller Ort des Zusammentreffens von Angebot und Nachfrage

In der Wirtschaft versteht man unter einem Markt den realen oder virtuellen Ort des Zusammentreffens von Angebot und Nachfrage von und nach einem Wirtschaftsgut. Zu unterscheiden sind je nach Art der Anbieter und Nachfrager Konsumgütermärkte (z. B. Lebensmittel, Mobilfunk) und Investitionsgütermärkte (z. B. Rohstoffe, Maschinen).

In Konsumgütermärkten resultiert die **Nachfrage** aus dem Bedarf der Konsumenten, kombiniert mit der individuell vorhandenen Kaufkraft, und basierend auf den Bedürfnissen der Nachfrager. Dem gegenüber spricht man in Investitionsgütermärkten von einer abgeleiteten Nachfrage, die aus dem Ziel der Bedarfsdeckung der Unternehmen resultiert. In Abb. 1 ist der Zusammenhang zwischen den Begrifflichkeiten aus Sicht eines Konsumgütermarktes dargestellt.

Nachfrage
= Resultat aus Bedürfnissen, Bedarf und Kaufkraft

Abb. 1 Angebot und Nachfrage auf einem Markt

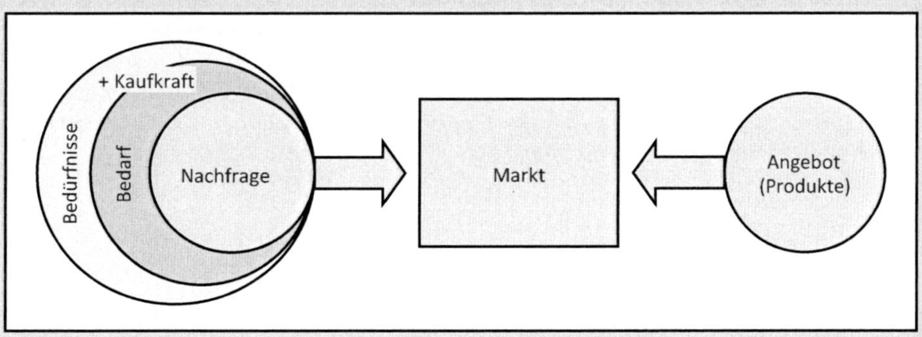

Quelle: in Anlehnung an Scharf et al. 2015, S. 3

Beispiel

Das folgende Beispiel mag den Zusammenhang zwischen den Begrifflichkeiten verdeutlichen (Scharf et al. 2015, S. 3): Ein Student, der viel am Schreibtisch sitzt verspürt das **Bedürfnis** nach mehr Bewegung in der Freizeit. Er überlegt, einen Heimtrainer, ein Rennrad, eine Joggingausrüstung oder eine Mitgliedschaft im Fitnessstudio zu kaufen. Der aus dem Bedürfnis nach mehr Bewegung resultierende **Bedarf** betrifft also alle Produkte, die das Bedürfnis nach Bewegung befriedigen können. Allerdings reicht sein Sparguthaben nur für ein Produkt. Indem er sich für den Kauf eines Rennrades entscheidet, äußert er eine konkrete **Nachfrage**. Zur Auswahl stehen nun die verfügbaren Produkte (knappe Wirtschaftsgüter) auf dem Markt für Rennräder – also das **Angebot** der Unternehmen, die Rennräder herstellen und/oder verkaufen (vgl. Abb. 2).

Abb. 2 Beispiel für Angebot und Nachfrage auf einem Markt

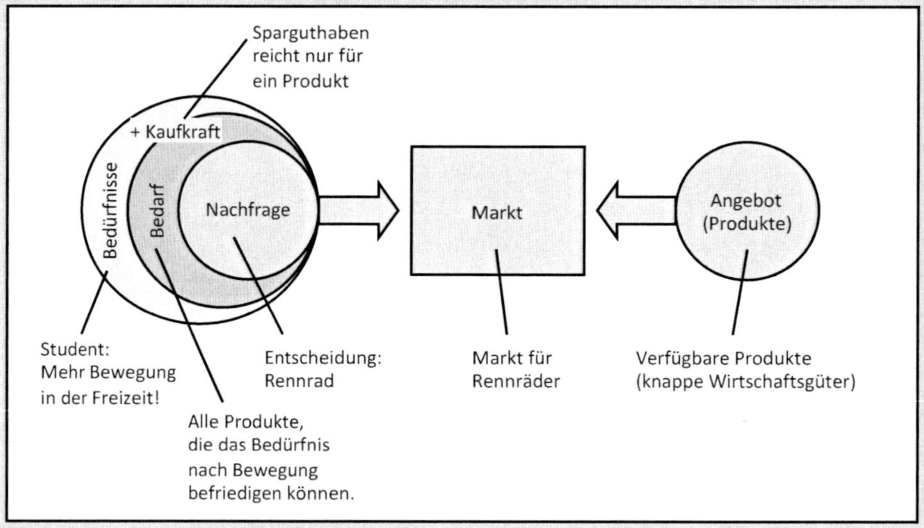

Käufer- vs. Verkäufermarkt

Ist das Angebot größer als die Nachfrage, spricht man von einem **Käufermarkt**. Wenn das Angebot kleiner ist als die Nachfrage, handelt es sich um einen **Verkäufermarkt**. Stimmen Angebot und Nachfrage bei einem Gut überein, so spricht man vom **Marktgleichgewicht** (siehe Abb. 3).

Bedürfnisse
resultieren aus dem Verspüren eines Mangels

Wie aus dem Beispiel deutlich wird, resultieren die **Bedürfnisse** der Menschen allgemein aus dem Verspüren eines Mangels; und zwar unabhängig davon, ob dieser Mangel objektiv vorhanden oder nur subjektiv empfunden wird. Setzt man sich nun weitergehend mit den Bedürfnissen auseinander, so wird deutlich, dass diese sehr unterschiedlicher Natur sein können. Aus betriebswirtschaftlicher und unternehmerischer Sicht interessieren vor allem solche, die durch das Angebot von Produkten und/oder Dienstleistungen befriedigt werden können. So lassen sich **Existenz-, Grund- und Luxusbedürfnisse** unterscheiden. Der Übergang zwischen diesen Bedürfniskategorien ist fließend. Nachdem die Existenzbedürfnisse befriedigt sind, besteht für die Konsumenten die Wahl, welche Bedürfnisse vor allem und in welcher Reihenfolge befriedigt werden sollen. Dies hängt eng zusammen mit den zur Verfügung stehenden (in der Regel begrenzten) finanziellen Mitteln. Man spricht daher bei den Grund- und Luxusbedürfnissen auch von Wahlbedürfnissen (vgl. Abb. 4; Thommen et al. 2016, S. 4).

Abb. 3 Marktformen

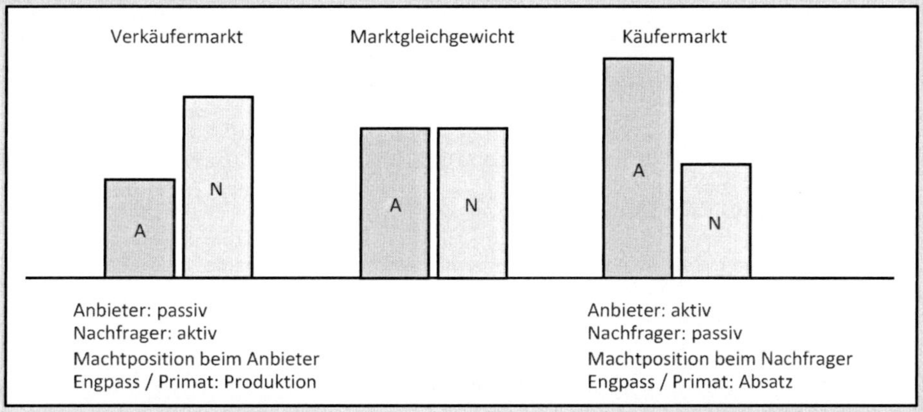

Abb. 4 Bedürfnisarten

Existenz-bedürfnisse	Dienen der Selbsterhaltung (lebensnotwendig!) = Primäre Bedürfnisse Bsp.: Nahrung, Kleidung, Unterkunft	
Grund-bedürfnisse	Lassen sich aus dem kulturellen und sozialen Leben sowie dem allgemeinen Lebensstandard einer Gesellschaft ableiten Bsp.: Theater, Bücher, Sport, Reisen	Wahlbedürfnisse
Luxus-bedürfnisse	Erfüllen den Wunsch nach luxuriösen Gütern und Dienstleistungen Bsp.: Ferien-, Zweitwohnung	

Existenz- vs. Wahlbedürfnisse

1.2 Wirtschaft, Wirtschaftsgüter und ökonomisches Prinzip

Wirtschaft
= alle Institutionen und Prozesse, die der Befriedigung menschlicher Bedürfnisse nach knappen Gütern dienen

Aus der Zusammenführung der vorstehend erläuterten Begrifflichkeiten lassen sich „... unter dem Begriff **Wirtschaft** alle Institutionen und Prozesse verstehen, die direkt oder indirekt der Befriedigung menschlicher Bedürfnisse nach knappen Gütern dienen." (Thommen et al. 2016, S. 4).

Die knappen Güter – also solche, die nicht unbegrenzt für jeden frei zugänglich zur Verfügung stehen – stellen die Wirtschaftsgüter dar und lassen sich nach verschiedenen Kriterien in folgende Kategorien unterteilen (Thommen et al. 2016, S. 4.; dort nach Schierenbeck/Wöhle 2012, S. 4).

Wirtschaftsgüter

Abb. 5 Kategorisierung von Wirtschaftsgütern

1. nach der Stellung im Produktionsprozess
- **Inputgüter** werden benötigt, um andere Güter zu produzieren
- **Outputgüter** sind das Ergebnis des Produktionsprozesses

2. nach der Nähe zur unmittelbaren Bedürfnisbefriedigung
- **Produktionsgüter** sind Output- und Inputgüter für nachgelagerte Produktionsprozesse
- **Konsumgüter** dienen unmittelbar dem Konsum

3. nach dem Fortschritt im unternehmensspezifischen Produktionsprozess
- **Halbfabrikate** = Teile, Baugruppen
- **Fertigfabrikate** = Endprodukte

4. nach ihrer Nutzungsdauer
- bei Konsumgütern: **Verbrauchsgüter oder Gebrauchsgüter**
- bei Produktionsgütern:
  => **Potenzialfaktoren** = Investitionsgüter = Betriebsmittel
  => **Repetierfaktoren** = Werkstoffe
  a) Rohstoffe = Grundmaterialien für ein Produkt
  b) Hilfsstoffe = bilden keinen wesentlichen Bestandteil des Produktes
  c) Betriebsstoffe = gehen nicht in das Produkt ein

5. nach der Substanz
- materielle Güter
- immaterielle Güter (Dienstleistungen, Rechte)

6. nach dem Geldbezug
- Realgüter
- Nominalgüter (Geld + Rechte auf Geld)

Wirtschaft
= Inbegriff aller planvollen menschlichen Tätigkeiten um die Knappheit der Güter zu verringern

Eine weitere Definition von Wöhe fast unter **Wirtschaft** den „Inbegriff aller planvollen menschlichen Tätigkeiten, die unter Beachtung des ökonomischen Prinzips (Rationalprinzip) mit dem Zweck erfolgen, die - an den Bedürfnissen der Menschen gemessene - Knappheit der Güter zu verringern." (Wöhe/Döring 2008, S. 2).

Ökonomisches Prinzip
- Minimum-
- Maximum-
- Generelles Extremum

Das **ökonomische Prinzip** (Rationalprinzip) unterscheidet dabei drei Formen:

- Maximumprinzip: Mit einem gegebenen Input einen maximalen Output zu erzielen.
- Minimumprinzip: Einen vorgegebenen Output mit einem minimalen Input zu erzielen.
- Generelles Extremumprinzip: Den Input und den Output auf ein möglichst (optimales) Verhältnis abzustimmen, wobei das Optimalitätskriterium problemindividuell zu definieren ist.

Das ökonomische Prinzip kann nun in Bezug auf die eingesetzten Wirtschaftsgüter, d. h. die Produktionsfaktoren sowie die finanziellen Mittel eines Unternehmens, übertragen werden. In Abb. 6 ist dies für das Minimal- und das Maximalprinzip verdeutlicht.

Minimal- vs. Maximalprinzip

Abb. 6 Ökonomisches Prinzip

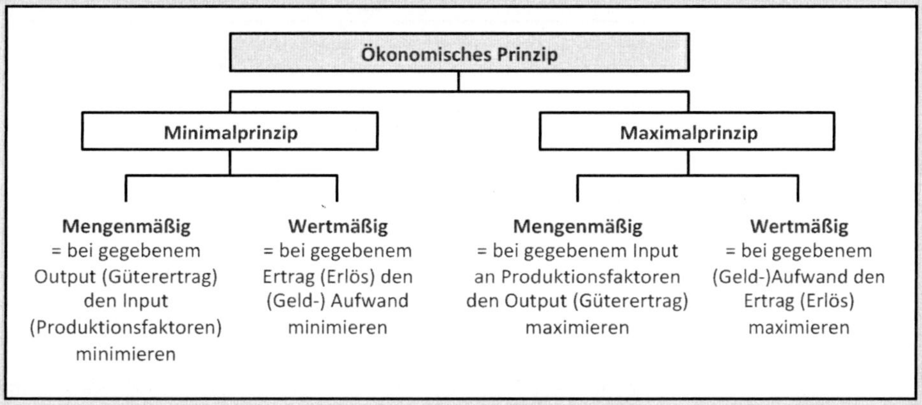

„Als **Produktionsfaktoren** bezeichnet man in der Betriebswirtschaftslehre alle Elemente, die im betrieblichen Leistungserstellungs- und Leistungsverwertungsprozess miteinander kombiniert werden." (Thommen et al. 2016, S. 5). Es lassen sich Elementarfaktoren, dispositive Faktoren sowie Wissen/Informationen unterscheiden.

Produktionsfaktoren
= alle Elemente, die im betrieblichen Leistungserstellungs- und -verwertungsprozess miteinander kombiniert werden

Abb. 7 Produktionsfaktoren

1. Elementarfaktoren	**Beispiele:**
• Objektbezogene Arbeitsleistung	Vertriebstätigkeit, Produktion
• Potenzialfaktoren = Betriebsmittel	Gebäude, Maschinen, Fahrzeuge
• Repetierfaktoren = Werkstoffe	Rohstoffe, Hilfsstoffe
2. Dispositive Faktoren	
• Betriebs- und Geschäftsleitung	Vorstand
• Derivative Faktoren	Planung und Organisation
3. Wissen/Informationen	Patente, Lizenzen

1.3 Wirtschaftseinheiten: Haushalt und Unternehmen

Wirtschaftseinheiten sind solche, die sich am Wirtschaftsgeschehen beteiligen. Sie lassen sich charakterisieren als

- technische, soziale, wirtschaftliche und umweltbezogene Einheiten
- mit selbständigen Entscheidungen und eigenen Risiken,
- aber mit unterschiedlichen Aufgaben und Zielen.

Als interagierende Einheiten einer Wirtschaft verfolgen **Betriebe** grundsätzlich das Prinzip der Bedarfsdeckung. Man unterscheidet Haushalte und Unternehmen:

Betriebe
= Haushalte und Unternehmen

- **Haushalte** verfolgen das Ziel der Eigenbedarfsdeckung und werden daher als Konsumtionswirtschaften bezeichnet.
- Demgegenüber steht für **Unternehmen** das Ziel der Fremdbedarfsdeckung im Vordergrund. Sie werden daher auch Produktionswirtschaften genannt.

Eigen- vs. Fremdbedarfsdeckung

Abb. 8 Einteilung der Betriebe

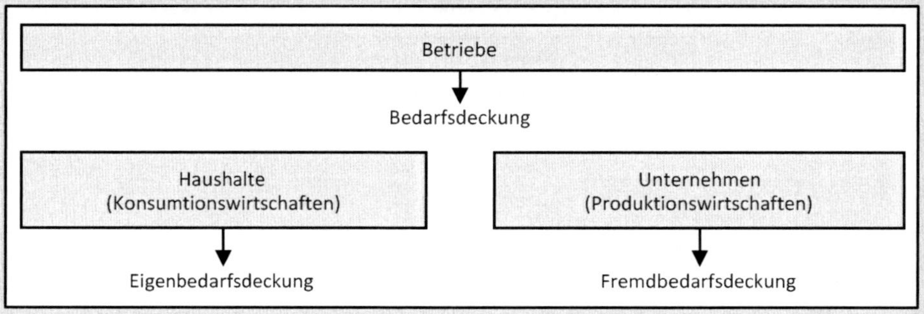

Haushalte – Unternehmen
- öffentlich
- privat

Nach der Art der Kapitalbeteiligung lassen sich des weiteren öffentliche und private Haushalte sowie Unternehmen unterscheiden, wie Abb. 9 verdeutlicht.

Abb. 9 Haushalte und Unternehmen

Art der Bedarfsdeckung / **Kapitalbeteiligung**	**Eigenbedarfsdeckung** (Konsumtionswirtschaften)	**Fremdbedarfsdeckung** (Produktionswirtschaften)
Öffentlich	Öffentliche Haushalte	Öffentliche Unternehmen und Verwaltungen
		Gemischtwirtschaftliche Unternehmen
Privat	Private Haushalte	Private Unternehmen

Quelle: in Anlehnung an Thommen et al. 2016, S. 7

Bestimmungsfaktoren des Betriebes

Vom Wirtschaftssystem abhängige und unabhängige Faktoren

Nach Gutenberg wird der Betrieb von verschiedenen Faktoren beeinflusst, die sowohl abhängig als auch unabhängig von Wirtschaftssystem sein können.

Die vom Wirtschaftssystem **unabhängigen, also systemindifferenten Faktoren** bestehen in der Kombination von Produktionsfaktoren nach dem ökonomischen Prinzip und der Beachtung des finanziellen Gleichgewichts als langfristige Existenzbedingung.

Unter Berücksichtigung der **systembezogenen Faktoren** kann im Rahmen eines **marktwirtschaftlichen Systems** (Marktwirtschaft) die Unternehmung als Spezialfall des Betriebes angesehen werden. Hier stehen die freie Entscheidung darüber, was wann in welchen Mengen produziert werden soll (**Autonomieprinzip**), das erwerbswirtschaftliche Prinzip (Gewinnorientierung) und das Privateigentum an Produktionsmitteln im Vordergrund. Die **Planwirtschaft** steht demgegenüber für das Organprinzip (der Betrieb ist Teil der Gesamtwirtschaft, welche für ihn Entscheidungen trifft), das Prinzip der Planerfüllung (Orientierung an Planvorgaben der Gesamtwirtschaft) und das Gemeineigentum an Produktionsmitteln. Die Abb. 10 verdeutlicht dies.

Markt- vs. Planwirtschaft

Abb. 10 Bestimmungsfaktoren des Betriebes

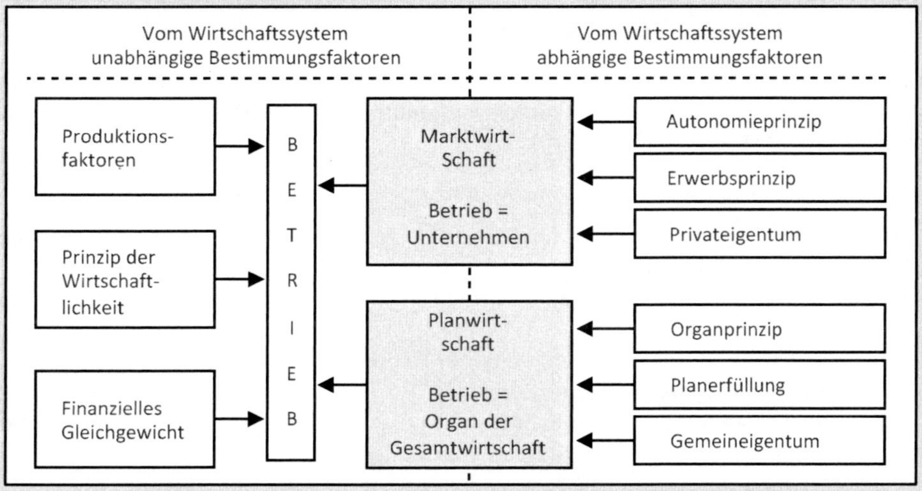

Quelle: in Anlehnung an Wöhe et al. 2016, S. 36

Begrifflichkeiten zum Nachschlagen

... damit sollten Sie umgehen können:

- Markt, Bedürfnis, Bedarf, Nachfrage, Angebot
- Käufermarkt, Verkäufermarkt, Marktgleichgewicht
- ökonomisches Prinzip
- Wirtschaft, Wirtschaftsgut
- Wirtschaftseinheiten: Haushalt, Unternehmen

Wiederholungsfragen

1. Was verstehen Sie unter einem Markt?
2. Erläutern Sie die Begriffe Käufermarkt, Verkäufermarkt und Marktgleichgewicht. Versuchen Sie aktuelle Beispiele für derartige Marktformen zu finden.
3. Erläutern Sie das ökonomische Prinzip.
4. Was sind Wirtschaftseinheiten? Erläutern Sie den Unterschied zwischen Haushalten und Unternehmen.
5. Skizzieren und erläutern Sie die Bestimmungsfaktoren des Betriebes.

Literaturhinweise

Gutenberg, E.: Die Unternehmung als Gegenstand betriebswirtschaftlicher Theorie, Berlin 1929, unveränderter Nachdruck Wiesbaden 1998.

Schierenbeck, H.; Wöhle, C. B.: Grundzüge der Betriebswirtschaftslehre. 19. Aufl., München 2016.

Thommen, J.-P.; Achleitner, A.-K.; Gilbert, D. U.; Hachmeister, D.; Kaiser, G.: Allgemeine Betriebswirtschaftslehre: Umfassende Einführung aus managementorientierter Sicht. 8. Aufl., Wiesbaden 2016.

Wöhe, G.; Döring, U.; Brösel, G.: Einführung in die Allgemeine Betriebswirtschaftslehre. 26. Aufl., München 2016.

2 Das Unternehmen als Gegenstand der Betriebswirtschaftslehre

2.1 Das Unternehmen als System

Unternehmen
= offenes, dynamisches, komplexes, autonomes, marktgerichtetes, produktives, soziales System

In der managementorientierten Betriebswirtschaftslehre wird das **Unternehmen** charakterisiert als „... offenes, dynamisches, komplexes, autonomes, marktgerichtetes, produktives, soziales System..." (Thommen et al. 2016, S. 7).

Das System Unternehmen ist ...

- **offen**, weil es mit seiner Umwelt fortlaufend Austauschbeziehungen pflegt und mit dieser auf vielfältige Weise verbunden ist.
- **dynamisch**, da es sich permanent an neue Entwicklungen anpassen muss oder diese selbst initiiert.
- **komplex**, weil es aus einer Vielzahl einzelner Elemente besteht, die über vielfältige Strukturen und Abläufe miteinander vernetzt sind.
- **autonom**, weil es seine Ziele im Rahmen der gesetzlichen Regelungen weitgehend selbst bestimmen kann.
- **marktgerichtet**, da es sämtliche Anstrengungen auf die Anforderungen des Marktes ausrichten muss.
- **produktiv**, weil es durch die Kombination der Produktionsfaktoren produktive Leistungen erstellt.
- **sozial**, da Menschen als Individuen oder Gruppen in ihm tätig sind und das Verhalten des Unternehmens wesentlich beeinflussen.

2.2 Die Umwelt des Unternehmens

Makro- vs. Mikroumwelt

Als System agiert das Unternehmen in einer komplexen und dynamischen Umwelt, mit der verschiedenartige Austauschprozesse unterhalten werden. Je nach Sichtweise kann diese Umwelt zunächst unterteilt werden in eine Makro- und eine Mikroumwelt.

Abb. 11 Makro- und Mikroumwelt

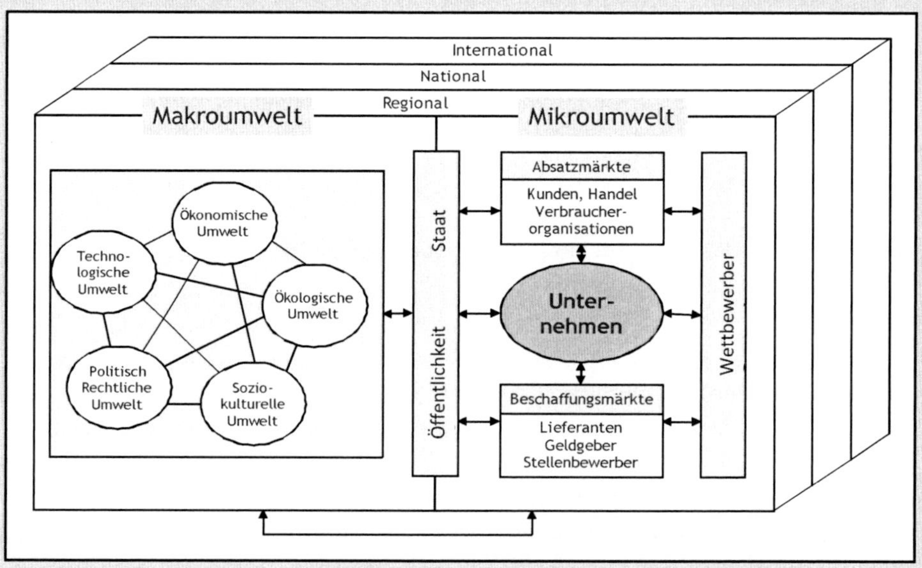

Innerhalb der **Makroumwelt** lassen sich ökonomische, ökologische, sozio-kulturelle, politisch-rechtliche und technologische Bereiche der Umwelt differenzieren (vgl. u.a. Thommen et al. 2016, S. 12 ff.).

Abb. 12 Felder der Makroumwelt

Ökonomische Umwelt	Umfasst die Einbettung des Unternehmens in den gesamtwirtschaftlichen Produktionsprozess Bsp.: Zunehmende Globalisierung
Ökologische Umwelt	Umfasst die Natur mit ihren knappen Ressourcen, Umweltbelastungen durch das Unternehmen sowie den Umgang damit Bsp.: Umgang mit Schadstoffen
Sozio-kulturelle Umwelt	Umfasst die Einbettung des Unternehmens in die Gesellschaft, die Berücksichtigung von Werten sowie die Einflussnahme darauf Bsp.: Soziale Verantwortung von Unternehmen
Technologische Umwelt	Umfasst die Technik und die Beobachtung des technischen Fortschritts Bsp.: Erhöhtes Risiko aus Forschungs- und Entwicklungstätigkeit des Wettbewerbs oder der Hochschulen
Politischrechtliche Umwelt	Umfasst Veränderungen in der politischen Landschaft sowie in der Gesetzgebung Bsp.: Zunehmende Einflussnahme der EU-Gesetzgebung

Die **Mikroumwelt** des Unternehmens ist durch Institutionen, Organisationen und Personen charakterisiert, mit denen das Unternehmen Austauschbeziehungen unterhält und zu denen mehr oder weniger direkte Abhängigkeiten bestehen. Hierzu gehören vor allem die unmittelbaren Absatz- und Beschaffungsmärkte, aber auch die Wettbewerber, die (regionale, lokale) Öffentlichkeit und der staatlichen Institutionen/Regelungen, die direkten Einfluss auf das Unternehmen haben (z. B. die Gewerbesteuer am Standort des Unternehmens).

Stakeholder
= Externe und interne Anspruchsgruppen

Die Institutionen, Organisationen und Personen aus der Mikroumwelt werden oftmals auch als externe Anspruchsgruppen eines Unternehmens bezeichnet. Neben diesen gibt es auch interne Anspruchsgruppen. Gemeinsam bilden diese beiden Gruppen die **Stakeholder** des Unternehmens.

Die Stakeholder eines Unternehmens beeinflussen dieses vor dem Hintergrund ihrer individuellen Interessen und Zielsetzungen. In Abb. 13 sind diese vereinfacht dargestellt.

Stakeholder und deren Interessen

Abb. 13 Anspruchsgruppen des Unternehmens und ihre Interessen

	Anspruchsgruppen	Interessen (Ziele)
Interne Anspruchsgruppen	**1. Eigentümer** • Kapitaleigentümer • Eigentümer-Unternehmer **2. Management** (Manager-Unternehmer)	• Einkommen/Gewinn • Erhaltung, Verzinsung und Wertsteigerung des investierten Kapitals • Selbstständigkeit/Entscheidungsautonomie • Macht, Einfluss, Prestige • Entfaltung eigener Ideen und Fähigkeiten, Arbeit = Lebensinhalt
	3. Mitarbeiter	• Einkommen (Arbeitsplatz) • soziale Sicherheit • sinnvolle Betätigung, Entfaltung der eigenen Fähigkeiten • zwischenmenschliche Kontakte (Gruppenzugehörigkeit) • Status, Anerkennung, Prestige (ego-needs)
Externe Anspruchsgruppen	**4. Fremdkapitalgeber**	• sichere Kapitalanlage • befriedigende Verzinsung • Vermögenszuwachs
	5. Lieferanten	• stabile Liefermöglichkeiten • günstige Konditionen • Zahlungsfähigkeit der Abnehmer
	6. Kunden	• qualitativ und quantitativ befriedigende Marktleistung zu günstigen Preisen • Service, günstige Konditionen usw.
	7. Konkurrenz	• Einhaltung fairer Grundsätze und Spielregeln der Marktkonkurrenz • Kooperation auf branchenpolitischer Ebene
	8. Staat und Gesellschaft	• Steuern • Sicherung der Arbeitsplätze • Sozialleistungen • positive Beiträge an die Infrastruktur • Einhalten von Rechtsvorschriften und Normen • Teilnahme an der politischen Willensbildung • Beiträge an kulturelle, wissenschaftliche und Bildungsinstitutionen • Erhaltung einer lebenswerten Umwelt

Quelle: in Anlehnung an Thommen/Achleitner 2005, S. 47; dort nach Ulrich/Fluri 1995, S. 79

2.3 Das Unternehmen aus funktioneller, institutioneller, prozessorientierter, genetischer und theoretischer Sicht

BWL als Real- und Geisteswissenschaft

Nähert man sich der Betriebswirtschaftslehre aus wissenschaftlich-analytischer Sicht, so lässt sich diese in die sogenannten Realwissenschaften und innerhalb derer in die Geisteswissenschaften einordnen. Neben der Volkswirtschaftslehre gehört die Betriebswirtschaftslehre zu den Wirtschaftswissenschaften. In Abb. 14 ist die Einordnung verdeutlicht.

Abb. 14 Einordnung der Betriebswirtschaftslehre

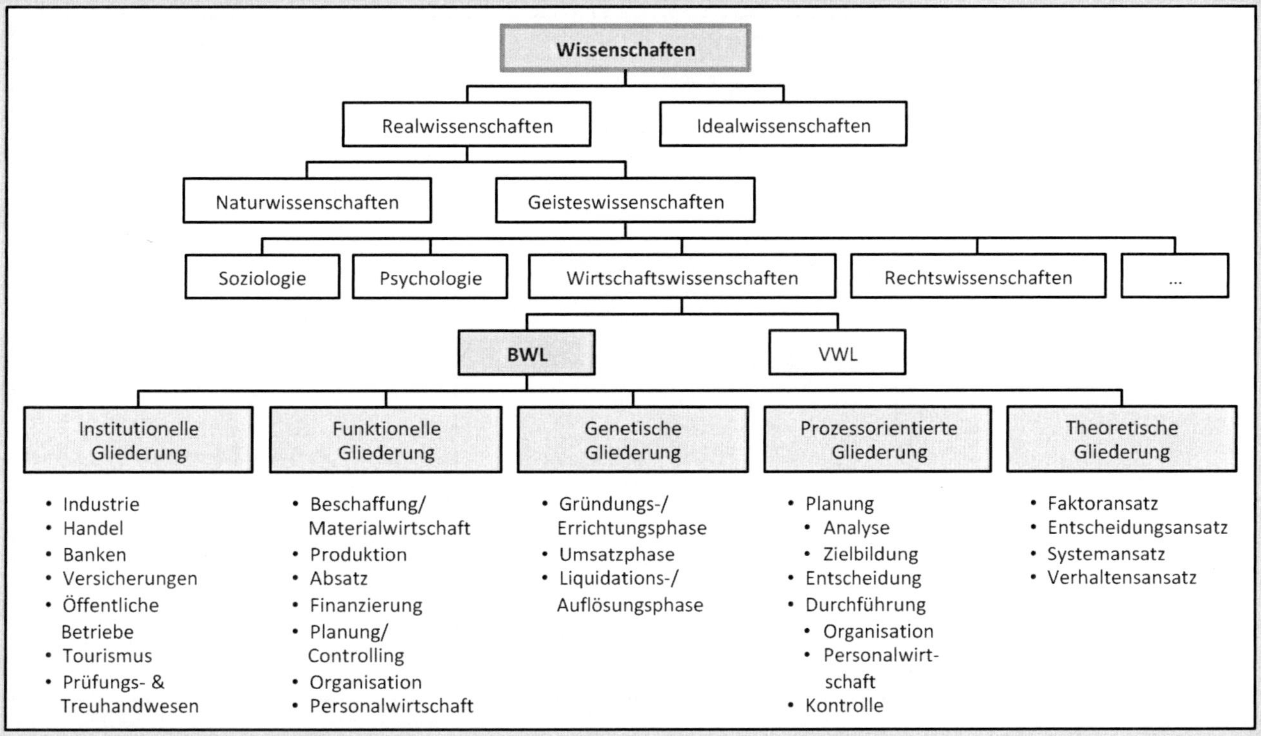

Sichtweisen der BWL

Innerhalb der Betriebswirtschaftslehre gibt es fünf wesentliche Herangehens- oder Sichtweisen, nach denen die in der betrieblichen Realität vorkommenden Phänomene erforscht und systematisiert werden:

- aus funktioneller Sicht,
- aus institutioneller Sicht,
- aus prozessorientierter Sicht,
- aus genetischer Sicht und
- aus theoretischer Sicht.

Funktionelle Gliederung

Fokus: Betriebliche Funktionen

Die funktionelle Gliederung basiert auf der Einteilung eines Unternehmens in die betrieblichen Funktionen wie sie sich aus dem Umsatzprozess ergeben. Dabei lassen sich **Grundfunktionen**, die sich direkt aus dem güter- und finanzwirtschaftlichen Umsatzprozess ergeben, und **Querfunktionen bzw. unterstützende Funktionen**, die entlang des gesamten Umsatzprozesses auftauchen, unterscheiden.

Institutionelle Gliederung

Fokus: Institutionen in Wirtschaftszweigen

Die institutionelle Gliederung beruht auf der Zugehörigkeit des Unternehmens zu verschiedenen Wirtschaftszweigen. Hier werden jeweils Probleme einer bestimmten Branche (z. B. Handel, Banken, Tourismus) betrachtet. Die Funktionenlehren erfahren mit diesem Institutionenbezug eine besondere Ausprägung, wie in der folgenden Abbildung verdeutlicht.

Grundfunktionen vs. unterstützende Funktionen

Abb. 15 Inhalte der betrieblichen Funktionen

Grundfunktionen	**Unterstützende Funktionen**
Beschaffungsmanagement/ Materialwirtschaft ▸ Beschaffung + Lagerung von Repetierfaktoren	Organisation ▸ Gliederung und Abstimmung der betrieblichen Tätigkeiten ▸ Festlegung der Kommunikation
Produktionsmanagement ▸ Be- und Verarbeitung von Repetierfaktoren ▸ Einsatz von Potentialfaktoren	Führung ▸ Steuerung der betrieblichen Aktivitäten und Ausrichtung auf die Unternehmensziele
Marketingmanagement ▸ Abklärung effektiver Bedürfnisse ▸ Gestaltung der Kundenbeziehungen ▸ Absatz der Produkte	Personalmanagement ▸ Beschaffung, Betreuung und Freisetzung von Mitarbeitern
Forschung und Entwicklung ▸ Erfindung + Entwicklung neuer Produkte und Produktionsprozesse	Rechnungswesen ▸ Erfassung und Auswertung des betrieblichen Umsatzprozesses
Finanzierung ▸ Beschaffung, Einsatz + Rückzahlung von Kapital	Informations-/Wissensmanagement ▸ Nutzung des Potentials der Ressourcen „Information" und „Wissen"
Investition ▸ Beschaffung von Potentialfaktoren + Beteiligungen	Recht ▸ Einhaltung der gesetzlichen Vorschriften

Abb. 16 Institutionelle vs. funktionelle Gliederung der Betriebswirtschaftslehre

		Institutionen					
		Industrie	Handel	Banken	Versicherungen		
Funktionsbereiche	Organisation	Industrielle Organisation				Organisationsehre	**Funktionenlehren**
	Personal	Industrielle Personalwirtschaft				Personalwirtschaft	
	Anlagen	Industrielle Anlagenwirtschaft				Anlagenwirtschaft	
	Material	Industrielle Materialwirtschaft				Materialwirtschaft	
	Leistungserstellung	Industrielle Produktion				Produktionswirtschaft	
	Marketing	Industrielles Marketing	Handelsmarketing	Bankenmarketing	Versicherungsmarketing	**Absatzwirtschaft (Marketing)**	
	Controlling	Industrielles Controlling				Controlling	
	Datenverarbeitung	Industrielle Datenverarbeitung				Datenverarbeitung	
		Industriebetriebslehre	Handelsbetriebslehre	Bankbetriebslehre	Versicherungsbetriebslehre		
		Institutionenlehren					

Prozessorientierte Gliederung

Fokus: Prozesse

Die prozessorientierte Gliederung orientiert sich an den Aktivitäten, die zur Führung des Unternehmens durch das Management bzw. die Manager dieses Unternehmens vollzogen werden. Sie lässt sich im Wesentlichen unterteilen in die **Phasen**:

- Planung, inklusive der Analyse, Zielbildung, Alternativenbewertung,
- Entscheidung,
- Durchführung und
- Kontrolle.

(Entscheidungs-)Prozess

Abb. 17 Prozessorientierte Gliederung der Betriebswirtschaftslehre

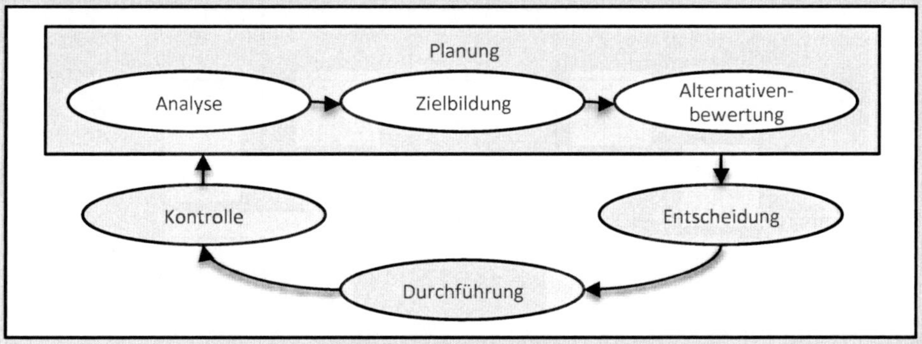

Genetische Gliederung

Fokus: Lebenszyklus

Die genetische Gliederung orientiert sich am Lebenszyklus von Unternehmen und fokussiert Problembereiche/Entscheidungen, die einmaliger oder seltener Natur sind, das Unternehmen aber längere Zeit prägen. Man spricht hierbei auch von konstitutiven Entscheidungen. Die drei wesentlichen Phasen sind die Gründungs-, die Umsatz- und die Liquidationsphase.

Abb. 18 Genetische Gliederung der Betriebswirtschaftslehre

Gründungs-/ Errichtungsphase	Analyse des Marktes und Treffen konstitutiver Entscheidungen über das Leistungsprogramm, das Zielsystem, die Rechtsform, die Organisation, die Finanzierung sowie den Standort als Rahmen für künftige Entscheidungen zur Leistungserstellung und Leistungsverwertung
Umsatz-/ Betriebsphase	Entscheidungen zur Steuerung des güter- und finanzwirtschaftlichen Umsatzprozesses und zur Weiterentwicklung des Unternehmens (internes und externes Wachstum, Umstrukturierungen, Zusammenschlüsse etc.)
Liquidations-/ Auflösungsphase	Unternehmenskrise, Insolvenz – ggf. Veräußerung aller Vermögensteile eines Unternehmens mit dem Ziel, aus den Verkaufserlösen, alle Verbindlichkeiten zu tilgen sowie einen finanziellen Überschuss zu erzielen

Abb. 19 veranschaulicht den Zusammenhang zwischen der funktionsorientierten, der institutionellen und der genetischen Gliederung. Die prozessorientierte Sichtweise findet sich in jeweils individueller Ausprägung in den einzelnen „Quadern".

Zusammenführung der drei Sichtweisen
- funktionell
- institutionell
- genetisch

Abb. 19 Gliederungskriterien der Betriebswirtschaftslehre

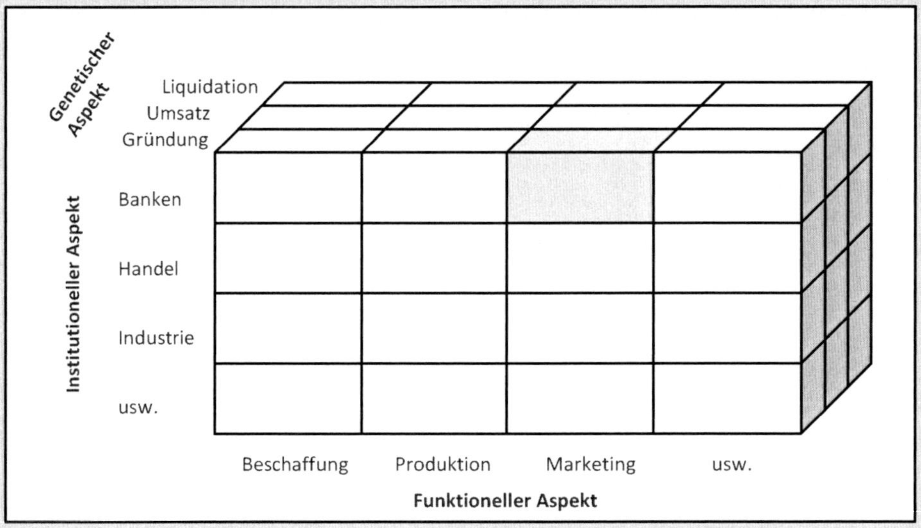

Quelle: in Anlehnung an Thommen et al. 2016, S. 19

Theoretische Gliederung

Fokus:
Theoretische Modelle

Bei der theoretischen Gliederung der Betriebswirtschaftslehre geht man weniger von den in der Realität vorfindbaren Strukturen, Abläufen und Prozessen aus. Vielmehr bilden theoretische Modelle die Grundlage für die Untersuchung der betrieblichen Phänomene. Der Vorteil besteht in der punktuellen Übertrag- und Anwendbarkeit auf unterschiedlichste Phänomene unabhängig von der Art der Institution, des Prozesses oder der Funktion.

Theorie-Ansätze in der BWL:
- Faktoreinsatz
- Entscheidungen
- System
- Verhalten

In der Geschichte der Betriebswirtschaft hat sich eine Reihe von **Ansätzen** herausgebildet. Die wichtigsten sind

- der faktortheoretische bzw. produktivitätsorientierte Ansatz,
- der entscheidungsorientierte Ansatz,
- der systemorientierte Ansatz und
- der verhaltensorientierte Ansatz.

Der **faktortheoretische bzw. produktivitätsorientierte Ansatz** stellt die Kombination der Produktionsfaktoren in den Mittelpunkt der Betrachtung. Analysiert wird die Produktivitätsbeziehung zwischen Faktoreinsatz und Faktorertrag, mit dem Ziel, Engpässe und Optimierungspotentiale zu lokalisieren und somit die Produktivität zu erhöhen. Dies gilt nicht nur für die Produktion als solche, sondern auch für alle anderen Bereiche in einem Unternehmen, z. B. Absatz, Finanzierung, Personal etc. Der Begründer dieses Ansatzes ist Erich Gutenberg (1897-1984).

Der **entscheidungsorientierte Ansatz** (Entscheidungsansatz) beschäftigt sich mit der Optimierung von betriebswirtschaftlichen Entscheidungen vor dem Hintergrund der Ziele, Aktionsmöglichkeiten und Umweltsituationen in Gegenwart und Zukunft. Die betriebswirtschaftlichen Ziele in der Produktion, Investition, Finanzierung, Lagerhaltung etc. sollen über gute und richtige Entscheidungen optimal erreicht werden. Vornehmlich basierend auf der Entscheidungstheorie wurde gleichzeitig eine Öffnung der Betriebswirtschaftslehre hin zu den Sozialwissenschaften vollzogen. Hauptvertreter dieses Ansatzes ist Edmund Heinen (1919-1996).

Der **systemorientierte Ansatz** (Systemansatz) geht vom Betrieb als offenes kybernetisches und zukunftsgerichtetes System aus. Im Mittelpunkt der Betrachtung steht nicht die Gegenwart, sondern die Zukunft. Der Betrieb wird als System mit einer großen Anzahl von interdependenten Subsystemen betrachtet. Prägender Vertreter dieses Ansatzes ist Hans Ulrich (1919-1997).

Der **verhaltensorientierte Ansatz** (Verhaltensansatz) verzichtet auf das als realitätsfern kritisierte Rationalprinzip des entscheidungsorientierten Ansatzes und versucht, das tatsächliche Entscheidungsverhalten von Einzelpersonen und Organisationen mit Hilfe der Erkenntnisse der Verhaltenswissenschaften zu erfassen. Der verhaltensorientierte Ansatz findet seine vorrangige Anwendung im Marketing (Kroeber-Riel (1934-1995)) und in der Organisationslehre (Schanz).

2.4 Typologisierung von Unternehmen

Unternehmenstypen

Neben der Betrachtung der Unternehmen nach den vorstehend aufgezeigten Gliederungskriterien erfolgt häufig eine Einordnung der Unternehmen nach verschiedenen Kriterien, aus denen eine entsprechende **Unternehmenstypologie** gebildet werden kann. Diese Kriterien können sein (Thommen et al. 2016, S. 21 ff.):

- die Gewinnorientierung,
- die Branche,
- die Größe,
- die technisch-ökonomische Struktur,
- die Rechtsform,
- der Kooperationsgrad,
- der Standort/Internationalisierungsgrad sowie
- der Lebenszyklusphase.

Die Rechtsform, der Kooperationsgrad, der Internationalisierungsgrad werden im Abschnitt II, Kapitel 3 „Konstitutive Entscheidungen" betrachtet. Die Typologisierung nach der Gewinnorientierung, der Branche, der Unternehmensgröße sowie der Phase im Lebenszyklus wird nachfolgend vorgestellt.

2.4.1 Gewinnorientierung

Profit- vs. Non-Profit-Unternehmen

Nach der Priorisierung des Gewinnziels lassen sich Unternehmen unterscheiden in Profit- und Non-Profit-Organisationen. Während bei den **Profit-Organisationen** das Gewinnstreben im Vordergrund steht, sind **Non-Profit-Organisationen** primär auf die Bedürfnisbefriedigung bzw. Bedarfsdeckung ausgerichtet. Beiden Organisationsformen gemeinsam ist, dass sie

- **soziale Systeme** mit darin tätigen Menschen sind,
- sie eine **produktive Funktion** übernehmen, in dem sie durch Kombination von Produktionsfaktoren eine spezifische Leistung erstellen,
- sich auf einen bestimmten **Markt ausrichten** und ein bestimmtes Bedürfnis befriedigen (Thommen et al. 2016, S. 22).

Abb. 20 enthält eine Systematisierung sowie Beispiele für die verschiedenartigen Non-Profit-Organisationen.

Abb. 20 Einteilung von Non-Profit-Organisationen

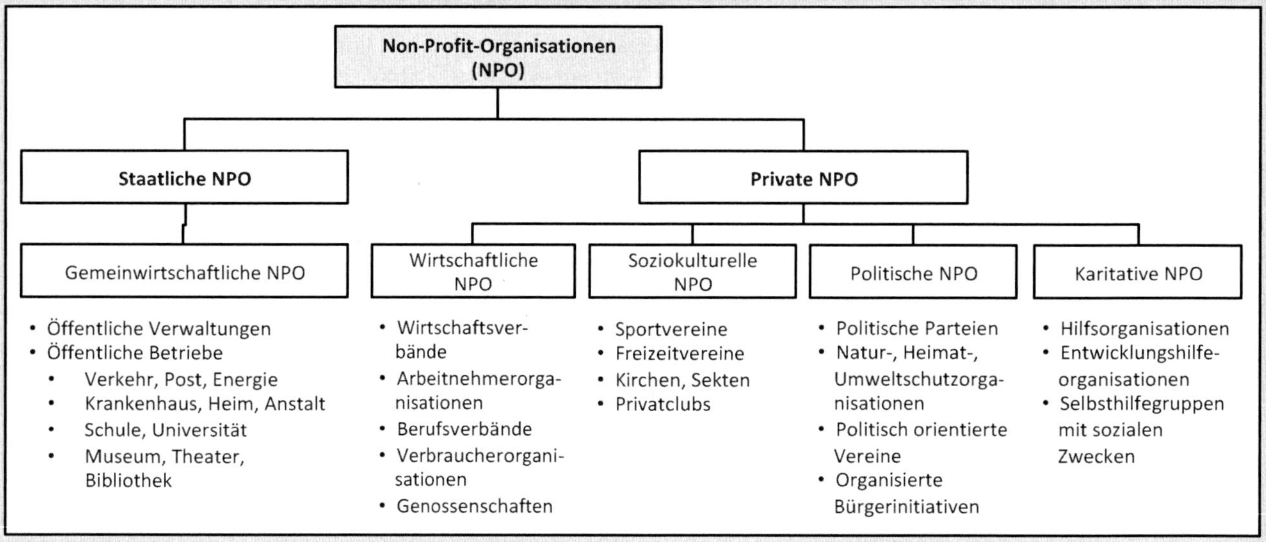

Quelle: in Anlehnung an Thommen/Achleitner 2009, S. 72; dort nach Schwarz 2001, S. 15

2.4.2 Branche

Sachleistungs- vs. Dienstleistungsbetriebe

Für die Einteilung von Unternehmen in verschiedene Branchen gibt es zwei Strukturierungsansätze: Nach der Art der erstellten Leistung lassen sich Sachleistungsbetriebe und Dienstleistungsbetriebe unterscheiden. Nach der Stellung im gesamtwirtschaftlichen Leistungsprozess differenziert man bei den **Sachleistungsbetriebe**n in (Rohstoff-)**Gewinnungsbetriebe**, **Aufbereitungsbetriebe** und **Verarbeitungsbetriebe**. Die **Dienstleistungsbetriebe** bieten entlang des gesamtwirtschaftlichen Leistungsprozesses unterschiedliche Unterstützungsleistungen an.

Abb. 21 Schematische Branchengliederung

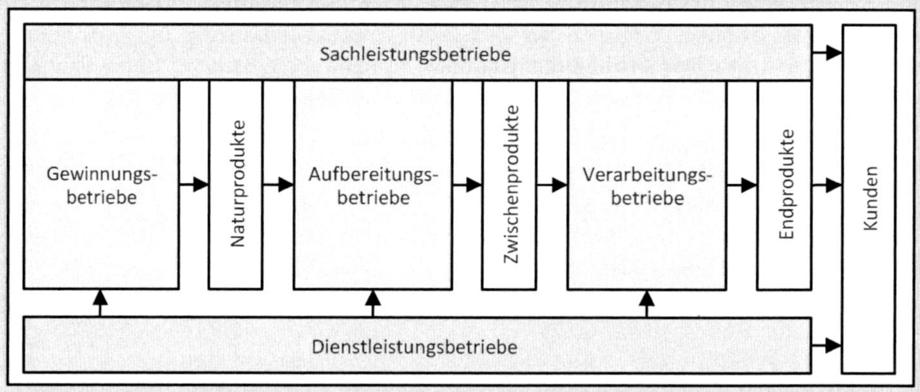

Quelle: in Anlehnung an Thommen et al. 2016, S. 24

2.4.3 Unternehmensgröße

Größenkriterien

Die Unterteilung von Unternehmen nach ihrer Größe erscheint zunächst naheliegend. Allerdings besteht hier regelmäßig das Problem der Auswahl eines geeigneten Abgrenzungskriteriums. In Anlehnung an § 267 HGB werden zumeist die Bilanzsumme, die Umsatzhöhe und die Anzahl der Beschäftigten herangezogen. Ebenso – wenn auch mit anderen Werten – hält es die Europäische Kommission. Die Einteilungen sind den folgenden Abbildungen zu entnehmen.

Abb. 22 Größenunterscheidung von Kapitalgesellschaften nach § 267 HGB Abs. 1-3

... nach § 267 HGB Abs. 1-3

Kapital-gesellschaften	Bilanzsumme in Mio. Euro/Jahr	Umsatzerlöse in Mio. Euro/Jahr	Anzahl der Arbeitnehmer/Jahr
Kleine	bis 6	bis 12	Jahres∅ 50
Mittelgroße	bis 20	bis 40	Jahres∅ 250
Große	über 20	ab 40	Jahres∅ >250

Jeweils zwei von drei Merkmalen einer Klasse müssen überschritten werden und zwei der drei Merkmale der höheren Klasse dürfen nicht überschritten werden.

Abb. 23 Größenunterscheidung nach den Regelungen der Europäischen Union

... nach den Regelungen der Europäischen Union

Unternehmens-größe	Bilanzsumme in Mio. Euro/Jahr	Umsatzerlöse in Mio. Euro/Jahr	Anzahl der Arbeitnehmer/Jahr
Kleinst	bis 2	bis 2	bis 9
Klein	bis 10	bis 10	bis 49
Mittelgroß	bis 43	bis 50	bis 249
Groß	ab 43	ab 50	ab 250

Quelle: EU-Empfehlung 2003/361

Die Zuordnung zu einer Gruppe erfolgt, sobald jeweils zwei der drei Kriterien erfüllt sind.

Die quantitativ größte Gruppe der **kleinen und mittelgroßen Unternehmen (KMU)** lässt sich durch folgende wesentliche Merkmale charakterisieren (Thommen/Achleitner 2009, S. 76; dort nach Pleitner 1986, S. 7):

Merkmale von KMU

- Der Unternehmer prägt den Betrieb durch seine Persönlichkeit.
- Der Unternehmer ist meist zugleich Eigenkapitalgeber und Führungskraft.
- Die persönlichen Beziehungen des Unternehmers beeinflussen maßgeblich den Erfolg des Unternehmens.
- Es besteht häufig eher die Fähigkeit zur Erstellung individueller und differenzierter Leistungen.
- Es existieren häufig intensive persönliche Kontakte zwischen den Mitarbeitern und dem Unternehmer.
- Die Organisation erfolgt typischerweise als Einliniensystem mit wenigen Führungskräften.
- Der Formalisierungsgrad ist gering.
- Die kurzfristige Orientierung steht im Vordergrund des Denkens und Handelns.

2.4.4 Technisch-ökonomische Struktur

Die Betrachtung der technisch-ökonomischen Struktur hilft insbesondere bei der differenzierteren Beschreibung von Industrieunternehmen. Die folgenden Kriterien können für die entsprechenden Einteilungen herangezogen werden (Thommen et al. 2016, S. 25):

- Nach dem **vorherrschenden Produktionsfaktor** lassen sich personalintensive, anlagenintensive, materialintensive und energieintensive Unternehmen unterscheiden.
- Nach der **Anzahl der zu fertigenden Produkte** ist eine Unterscheidung nach Einzelfertigung und Mehrfachfertigung (Fertigungstyp; vgl. Abschnitt V, Kapitel 1.3) möglich.
- Nach der **Anordnung der Maschinen** erfolgt eine Unterscheidung nach Werkstattprinzip und Fließprinzip (Fertigungsprinzip; vgl. Abschnitt V, Kapitel 1.4).

2.4.5 Phase im Lebenszyklus

Unternehmen
- Start-up-
- Wachstums-
- Etablierte

Nach der Phase im Lebenszyklus eines Unternehmens und seiner Geschäftsfelder lassen sich Start-up-Unternehmen, Wachstumsunternehmen und etablierte Unternehmen unterscheiden (Thommen et al. 2016, S. 37 f.).

Als **Start-up-Unternehmen** werden Unternehmen bezeichnet, die sich in einer sehr frühen Phase der Unternehmensentwicklung befinden und noch nicht am Markt etabliert sind – also kurz vor, während oder unmittelbar nach der Gründung.

Wachstumsunternehmen sind solche, die aufgrund ihres innovativen Charakters – z. B. durch Produkt-/Leistungsinnovationen oder Prozessinnovationen – ein überdurchschnittliches Wachstum erwarten lassen und die auf eine relativ kurze Unternehmensgeschichte zurückblicken. Weitere charakteristische Merkmale derartiger Unternehmen sind häufig:

- Eigentümergeführt und geprägt,
- Ressourcenknappheit bei gleichzeitig hohen Aufbauinvestitionen,
- dynamische Umwelt,
- Aktivität in Märkten mit hohem Marktpotential,
- auf Außenfinanzierung (staatliche Förderung, Venture-Capital) angewiesen.

Etablierte Unternehmen sind eher durch ein umfassenderes Produkt- bzw. Dienstleistungsportfolio und eine relativ lange Unternehmenshistorie charakterisiert. Die Unternehmensstruktur ist relativ komplex. Sie sind managergeprägt. Die Umwelt ist eher stabil, von geringerer Dynamik und Unsicherheit geprägt. Dafür existiert häufig ein intensiverer Wettbewerb. Der Innenfinanzierungsanteil ist i. d. R. höher.

Begrifflichkeiten zum Nachschlagen

... damit sollten Sie umgehen können:

- Unternehmen als System
- Makro- und Mikroumwelt
- Stakeholder
- Gliederungskriterien der BWL
  - aus funktioneller Sicht,
  - aus institutioneller Sicht,
  - aus prozessorientierter Sicht,
  - aus genetischer Sicht und
  - aus theoretischer Sicht.
- Typologisierungsansätze für Unternehmen
  - Gewinnorientierung,
  - Branche,
  - Größe,
  - technisch-ökonomische Struktur und
  - Etablierungsgrad

Wiederholungsfragen

1. Erläutern Sie die systemorientierte Sichtweise in Bezug auf Unternehmen.
2. Welche Bereiche lassen sich der Makroumwelt, welche der Mikroumwelt eines Unternehmens zuordnen?
3. Was verstehen Sie unter einem Stakeholder?
4. Welche Gliederungskriterien der BWL lassen sich unterscheiden?
5. Nennen und erläutern Sie drei grundlegende theoretische Ansätze der Betriebswirtschaftslehre.
6. Nennen und erläutern Sie drei grundlegende Ansätze zur Typologisierung von Unternehmen.

Literaturhinweise

Gutenberg, E.: Die Unternehmung als Gegenstand betriebswirtschaftlicher Theorie, Berlin 1929, unveränderter Nachdruck Wiesbaden 1998.

Schierenbeck, H.; Wöhle, C. B.: Grundzüge der Betriebswirtschaftslehre. 19. Aufl., München 2016.

Thommen, J.-P.; Achleitner, A.-K.; Gilbert, D. U.; Hachmeister, D.; Kaiser, G.: Allgemeine Betriebswirtschaftslehre: Umfassende Einführung aus managementorientierter Sicht. 8. Aufl., Wiesbaden 2016.

Wöhe, G.; Döring, U.; Brösel, G.: Einführung in die Allgemeine Betriebswirtschaftslehre. 26. Aufl., München 2016.

II Konstitutive Entscheidungen

Lernziele des Kapitels

Dieses Kapitel soll Sie vertraut machen mit den folgenden Themen:

Art und Inhalte konstitutiver Entscheidungen (Rechtsformen, Standort, Unternehmensverbindungen).

Anwendung der Nutzwertanalyse.

Konstitutive Entscheidungen
= grundlegend, schwer revidierbar und das Unternehmen langfristig beeinflussend

Aus genetischer Sicht beginnt die unternehmerische Tätigkeit mit der Gründung eines Unternehmens. Es folgt die Umsatzphase und die Tätigkeit endet mit der Liquidierung des Unternehmens. Im Verlauf dieser Phasen, vor allem aber in der Gründungsphase, sind einige sogenannte **konstitutive Entscheidungen** zu treffen. Darunter sind grundlegende, schwer revidierbare und das Unternehmen langfristig beeinflussende Entscheidungen zu verstehen, die einmalig oder sehr selten zu treffen sind.

Zu den wichtigsten konstitutiven Entscheidungen gehören:

- die Wahl der Rechtsform,
- die Wahl des Standortes,
- die Entscheidung über eine Verbindung (Zusammenschluss) mit anderen Unternehmen und
- die Liquidation.

Weitere Eigenschaften

Ihnen gemein sind die folgenden Eigenschaften:

- Strategisch-langfristiger Natur,
- Strukturgebende Wirkung für Organisation und Abläufe im Unternehmen sowie für unternehmenspolitische Entscheidungen,
- Schwer/langsam korrigierbar.

1.1 Wahl der Rechtsform

Rechtsform
= Festlegung des juristischen Rahmens eines Betriebes

Der rechtliche Rahmen eines Unternehmens wird als **Rechtsform** bezeichnet. Diese bildet den juristischen Rahmen eines Betriebes und regelt einen Teil der rechtlichen Beziehungen innerhalb eines Betriebes und zu seiner Umwelt. Sie basiert auf dem Gesellschaftsrecht, das eine Reihe von derartigen Formalstrukturen aufweist, die jeweils unterschiedliche Ausprägungen aufweisen.

Hier finden sich zugleich die wesentlichen **Auswahlkriterien** zur Wahl einer Rechtsform dar. Dazu gehören:

- die Leitungs- und Kontrollbefugnis,
- die Haftung der Eigenkapitalgeber,
- die Gewinn- und Verlustbeteiligung,
- die Finanzierungs-/Kapitalbeschaffungsmöglichkeiten,
- die Publizitätspflicht, Prüfung und Mitbestimmung der Arbeitnehmer,
- die Steuerbelastung.

Private vs. öffentliche Betriebe

Zu unterscheiden sind Rechtsformen privater von solchen öffentlicher Betriebe. Private Betriebe werden nach ihrer rechtlichen Selbstständigkeit unterschieden in Einzelunternehmungen, Personengesellschafen und Kapitalgesellschaften. Hinzu kommen einige Misch- sowie Sonderformen. Bei öffentlichen Betrieben lassen sich nicht privatrechtliche und privatrechtliche Rechtsformen unterscheiden. Abb. 24 gibt einen Überblick über die Vielzahl möglicher Rechtsformen von privaten und öffentlichen Betrieben.

Rechtsformen privater und öffentlicher Betriebe

Abb. 24 Rechtsformen privater und öffentlicher Betriebe

Rechtsformen privater Betriebe	Rechtsformen öffentlicher Betriebe
▸ Einzelunternehmung - Kaufmann/Kauffrau - Freiberufler/Künstler - Kleinunternehmer ▸ Personengesellschaften - Gesellschaft bürgerlichen Rechts (GbR) - Offene Handelsgesellschaft (OHG) - Kommanditgesellschaft (KG) - Partnergesellschaft - Stille Gesellschaft ▸ Kapitalgesellschaften - Aktiengesellschaft (AG) - Gesellschaft mit beschränkter Haftung (GmbH) - Unternehmergesellschaft (haftungsbeschränkt) - Kommanditgesellschaft auf Aktien (KGaA) - Europäische Gesellschaft (SE - Societas Europaea) ▸ Mischformen - GmbH & Co KG, UG & Co KG, AG & Co KG - Betriebsaufspaltung ▸ Sonderformen - Genossenschaft (e. G.) - Stiftung des privaten Rechts - Versicherungsverein auf Gegenseitigkeit (VVaG) - Reederei - Europäische Wirtschaftliche Interessenvereinigung (EWIV)	In nicht privatrechtlicher Form ▸ Ohne eigene Rechtspersönlichkeit - Regiebetriebe (z. B. Müllabfuhr, Schlachthöfe) - Eigenbetriebe (z. B. Museen, Theater) ▸ Mit eigener Rechtspersönlichkeit - Öffentlich-rechtliche Anstalten (z. B. Sparkassen) - Öffentlich-rechtliche Körperschaften (z. B. Ortskrankenkassen) In privatrechtlicher Form - Rein öffentliche Betriebe (AG, GmbH, Genossenschaft) - Gemischtwirtschaftliche Betriebe (AG, GmbH, Genossenschaft mit oder ohne Mehrheitsbeteiligung der öffentlichen Hand)

Nachfolgend sollen die Rechtsformen der privatwirtschaftlichen Betriebe vorgestellt werden.

Handelsregistereintrag

Grundlage §§ 1-3 HGB

Das **Handelsregister** ist ein öffentliches Verzeichnis. Hierin sind alle Kaufleute eines bestimmten Bezirks eingetragen. Wer Kaufmann ist und sich ins Handelsregister eintragen muss ist im Handelsgesetzbuch, §§ 1-3 HGB, bestimmt.

Das Handelsregister setzt sich aus zwei Abteilungen zusammen. In Abteilung A (HRA) werden Einzelunternehmen, Personengesellschaften und juristische Personen des Öffentlichen Rechts eingetragen. In Abteilung B finden sich die Kapitalgesellschaften.

Nach der Anzahl der Rechtsformen führen in Deutschland die Einzelunternehmungen deutlich vor den Kapital- und Personengesellschaften, wie Abb. 25 verdeutlicht.

Anzahl der Unternehmensrechtsformen in Deutschland

Abb. 25 Anzahl Unternehmensrechtsformen in Deutschland im Jahr 2017

Anzahl der Unternehmensrechtsformen in Deutschland	
Einzelunternehmer	2.148.896
Kapitalgesellschaften (GmbH, AG)	720.852
Personengesellschaften (z B. OHG, KG)	394.001
Sonstige Rechtsformen	218.111
Insgesamt	3.481.860

Quelle: Statistisches Bundesamt, Stand: 30.09.2018

1.1.1 Einzelunternehmung

Einzelunternehmung
= Gewerbebetrieb einer einzelnen natürlichen Person

Gründet eine einzelne natürliche Person einen Gewerbebetrieb, so handelt es sich hierbei um eine Einzelunternehmung. Dazu zählen Kaufmann/Kauffrau, Freiberufler/Künstler und Kleinunternehmer. Die Gründung erfolgt schnell und formlos durch Eintrag des Inhabers/Vollkaufmanns (Vor- und Zuname) in das Handelsregister. Diese Rechtsform besitzt keine rechtliche Selbstständigkeit. Das Einzelunternehmen ist Vermögensbestandteil des Eigentümers als alleiniger Inhaber seiner Firma. Träger aller Rechte und Pflichten ist der Einzelunternehmer als natürliche Person. Damit haftet dieser mit seinem gesamten Unternehmens- und Privatvermögen. Eigenkapital kann in beliebiger Höhe eingebracht werden. Die Fremdfinanzierung erfolgt i. d. R. über Banken, sofern in ausreichender Höhe Sicherheiten vorhanden sind. Der Zugang zum Kapitalmarkt ist daher beschränkt.

1.1.2 Personengesellschaften

Personengesellschaft
- mind. zwei natürliche Personen
- keine Rechtspersönlichkeit

Die Rechtsformen der Personengesellschaft verfügen über keine eigene Rechtspersönlichkeit. Die Gesellschafter stellen mindestens zwei natürliche Personen dar, mindestens einer davon haftet persönlich und unbeschränkt.

Gesellschaft bürgerlichen Rechts (GbR, auch BGB-Gesellschaft)

BGB-Gesellschaft

Die Gesellschaft bürgerlichen Rechts (GbR) ist eine auf Vertrag beruhende Personenvereinigung zur Förderung der Erreichung eines gemeinsamen Zwecks. Die Gründung erfolgt formlos durch Vertrag zwischen den Gesellschaftern. Rechtsgrundlage ist das Bürgerliche Gesetzbuch, §§ 705-740 BGB.

Die Gesellschafter haften gemeinsam mit ihrem gesamten Privat- und Gesellschaftsvermögen. Ohne besondere Vereinbarungen werden die Geschäftsführung, die Vertretungsmacht sowie die Gewinn- und Verlustbeteiligung zwischen den Gesellschaftern im gleichen Verhältnis geteilt. Die Finanzierung des Unternehmens ist durch das Vermögen und das Kreditpotential der Gesellschafter beschränkt. Es bestehen keine Prüfungs- und Publizitätspflichten. Bei Eintrag der GbR in das Handelsregister, wird diese automatisch zur OHG.

Partnergesellschaft

Partnergesellschaft

Bis vor kurzer Zeit war die GbR für viele Freiberufler (z. B. Rechtsanwälte, Ärzte, Steuerberater) die einzig mögliche Rechtsform gewesen. Mit der Partnergesellschaft hat der Gesetzgeber eine speziell auf die Bedürfnisse dieser Berufsgruppen, die kein Handelsgewerbe verfolgen, zugeschnittene Rechtsform geschaffen. Gleichwohl haben und hatten sie auch die Wahl, andere Gesellschaftsformen (z. B. GmbH) zu wählen. Allerdings würden sie in dem Fall das entscheidende „Freiberufler-Privileg" verlieren: Aus Sicht des Finanzamts sind Kapitalgesellschaften nämlich grundsätzlich Gewerbebetriebe und daher gewerbesteuerpflichtig. Außerdem sind Sie zur doppelten Buchführung und der Vorlage von Bilanzen verpflichtet und müssen ein Mindestkapital einbringen.

Rechtlich knüpft die Partnergesellschaft weitgehend an die Regelungen zur GbR an. Rechtsgrundlage stellt das „Gesetz über Partnerschaftsgesellschaften Angehöriger Freier Berufe", kurz Partnerschaftsgesellschaftsgesetz (PartGG), dar, das am 01.07.1995 in Kraft getreten ist. Die Gründung erfolgt durch Vertragsschluss und Anmeldung im Partnerschaftsregister.

Besonderes Merkmal dieser Rechtsform ist die Ausgestaltung der Haftung. Nach § 8 PartGG haften neben der Partnerschaft mit ihrem Gesellschaftsvermögen zwar auch die Partner als Gesamtschuldner. Jedoch ist für Ansprüche aus Schäden fehlerhafter Berufsausübung die Haftung auf den jeweiligen Partner beschränkt, der mit der Auftragsbearbeitung befasst war. Damit wird das Risiko der anderen Partner für Berufsfehler, an deren Entstehung sie nicht beteiligt waren, begrenzt. Hierin besteht für die Gruppe der freien Berufe der wesentliche Vorteil gegenüber der GbR.

Stille Gesellschaft

Stille Gesellschaft

Bei der Rechtsform der stillen Gesellschaft beteiligt sich ein Kapitalgeber (stiller Gesellschafter) am Handelsgewerbe eines anderen. Die Einlage geht gegen Einräumung einer Gewinnbeteiligung in das Vermögen des Geschäftsinhabers über. Das Gesellschaftsverhältnis ist von außen nicht erkennbar, es wird auch nicht in das Handelsregister eingetragen. Die Gesellschaft entsteht durch Vertragsschluss. Sofern darin nichts anderes vereinbart ist, ist der stille Gesellschafter von Geschäftsführung ausgeschlossen, muss keine Verluste ausgleichen und haftet auch nicht. Die Gesellschaft ist zur Erstellung eines handelsrechtlichen Jahresabschlusses verpflichtet. Eine gesetzliche Prüfungs- und Publizitätspflicht besteht nicht.

Offene Handelsgesellschaft (OHG)

Offene Handelsgesellschaft (OHG)

Die Offene Handelsgesellschaft (OHG) stellt eine auf den Betrieb eines Handelsgewerbes ausgerichtete Personengesellschaft dar. Die Haftung der Gesellschafter ist unbeschränkt (§ 105 Abs. 1 HGB). Die Gründung der Firma erfolgt durch mindestens zwei Gesellschafter und den Eintrag im Handelsregister. Rechtsgrundlage sind die §§ 105-160 HGB und die §§ 705-740 BGB.

Zur Führung der Geschäfte sind alle Gesellschafter berechtigt und verpflichtet, sofern im Gesellschaftervertrag keine Beschränkung oder gar Aufhebung der Regelung vereinbart wurde. Der Gesellschaftervertrag regelt auch die Verzinsung des eingebrachten Kapitals (sonst 4 %) sowie die Verteilung von Gewinn und Verlust auf die Gesellschafter (sonst Gleichverteilung nach Köpfen). Die Finanzierung der Gesellschaft ist durch das Vermögen und das Kreditpotential der Gesellschafter beschränkt. Die Gesellschaft ist zur Buchführung und Erstellung eines handelsrechtlichen Jahresabschlusses verpflichtet. Es besteht keine gesetzliche Verpflichtung zur Prüfung und Offenlegung.

Kommanditgesellschaft (KG)

Kommanditgesellschaft (KG)

Auch die Kommanditgesellschaft (KG) ist eine auf den Betrieb eines Handelsgewerbes ausgerichtete Personengesellschaft. Sie stellt insofern eine Sonderform der OHG dar, als dass die Haftung der Gesellschafter unterschiedlich ausgestaltet ist.

Die sogenannten Komplementäre unterliegen den Vorschriften der OHG. Sie haften als „Unternehmer" mit ihrem gesamten Vermögen. Die Haftung der Kommanditisten („Anleger") ist auf deren Vermögenseinlage beschränkt. Sie beteiligen sich auch nur entsprechend ihrer Einlage an Gewinn und Verlust. Von der Unternehmensführung sind sie ausgeschlossen.

Die Gründung der Firma erfolgt durch mindestens zwei Personen und den Eintrag ins Handelsregister. Die Finanzierung der Gesellschaft bietet gegenüber anderen Personengesellschaften den Vorteil, dass eine beliebige Aufnahme von Kommanditisten mit ihrem Eigenkapital erfolgen kann. Die Gesellschaft ist zur Buchführung und Erstellung eines handelsrechtlichen Jahresabschlusses verpflichtet. Es bestehen keine gesetzlich vorgeschriebenen Prüfungs- und Publizitätspflichten.

In Abb. 26 findet sich eine Übersicht über die Einzelunternehmung sowie die Personengesellschaften und deren wesentlichen Merkmale.

Abb. 26 Übersicht Einzelunternehmung und Personengesellschaften

	Gründung	Grund-kapital	Haftung	Rechts-fähigkeit	HR-Eintrag	Rechts-grundlage
Partner-schaft	Schriftlicher Gesellschafts-vertrag (Partner-schaftsvertrag)	nicht notwendig	Vermögen der Partnerschaft, Partner haften persönlich	rechts- und parteifähig	Eintrag ins Partnerschafts-register	PartGG, BGB, HGB
KG	Gesellschafts-vertrag	nicht notwendig	Komplementäre haften mit Privatvermögen, Kommanditisten nur mit Einlage	rechts- und parteifähig	Eintragungs-pflicht, Wirkung deklaratorisch	HGB, BGB
OHG	grds. formloser Gesellschafts-vertrag	nicht notwendig	Vermögen der OHG, Gesell-schafter haften persönlich	rechts- und parteifähig	Eintragungs-pflicht, Wirkung deklaratorisch oder konstitutiv	HGB, BGB
Stille Gesell-schaft	Entstehung durch form-losen Gesell-schaftsvertrag	nicht notwendig	Stiller haftet grund-sätzlich mit Einlage; vertraglich abdingbar	keine Rechts-fähigkeit	keine Eintragung möglich	HGB, BGB
GbR (BGB-Gesell-schaft)	Entstehung durch Gesell-schaftsvertrag, grds. formfrei	nicht notwendig	alle Gesellschafter haften persönlich und gesamtschuld-nerisch	(Teil-) Rechts- und Parteifähig	nicht notwendig	BGB
Einzel-unter-nehmung	formlos	nicht notwendig	unbeschränkt und unmittelbar	rechts- und parteifähig	nur bei Vollkaufmann notwendig	HGB

Quelle: in Anlehnung an Bernecker 2009, S. 13

1.1.1 Kapitalgesellschaften

Kapitalgesellschaft
- eigene Rechtspersönlichkeit

Im Unterschied zu den Personengesellschaften entsteht durch Gründung einer Kapitalgesellschaft eine eigene Rechtspersönlichkeit. Diese ist selbstständiger Träger von Rechten und Pflichten. Sie basiert darauf, dass natürliche Personen, die Gesellschafter, einen Teil ihres Vermögens auf die Gesellschaft übertragen. Die Haftung der Gesellschaft ist unbeschränkt, die der Gesellschafter ist auf das eingebrachte Vermögen beschränkt. Das Beteiligungs-/Mitspracherecht basiert auf dem eingebrachten Kapitalanteil.

Alle Kapitalgesellschaften unterliegen mit ihrem Jahresabschluss gesetzlichen Prüfungs- und Publizitätsvorschriften. Diese sind je nach Unternehmensgröße unterschiedlich weit gehend. Die Prüfung erfolgt durch einen Abschlussprüfer (Wirtschaftsprüfer). Die Publizität des Jahresabschlusses wird i.d.R. durch die Einreichung zum Handelsregister erzeugt. Bei großen Kapitalgesellschaften erfolgt zusätzlich eine Veröffentlichung im Bundesanzeiger.

Die Prüfungs- und Offenlegungspflichten für Kapitalgesellschaften unterschiedlicher Größe sind der Abb. 27 zu entnehmen.

Abb. 27 Prüfungs- und Offenlegungspflichten für Kapitalgesellschaften

Unternehmenskategorie	Prüfung durch Wirtschaftsprüfer § 316 HGB	Offenlegung §§ 325 f. HGB
Kleinste und kleine Kapitalgesellschaften	▸ Keine Prüfungspflicht	▸ Bilanz und Anhang ▸ Verkürzte Form ▸ Elektronischer Bundesanzeiger ▸ Bei Kleinstkapitalgesellschaften jeweils vereinfacht
Mittelgroße Kapitalgesellschaften	▸ Prüfungspflicht für ▸ Jahresabschluss ▸ Lagebericht	▸ Jahresabschluss und Lagebericht ▸ Elektronischer Bundesanzeiger ▸ Verkürzte Form
Große Kapitalgesellschaften Großunternehmen anderer Rechtsformen	▸ Prüfungspflicht für - Jahresabschluss - Lagebericht	▸ Jahresabschluss und Lagebericht ▸ Elektronischer Bundesanzeiger

Quelle: in Anlehnung an Wöhe et al. 2016, S. 221

Aktiengesellschaft (AG)

Aktiengesellschaft (AG)

Die Aktiengesellschaft (AG) ist eine Kapitalgesellschaft mit eigener Rechtspersönlichkeit, bei der die Kapitalgeber/Gesellschafter Stammeinlagen durch den Erwerb von Aktien erwerben. Diese können an der Börse gehandelt werden. Die Haftung der Gesellschafter ist auf deren Kapitalanteil beschränkt. Gleichzeitig basieren darauf das Stimmrecht in der Hauptversammlung, das Recht auf Gewinnanteil (Dividende), das Aktienbezugsrecht bei Kapitalerhöhung sowie der Anteil am Liquidationserlös. Von den Gewinnen werden zunächst 5 % als gesetzliche Rücklage einbehalten. Vom Restbetrag können als freie Rücklage 50% einbehalten werden. Der Rest wird als Dividende an die Kapitalgeber ausgeschüttet.

Die AG ist eine typische Rechtsform für Großunternehmen. Das Mindestgrundkapital beträgt 50.000 € und muss bei Gründung zu mindestens einem Viertel einzahlt werden. Der Mindestnennbetrag je Aktie beträgt 1 €. Dadurch kann eine große Anzahl anonymer Gesellschafter zusammenkommen.

Die rechtliche Grundlage bildet das Aktiengesetz (AktG). Darin sind u.a. Organe einer Aktiengesellschaft festgelegt. Diese bestehen aus dem Vorstand, dem die Geschäftsführung obliegt und der vom Aufsichtsrat bestellt wird. Der Aufsichtsrat als Kontrollgremium wird von den Aktionären auf der Hauptversammlung gewählt.

Gesellschaft mit beschränkter Haftung (GmbH)

Gesellschaft mit beschränkter Haftung (GmbH)

Die Gesellschaft mit beschränkter Haftung (GmbH) ist eine Kapitalgesellschaft mit eigener Rechtspersönlichkeit, bei der die Eigenkapitalgeber ihre Haftung auf die Kapitaleinlage beschränken wollen. Als juristische Person haftet die Gesellschaft mit ihrem gesamten Vermögen. Geschäftsführung und Gesellschaftertätigkeit müssen nicht zusammenfallen. Die Gründung erfolgt durch Eintrag in das Handelsregister.

Das Stammkapital muss mindestens 25.000 € betragen, die Hälfte davon muss bei Gründung eingezahlt sein. Mindesthöhe der Stammeinlagen der Gesellschafter beträgt 100 €. Die Anteile werden nicht an der Börse gehandelt. Sie lassen sich aber übertragen. Eine Kapitalerhöhung kann durch Einlagenerhöhung oder Aufnahme neuer Gesellschafter erfolgen. Die Fremdkapitalbeschaffung ist mitunter schwierig. Ursache hierfür ist die rechtsformspezifische Haftungsbegrenzung.

Die Verteilung von Gewinnen und Verlusten erfolgt im Verhältnis der Stammeinlagen. Über die Höhe der Ausschüttung beschließt die Gesellschafterversammlung.

Rechtsgrundlage bildet das GmbH Gesetz (GmbHG).

Societas Europea (SE)

Europäische Gesellschaft: Societas Europea (SE)

Die Societas Europea (SE) oder Europäische Gesellschaft ist eine seit Ende 2004 mögliche Rechtsform, für alle Unternehmen in Europa. Sie basiert auf europäischem Recht. Grundlage ist die EG-Verordnung 2157/2001, ergänzt durch die Mitbestimmungsregelung in der Richtlinie 2001/86/EG. Vorteil dieser Rechtsform sind europaweit nahezu einheitlich Rechtsprinzipien und die geringere Beeinflussung durch nationales Recht, wodurch vor allem Zusammenschlüsse von Unternehmen aus unterschiedlichen europäischen Ländern erleichtert werden.

Die Europäische Gesellschaft besitzt eine eigene Rechtspersönlichkeit. Das Mindestgrundkapital beträgt 120.000 € und ist in Aktien zerlegt. Die Aktien sind in Abhängigkeit der nationalen Vorschriften übertragbar. Jeder Aktionär haftet nur bis zur Höhe seines gezeichneten Kapitals. Der Sitz der Gesellschaft muss in der EU sein. Innerhalb der Mitgliedsstaaten kann er jederzeit verlegt werden. Die Leitungs- und Kontrollfunktion wird alternativ durch Vorstand und Aufsichtsrat (dualistisch) oder durch einen Verwaltungsrat bzw. „Board of Directors" (monistisch) übernommen. Im dualistischen System führt der Vorstand die Geschäfte und wird vom Aufsichtsrat überwacht. Das „Board of Directors" im monistischen System setzt sich aus drei Verwaltungsräten inklusive geschäftsführendem Direktor in eigener Verantwortung zusammen.

Die Gründung einer Europäischen Gesellschaft kann auf vier verschiedene Weisen erfolgen:

- Zusammenschluss bestehender Gesellschaften aus mindestens zwei EU-Mitgliedsstaaten,
- Gründung einer Holding-Gesellschaft von Unternehmen, die ihren Firmensitz oder seit mindestens zwei Jahren Niederlassungen, Tochterunternehmen etc. in mindestens zwei EU-Mitgliedsstaaten unterhalten,
- Gründung einer gemeinsamen Tochtergesellschaft,
- Umwandlung einer nationalen Aktiengesellschaft, die seit mindestens zwei Jahren eine Tochtergesellschaft in einem anderen Mitgliedstaat der EU hat.

Bekannte Beispiele und Vorreiter in der Wahl dieser Rechtsform sind die Allianz SE und Conrad Elektronic SE.

Limited Company (Ltd.)

Limited Company (Ltd.)

Ein Ergebnis der zunehmenden Europäisierung ist die Möglichkeit für Unternehmen, auch Rechtsformen anderer Länder wählen zu können. Eine besonders aus deutscher Sicht vor der Implementierung der Unternehmergesellschaft (haftungsbeschränkt) im GmbH Gesetz vorteilhafte Rechtsform ist die Limited Company (Ltd.).

Die Limited Company (Ltd.) kann in zwei Formen auftreten:

- Die Public Limited Company (PLC) ähnelt stark der deutschen AG und bietet sich für große Unternehmen an. Anteilsscheine werden einer breiten Öffentlichkeit zugänglich gemacht.
- Die Private Limited Company by Shares (Ltd.). ähnelt stark der deutschen GmbH oder einer kleinen AG. Die Anteile werden unter einem begrenzten Gesellschafterkreis aufgeteilt.

Vorteil der Ltd. gegenüber einer GmbH ist, dass das erforderliche Mindestgrundkapital, das bei Gründung eingezahlt werden muss, nur ein Pfund beträgt. Darüber hinaus ist eine Gründung innerhalb weniger Tage möglich und deutlich kostengünstiger. Auch organisatorische Dinge wie Zu- und Austritt von Gesellschaftern, Satzungsänderungen etc. sind gegenüber der GmbH deutlich unkomplizierter.

Nachteile bestehen im erforderlichen Vorhandensein einer Adresse in sowie mindestens eines Vertreters aus Großbritannien. Ggf. sind Steuererklärung und Jahresabschlüsse in beiden Ländern einzureichen. Es müssen deutsches und britisches Recht beachtet werden, was u.U. entsprechenden Aufwand mit sich bringt.

Aus der vereinfachten Gründung in Verbindung mit der beschränkten Haftung resultiert insbesondere der Nachteil, dass die Fremdkapitalbeschaffung bei Banken etc. schwieriger ist. Allerdings besteht bei dieser Rechtsform eine besonders hohe Transparenz nach außen. Gegen eine geringe Gebühr kann jedermann eine umfassende Firmenauskunft erlangen. Darüber hinaus gilt der Haftungsausschluss hier wie bei anderen Rechtsformen nicht für vorsätzliches Handeln und Straftaten.

Unternehmergesellschaft (haftungsbeschränkt)

Unternehmergesellschaft (haftungsbeschränkt)

In 2008 wurde die Unternehmergesellschaft (UG) (haftungsbeschränkt) in Deutschland eingeführt. Damit wurde eine Alternative zur zuvor immer beliebter gewordenen Rechtsform der britischen Limited geschaffen. Diese hat daraufhin in Deutschland massiv an Bedeutung verloren.

Die UG (haftungsbeschränkt) ist in § 5a GmbHG geregelt. Sie stellt damit im eigentlichen Sinne keine neue Rechtsform dar. Tatsächlich handelt es sich um eine GmbH mit einem geringeren Stammkapital und mit einem besonderen Rechtsformzusatz: „(haftungsbeschränkt)“. Sie kann mit einem Stammkapital von einem Euro gegründet werden. Sie kann gemeinnützig sein (dann: gUG (haftungsbeschränkt)), wenn sie die dafür geltenden Voraussetzungen erfüllt. Auch die gemeinnützige Unternehmergesellschaft ist keine gesonderte Rechtsform, sondern eine besondere Ausprägung der gemeinnützigen GmbH (gGmbH) und das GmbH-Gesetz ist auf sie anwendbar.

Die UG (haftungsbeschränkt) ist eine juristische Person und in der Regel voll körperschaftsteuer- und gewerbesteuerpflichtig. Sie muss ihre Jahresabschlüsse nach Maßgabe der §§ 325, 326 HGB veröffentlichen.

In Abb. 28 findet sich eine Übersicht über die Kapitalgesellschaften und deren wesentlichen Merkmale.

1.1.2 Ausgewählte Misch- und Sonderformen

AG & Co. KG, GmbH & Co. KG, Ltd. & Co. KG

AG & Co. KG, GmbH & Co. KG, Ltd. & Co. KG

Die Rechtsformen AG & Co. KG, GmbH & Co. KG, Ltd. & Co. KG stellen Sonderformen der KG dar, bei denen der Komplementär durch eine juristische Person (AG, GmbH, Ltd.) ersetzt wird. Damit bleiben die zentralen Vorteile einer Personengesellschaft – unternehmerische Entscheidungsfreiheit sowie insbesondere bei der KG die unkomplizierte Kapitalbeschaffung – erhalten. Der wesentliche Nachteil, die Haftung, wird aber auf das Vermögen der AG, GmbH oder Limited beschränkt. Die Haftung aller natürlichen Personen wird ausgeschlossen.

Kommanditgesellschaft auf Aktien (KGaA)

Kommanditgesellschaft auf Aktien (KGaA)

Die Kommanditgesellschaft auf Aktien (KGaA) als Kombination aus KG und Aktiengesellschaft steht der AG näher als der KG. Die Bedingungen werden umfassend im AktG (§§ 278 ff. AktG) geregelt. Das Kommanditkapital ist in Aktien verbrieft, es muss aber mindestens ein Komplementär persönlich und unbeschränkt haften. Das Ergebnis ist eine Kombination der Finanzierungsvorteile der AG und der starken Stellung der persönlich haftenden Gesellschafter einer KG.

Abb. 28 Übersicht Kapitalgesellschaften

	Gründung	Grundkapital	Haftung	Rechts-fähigkeit	HR-Eintrag	Rechts-grundlage
GmbH	Gesellschafts-vertrag, notariell beurkundete Form, ein Gründer genügt (Ein-Mann-GmbH)	25.000 €, mindestens zur Hälfte bei Gründung einzulegen	Haftung nur durch das Gesellschafts-vermögen, Gesellschafter haften nicht persönlich	voll rechts- und parteifähig, juristische Person	Eintragungs-pflicht	GmbHG, HGB
AG	Gesellschafts-vertrag in notariell beurkundeter Form	50.000 € in Aktien	Haftung nur durch das Gesellschafts-vermögen, Gesellschafter haften nicht persönlich	voll rechts- und parteifähig, juristische Person	Eintragungs-pflicht, wirkt konstitutiv	AktG
UG (haftungs-beschränkt)	Gesellschafts-vertrag, notariell beurkundete Form,	Mind. 1 €	Haftung nur durch das Gesellschafts-vermögen, Gesellschafter haften nicht persönlich	voll rechts- und parteifähig, juristische Person	Eintragungs-pflicht	GmbHG, HGB
SE	Gesellschafts-vertrag, notariell beurkundete Form	120.000 €	Gesellschafter haften nicht persönlich	voll rechtsfähig, juristische Person	Eintragungs-pflicht	EG-Verordnung 2157/2001 + Richtlinie 2001/86/EG

Quelle: Bernecker 2009, S. 13

Eingetragene Genossenschaft (e. G.)

Eingetragene Genossenschaft (e. G.)

Die eingetragene Genossenschaft (e. G.) stellt eine Vereinigung von natürlichen Personen (Genossen) dar, die einen gemeinsamen (Geschäfts-)Zweck verfolgen. Die Gründung erfolgt durch mindestens sieben Personen (Genossen), durch Eintrag in das Handelsregister sowie durch Eintrag in das Genossenschaftsregister beim Amtsgericht. Ein Eintritt in die Genossenschaft erfolgt durch den Erwerb von Genossenschaftsanteilen. Die rechtliche Grundlage bildet das Genossenschaftsgesetz (GenG). Die e.G. ist damit eine juristische Person und haftet – sofern in den Statuten nichts anderes geregelt ist – nur mit dem Genossenschaftsvermögen. Der Gewinn wird in Form einer Dividende auf das Geschäftsguthaben ausgezahlt. Die Geschäftsführung erfolgt durch Genossen und mindestens zwei Personen. Sie wird durch den Aufsichtsrat kontrolliert. Bei mehr als 3.000 Mitgliedern muss eine Mitgliederversammlung abgehalten werden, bei der jedem Genossen unabhängig von der Höhe seiner Anteile eine Stimme zusteht (Kopfstimmrecht). Bekannte Beispiele für diese Rechtsform sind Einkaufsgenossenschaften (Intersport eG), Kreditgenossenschaften (Volksbank eG) und landwirtschaftliche Verwertungsgenossenschaften.

1.1.3 Mitbestimmung und Rechtsform

Je nach Rechtsform bestehen in Deutschland im internationalen Vergleich zum Teil sehr weitreichende Mitbestimmungsrechte. Mit abnehmender persönlicher Haftung der Gesellschafter steigt der Anteil der Mitbestimmungsmöglichkeiten der Arbeitnehmer an den unternehmerischen Entscheidungen. Die Mitbestimmung des einzelnen Mitarbeiters kann dabei auf fünf Ebenen erfolgen (Hopfenbeck 2000, S. 466 ff.):

Fünf Ebenen der Mitbestimmung

- Arbeitsplatzebene (z.B. Einsicht in Personalakte),
- Betriebsebene (z.B. Betriebsrat),
- Unternehmensebene (z.B. Arbeitnehmervertreter im Aufsichtsrat),
- Überbetriebliche Ebene (z.B. Forderung nach Selbstverwaltungskörperschaften wie Wirtschafts- und Sozialräte),
- Supranationale Ebene (z.B. EU).

Betriebsverfassungsgesetz (BetrVG)

Betriebsverfassungsgesetz (BetrVG)

Im Betriebsverfassungsgesetz (BetrVG) von 1972 sind die betrieblichen Mitbestimmungsrechte der Arbeitnehmer geregelt:

- In allen Betrieben mit mindestens fünf ständigen, wahlberechtigten Arbeitnehmern kann ein **Betriebsrat** in geheimer, unmittelbarer Wahl auf vier Jahre gewählt werden (§§ 1, 14, 21 BetrVG).
- In allen Betrieben mit mehr als 100 ständig beschäftigten Arbeitnehmern wird darüber hinaus ein **Wirtschaftsausschuss** gebildet, der wirtschaftliche Angelegenheiten mit dem Unternehmer zu beraten und den Betriebsrat zu unterrichten hat (§§ 106 ff. BetrVG).
- In allen Betrieben mit mindestens fünf unter 18-jährigen Arbeitnehmern können diese eine **Jugendvertretung** wählen (§§ 60-73 BetrVG).
- In allen Betrieben mit mindestens zehn leitenden Angestellten können **Sprecherausschüsse** gewählt werden.

Betriebsrat
- Rechte und Pflichten

Der **Betriebsrat** verfügt über die folgenden Rechte und Pflichten:

- Mitbestimmung in Bezug auf betriebliche Maßnahmen, z. B. bei der Festlegung von Arbeits- und Urlaubszeiten oder die Einführung einer Arbeitszeiterfassung,
- Mitwirkung, z.B. bei der Gestaltung von Arbeitsplätzen,
- Beratung, z. B. bei der Aufstellung von Sozialplänen,
- Information, z. B. bei der Einstellung leitender Angestellter.

Darüber hinaus können in Unternehmen mit mehr als 500 Mitarbeitern diese Einfluss auf die wirtschaftlichen Angelegenheiten des Unternehmens nehmen. Bis zu einer Betriebsgröße von 2.000 Mitarbeitern ist dann der Aufsichtsrat zu einem Drittel mit Arbeitnehmervertretern besetzt.

Montan-Mitbestimmungsgesetz (MG)

Montan-Mitbestimmungsgesetz (MG)

Das Montan-Mitbestimmungsgesetz (MG) gilt nur für Unternehmen aus der Montanindustrie (Bergbau, Eisen, Stahl). Bei mehr als 1.000 Arbeitnehmern und der Rechtsform einer Kapitalgesellschaft ist laut § 3 MG eine paritätische Besetzung des Aufsichtsrates vorzunehmen, sowie zusätzlich eine neutrale Person erforderlich. Zudem ist für das Ressort Personal und Sozialwesen ein Arbeitsdirektor in den Vorstand zu entsenden, der nicht gegen die Stimmen der Mehrheit der Arbeitnehmervertreter im Aufsichtsrat bestellt oder abberufen werden darf.

Gesetz über die Mitbestimmung der Arbeitnehmer

Gesetz über die Mitbestimmung der Arbeitnehmer von 1976 (MitbestG)

Das Gesetz über die Mitbestimmung der Arbeitnehmer von 1976 (MitbestG) gilt für alle Kapitalgesellschaften (inkl. GmbH Co. KG) mit mehr als 2.000 Arbeitnehmern, die nicht unter das Montan-Mitbestimmungsgesetz fallen. Das Gesetz verlangt die paritätische Besetzung des Aufsichtsrates, wobei der Aufsichtsratsvorsitzende eine Zweitstimme erhält, sodass eine Überstimmung der Arbeitnehmervertreter möglich ist. Die Position des Arbeitsdirektors im Vorstand ist auch im MitbestG verankert.

1.2 Wahl des Standortes

Standort
= Wahl des geografischen Orts der Leistungserstellung

Neben der Rechtsform ist die Wahl des optimalen Standortes eine weitere konstitutive Entscheidung. Allgemein kann unter dem **Standort** eines Unternehmens der geografische Ort der Leistungserstellung durch Kombination der Produktionsfaktoren verstanden werden.

Betrachtet man verschiedene Unternehmen, z. B. international agierende Konzerne, so wird deutlich, dass diese durchaus mehrere Standorte haben können. Die Frage nach der Wahl eines Standortes kann sich im Lebenszyklus eines Unternehmens also durchaus mehrfach stellen. Hieraus resultiert im Wesentlichen ein **betriebswirtschaftliches Optimierungsproblem**. D. h., vor dem Hintergrund (einer Vielzahl) unternehmensindividueller Kriterien soll der optimale Standort ausgewählt werden. Diese Kriterien werden als Standortbedingungen, Standortanforderungen oder **Standortfaktoren** bezeichnet. Zu diesen gehören die in Abb. 56 aufgelisteten.

Vielzahl an Standortfaktoren

Abb. 29 Standortfaktoren

1. Arbeitsbezogene Standortfaktoren
⇒ Zahl der Arbeitskräfte, ihre Kosten und ihre Qualifikation

2. Materialbezogene Standortfaktoren
⇒ Standort richtet sich nach dem Fundort (Rohstoffe) oder Entstehungsort (Hilfs- und Betriebsstoffe) des zu verarbeitenden Materials
⇒ Kriterien: Transportkosten, Zuliefersicherheit, Art des Produktes

3. Absatzbezogene Standortfaktoren
⇒ Standort richtet sich nach dem Absatzmarkt
⇒ Unterscheidung in transport- und nicht-transportfähige Güter
⇒ Kriterien: Kundennähe, Konkurrenz, Nachfrage

4. **Verkehrsbezogene Standortfaktoren**
=> Vielzahl der Verkehrsverbindungen, Vielfalt der Verkehrsmittel

5. **Immobilienbezogene Standortfaktoren**
⇒ Immobilienpreise bzw. Mietpreise

6. **Umweltbezogene Standortfaktoren**
⇒ weniger freie Güter verfügbar
⇒ Imagegründe, wachsendes Umweltbewusstsein
⇒ zunehmend gesetzliche Vorschriften

7. **Abgabenbezogene Standortfaktoren**
⇒ Standort mit den geringsten Beiträge, Gebühren und Steuern
⇒ Ausnutzung des nationalen und internationalen Steuergefälles

Vorgehen zur Wahl eines Standortes

Das **Vorgehen zur Standortwahl**, d. h. zur Entscheidungsfindung, gestaltet sich üblicherweise wie folgt:

- Festlegung der Standortbedingungen/-faktoren
- Suche nach möglichen/alternativen Standorten
- Bewertung von Standorten
- Auswahl von Standorten
- Inbetriebnahme eines ausgewählten Standortes

Als **Verfahren** für die Durchführung einer solchen Standortwahl bietet sich die **Nutzwertanalyse** an.

Standortwahl mittels Nutzwertanalyse

Nutzwertanalyse
= „utility analysis"

Die Nutzwertanalyse ist ein bewährtes Instrument zur Entscheidungsfindung. Sie wird vor allem dann eingesetzt, wenn eine Vielzahl von Kriterien vorhanden ist, die unterschiedlich starken Einfluss auf das Entscheidungsproblem haben und dementsprechend unterschiedlich zu gewichten sind. Außerdem müssen die Kriterien nicht quantifizierbar sein, sondern dürfen auch qualitativen Charakter haben (z. B. das Klima an einem Standort). Sie wurde unter der Bezeichnung „utility analysis" in den USA entwickelt und Anfang der 70er Jahre in Deutschland verbreitet.

Vorgehen

Das **Vorgehen** einer Nutzwertanalyse gestaltet sich wie folgt (vgl. Abb. 30):

Abb. 30 Vorgehen Nutzwertanalyse

1. Auflisten der relevanten Standortfaktoren
2. Festlegen von Normen für die Ausprägungen
3. Festlegen einer Skala zum Messen der konkreten Ausprägungen
4. Festlegen von Gewichtungsrelationen der Standortfaktoren untereinander
5. Ermitteln/Schätzen der konkreten Ausprägungen
6. Multiplizieren der Messzahlen mit dem Gewichtungsfaktor
7. Addieren der gewichteten Messergebnisse aller Faktoren für jede Alternative
8. Vergleich, Interpretation, Entscheidung

Beispiel

In Abb. 31 ist das Verfahren beispielhaft dargestellt.

Abb. 31 Standortfaktoren und Nutzwertanalyse

	Standortanforderung	Gewichtung	Standort A		Standort B		Standort C		Standort D	
			X	R	X	R	X	R	X	R
1	zentrale Verkehrslage (z. B. Autobahn- und Flughafennähe)	8	5	40	1	8	3	24	3	24
2	günstiger Arbeitsmarkt (z. B. qualifizierte Facharbeiter, Arbeitskraftreserven)	15	5	75	5	75	1	15	3	45
3	verfügbares Industriegelände (z. B. Mindestfläche, zukünftige Erweiterungsmöglichkeiten)	16	3	48	3	48	5	80	5	80
4	günstige Versorgung und Entsorgung (z. B. Versorgung mit Elektrizität, Gas, Wasser)	10	1	10	3	3	1	10	3	30
5	annehmbare rechtliche Auflagen (z. B. Bauvorschriften)	10	5	50	5	50	3	30	1	10
6	geringe Steuerbelastung (z. B. tiefe Steuersätze, Steuererleichterungen)	25	3	75	5	125	1	25	3	75
7	günstige Förderungsmaßnahmen (z. B. staatliche Subventionen, kommunale Wirtschaftsförderung)	8	3	24	1	8	5	40	3	24
8	gute Lebensbedingungen (z. B. Sozial-, Bildungs- und Freizeiteinrichtungen)	8	3	24	1	8	3	24	5	40
	Gesamtnutzen der Alternativen	100		346		**352**		248		328
	Festlegung der Präferenzordnung der Alternativen		2. Rang		**1. Rang**		4. Rang		3. Rang	

X = Bewertung (gut = 5, befriedigend = 3, schlecht = 1) R = Nutzen pro Standortfaktor
Hinweis: unabdingbare Forderungen, d.h. Muss-Kriterien (z. B. Mindestfläche), wurden nicht berücksichtigt.

Quelle: Thommen et al. 2016, S. 40

Die **Vor- und Nachteile** der Nutzwertanalyse für die Standortwahl lassen sich zusammenfassend wie in Abb. 32 dargestellt charakterisieren.

Vor- und Nachteile

Abb. 32 Vor- und Nachteile der Nutzwertanalyse für die Standortwahl

Vorteile	Nachteile
▸ Sowohl quantifizierbare als auch nicht quantifizierbare Größen werden erfasst. ▸ Die Gewichtung ermöglicht eine sehr individuelle, gut nachvollzieh-bare und präzise Bewertung der Standortalternativen.	▸ Die subjektive Gewichtung und Bewertung der immateriellen bzw. qualitativen Standortfaktoren/ Kriterien kann zu Fehlentschei-dungen führen.

Die Risiken der Nutzwertanalyse können dadurch verringert werden, dass die Bewertung von einem Team mit unterschiedlichen Fachleuten in Zusammenarbeit mit den Betroffenen durchgeführt werden.

Nach der Auswahl eines Standortes ist ggf. periodisch eine Standortkontrolle – d. h. die fortlaufende Überprüfung der Standortfaktoren und Kriterienerfüllung – durchzuführen.

Darüber hinaus geht es nicht nur um die Wahl eines konkreten Standortes, sondern zunächst grundlegend um die Frage nach dem **Grad der geografischen Ausbreitung** des Unternehmens, also der räumlichen Zentralisierung bzw. Dezentralisierung der Unternehmenstätigkeit sowie dem Grad der internationalen Ausrichtung. Danach lassen sich die in Abb. 33 aufgezeigten Ausprägungen unterscheiden (Thommen et al. 2016, S. 38):

Ausmaß der räumlichen Zentralisierung bzw. Dezentralisierung

Abb. 33 Grad der geografischen Ausbreitung

1. Lokaler Standort	Unternehmen beschränkt seine Tätigkeit auf eine Gemeinde/Stadt (örtliches Gewerbe).
2. Regionaler Standort	Unternehmen ist in einer bestimmten Region eines Landes tätig (z.B. Raiffeisen- und Volksbanken).
3. Nationaler Standort	Unternehmen hat seine Produktions- oder Vertriebsstätten auf ein Land verteilt (z. B. Deutsche Bahn AG).
4. Internationaler Standort	Unternehmen produziert vor allem im Heimatland, exportiert seine Produkte ins Ausland.
5. Multinationaler Standort	Unternehmen hat in mehreren Ländern Produktions- und Vertriebs-Tochtergesellschaften (z. B. IBM).

Diese Ausprägungen sind häufig nicht statisch. Vielmehr streben die meisten Unternehmen nach Wachstum und werden sich mit diesem Wachstum über einen vielleicht zunächst lokalen Standort nach und nach national und international ausdehnen.

Das Wachstum eines Unternehmens kann aus eigener Kraft erfolgen. Häufig sind jedoch Kooperationen oder der Zusammenschluss mit anderen Unternehmen schnellere und effektivere Wege zur Realisation von Expansionszielen.

1.3 Unternehmensverbindung

Unternehmensverbindungen bzw. -zusammenschlüsse (international als Mergers and Acquisitions bezeichnet) entstehen durch Verbindung von rechtlich und wirtschaftlich selbstständigen Unternehmen zu größeren Wirtschaftseinheiten (Wöhe et al. 2016, S. 237).

Unternehmensverbindung
= Verbindung rechtlich und wirtschaftlich selbstständiger Unternehmen zur gemeinsamen Bewältigung bestehender Aufgaben

Das generelle Ziel besteht in der gemeinsamen Bewältigung bestehender Aufgaben. Darüber hinaus können die folgenden **Motive** treibend sein (Thommen et al. 2016, S. 32 f.):

- **Wachstum**: Die Realisation von externem Wachstum durch Zusammenschluss mit anderen Unternehmen (Unternehmens-**Konzentration**), was zu einer Steigerung der Markt- und Verhandlungsmacht führt.
- **Synergieeffekte**: Die Nutzung des „1 +1 =3" – Effektes, d. h. Ertragssteigerungen und Kostenreduzierungen durch **Rationalisierung** (z. B. Know-how-Austausch, Vermeidung von Doppelarbeiten, etc.).
- **Risikostreuung**: Die Verteilung des unternehmerischen Risikos auf mehrere Geschäftsbereiche durch **Diversifikation** in neue Produkte und Märkte.

Viele Unternehmensverbindungen sind beschränkt auf einzelne Bereiche eines Unternehmens und dementsprechend punktuell verfolgte Zielsetzungen, z. B.

Häufig beschränkt auf Funktionsbereiche

- Beschaffung – Einkaufkooperationen,
- Produktion – Spezialisierung, Just-in-time-Kooperationen,
- Marketing – Werbung von Branchenverbänden,
- Forschung und Entwicklung – Joint Venture
- etc.

Unternehmensverbindungen lassen sich nach folgenden Kriterien unterscheiden:

Nach der **Bindungsintensität** lassen sich die Formen Koordination, Kooperation und Konzentration abgrenzen.

Koordination, Kooperation, Konzentration

- Die **Koordination** ist die loseste Form der Zusammenarbeit und beinhaltet das (zufällige) Zusammenwirken von – rechtlich und wirtschaftlich vollständig unabhängig bleibenden - Unternehmen.
- Die **Kooperation** beinhaltet eine vertraglich geregelte Zusammenarbeit in bestimmten Bereichen eines Unternehmens. Die beteiligten Unternehmen bleiben damit rechtlich selbstständig, sind jedoch wirtschaftlich nur eingeschränkt selbstständig. Unterschiedliche Formen sind Gelegenheitsgesellschaften (Arbeitsgemeinschaften, Konsortien), Interessengemeinschaften (Wirtschafts- und Unternehmensverbände), Kartelle, Gemeinschaftsunternehmen.
- Die **Konzentration** ist ein Zusammenschluss von Unternehmen auf kapitalmäßiger Basis. Beide Unternehmen unterstehen nach dem Zusammenschluss einer einheitlichen wirtschaftlichen Leitung. Sie sind damit wirtschaftlich abhängig. Das Ausmaß der verbleibenden rechtlichen Selbstständigkeit hängt von der jeweiligen (vertraglichen) Ausgestaltung ab. Unterschiedliche Formen sind Mehrheits-Kapital-Beteiligungen, Unterordnungskonzerne, Gleichordnungskonzerne und Fusionen.

Nach den **beteiligten Wirtschaftsstufen** lassen sich horizontale, vertikale oder laterale (konglomerate) Unternehmensverbindungen unterscheiden.

Horizontal, vertikal, lateral

- Bei einer **horizontalen** Unternehmensverbindung schließen sich Unternehmen der gleichen Produktions- oder Handelsstufe zusammen (z. B. Autohersteller).
- Eine **vertikale** Unternehmensverbindung meint die Vereinigung von Unternehmen aufeinanderfolgender Produktions- oder Handelsstufen. Die Vereinigung kann dabei **vorwärtsgerichtet** (z. B. Hersteller von Textilien kauft Handelskette) oder **rückwärtsgerichtet** (z. B. Textilhandelskette kauft Produktionsbetriebe) erfolgen.
- **Laterale** Unternehmensverbindungen entstehen zwischen Unternehmen verschiedener Branchen (z. B. Nahrungsmittelhersteller und Reinigungsmittelhersteller).

Dauerhaft, vorübergehend

Schließlich lassen sich Unternehmensverbindungen nach ihrer **Dauer** unterscheiden in dauerhafte und nicht **dauerhafte** bzw. **vorübergehende** Verbindungen.

Formen

Wichtige **Formen** von Unternehmensverbindungen sind in der Abb. 34 kurz erläutert.

Abb. 34 Formen von Unternehmensverbindungen

Konsortium	Unternehmensverbindung auf vertraglicher Basis zur Umsetzung zeitlich und inhaltlich abgegrenzter Projekte; häufig als BGB-Gesellschaft
Kartell	Unternehmensverbindung zur Reduktion/Beschränkung des Wettbewerbs zwischen den beteiligten Unternehmen
Joint Venture	Ein von zwei oder mehr Unternehmen gemeinsam getragenes körperschaftliches Gebilde (Gemeinschaftsunternehmen)
Strategische Allianz	Partnerschaft, bei der die Handlungsfreiheit der beteiligten Unternehmen im Kooperationsbereich eingeschränkt ist (Umsetzung als Joint Venture, Minderheitsbeteiligung oder Vertrag)
Konzern	Ein beherrschendes und ein oder mehrere abhängige Unternehmen unter der einheitlichen Leitung des beherrschenden Unternehmens

Abb. 35 stellt die **Eigenschaften** dieser Formen von Unternehmensverbindungen dar.

Eigenschaften

Abb. 35 Charakteristika von Unternehmensverbindungen

Kriterien / Formen	Dauer		Art		
	dauerhaft	**vorüber-gehend**	**horizontal**	**vertikal**	**lateral**
Konsortium		✓	✓		
Kartell	✓		✓	✓	
Joint Venture	✓		✓	✓	
Strategische Allianz	✓		✓	✓	
Konzern	✓		✓	✓	✓

Begrifflichkeiten zum Nachschlagen

... damit sollten Sie umgehen können:

- Konstitutive Entscheidungen
- Rechtsform
  - Arten (Einzelunternehmen, Personengesellschaft, Kapitalgesellschaft)
  - Charakteristika (Vor- und Nachteile)
  - Mitbestimmung, Formen
- Standort
  - Standortwahl
  - Standortfaktoren
- Unternehmensverbindung
  - Arten
  - Charakteristika (Vor- und Nachteile)
- Nutzwertanalyse

Wiederholungsfragen

1. Erläutern Sie den Begriff "konstitutive Entscheidung".
2. Erläutern Sie den Begriff "Rechtsform". Welche grundsätzlichen Arten der Rechtsform lassen sich unterscheiden?
3. Erläutern Sie den Begriff "Mitbestimmung". Welche Arten der Mitbestimmung gibt es?
4. Erläutern Sie den Begriff "Unternehmensverbindung". Welche grundsätzlichen Arten der Unternehmensverbindung lassen sich unterscheiden?
5. Erläutern Sie den Begriff "Nutzwertanalyse". Skizzieren Sie das Vorgehen zur Anwendung der Nutzwertanalyse an einem selbstgewählten Beispiel zur Wahl der Rechtsform.

Literaturhinweise

Gutenberg, E.: Die Unternehmung als Gegenstand betriebswirtschaftlicher Theorie, Berlin 1929, unveränderter Nachdruck Wiesbaden 1998.

Schierenbeck, H.; Wöhle, C. B.: Grundzüge der Betriebswirtschaftslehre. 19. Aufl., München 2016.

Thommen, J.-P.; Achleitner, A.-K.; Gilbert, D. U.; Hachmeister, D.; Kaiser, G.: Allgemeine Betriebswirtschaftslehre: Umfassende Einführung aus managementorientierter Sicht. 8. Aufl., Wiesbaden 2016.

Wöhe, G.; Döring, U.; Brösel, G.: Einführung in die Allgemeine Betriebswirtschaftslehre. 26. Aufl., München 2016.

III Unternehmensführung und -planung

Lernziele des Kapitels

Dieses Kapitel soll Sie vertraut machen mit den folgenden Themen:

Die Sichtweise auf das Unternehmen aus der Perspektive einer managementorientierten Betriebswirtschaftslehre.

Aufgaben und Funktionen des Managements in Unternehmen.

Der betriebliche Umsatzprozess und seine Vernetzung mit den Funktionsbereichen eines Unternehmens.

Der Managemententscheidungsprozess als iterativer Problemlösungsprozess.

1 Grundlagen

1.1 Unternehmen, Management und Manager

Die Führungskraft im Ballon

Ein Mann fliegt einen Heißluftballon und realisiert, dass er die Orientierung verloren hat. Er reduziert seine Höhe und macht schließlich einen Mann am Boden aus. Er lässt den Ballon noch weiter sinken und ruft:

"Entschuldigung, können Sie mir helfen? Ich versprach meinem Freund, ihn vor einer halben Stunde zu treffen, aber ich weiß nicht, wo ich mich befinde."

Der Mann am Boden sagt: "Ja, sie befinden sich in einem Heißluftballon. Ihre Position ist zwischen 40 und 42 Grad nördlicher Breite und zwischen 58 und 60 Grad westlicher Länge."

"Sie müssen Ingenieur sein", sagt der Ballonfahrer.

"Bin ich", antwortet der Mann. "Wie haben Sie das gewusst?"

"Sehen Sie", sagt der Ballonfahrer, "alles, was Sie mir gesagt haben, ist technisch korrekt, aber ich habe keine Ahnung, was ich mit Ihren Informationen anfangen soll und ich weiß immer noch nicht, wo ich bin."

Der Ingenieur sagt hierauf: "Sie müssen ein Projekt-Manager sein."

"Bin ich", antwortet der Ballonfahrer, "Wie haben Sie das gewusst?"

"Sehen Sie", sagt der Ingenieur, "Sie wissen nicht, wo Sie sind oder wohin Sie gehen. Sie haben ein Versprechen gegeben, von dem Sie keine Ahnung haben, wie Sie es einhalten können und Sie erwarten, dass ich Ihnen dieses Problem löse. Tatsache ist: Sie befinden sich in exakt derselben Position, in der Sie waren, bevor wir uns getroffen haben aber irgendwie ist jetzt alles meine Schuld."

Quelle: Autor unbekannt

Wie aus dem festgestellten Verhaltensproblem des Ballonfahrers deutlich wird, werden an Führungskräfte – häufig auch Manager genannt – besondere und durchaus hohe Anforderungen gestellt. Diese Anforderungen zu erfüllen bedarf es einer Vielzahl an Qualifikationen und Voraussetzungen.

Um sich diesem zu nähern, soll noch einmal auf den weiter oben bereits charakterisierten Begriff „**Unternehmen**" aus systemtheoretischer und managementorientierter Sicht verwiesen werden.

Management = Funktion

Das **Management als Funktion** hat die Aufgabe, das System Unternehmen zu gestalten, zu steuern und zu führen. Die Tätigkeit bzw. der Prozess der Willensbildung und -durchsetzung steht hier im Vordergrund. Es ist daher zu begreifen als „... zielorientierte Gestaltung, Steuerung und Entwicklung des soziotechnischen Systems Unternehmung in sach- und personenbezogener Dimension." (Hopfenbeck 2002).

Management = Institution

Dem gegenüber steht die Sichtweise auf das **Management als Institution**. Diese betrachtet die Träger der Managementtätigkeiten, d. h. die Positionen bzw. Stellen des Systems sowie die Personen, welche diese Stellen besetzen.

Manager
= Personen, die aufgrund rechtlicher und organisatorischer Regelungen die Befugnis besitzen, anderen Mitarbeitern Weisungen zu erteilen

Manager sind Personen, die aufgrund rechtlicher und organisatorischer Regelungen auf den verschiedenen hierarchischen Ebenen eines Unternehmens die Befugnis besitzen, anderen Mitarbeitern Weisungen zu erteilen. Sie übernehmen die Aufgaben der Führung von Mitarbeitern und der Lenkung von Prozessen.

1.2 Der Umsatzprozess in einem Industrieunternehmen

Der **Umsatzprozess** eines Industrieunternehmens stellt einen komplexen und häufig sehr individuellen Prozess dar. Dieser lässt sich jedoch auf einer bestimmten Ebene für alle Unternehmen generalisieren und abstrahieren. Im Wesentlichen verbleibt schließlich die zusammenhängende Darstellung eines güterwirtschaftlichen und eines finanzwirtschaftlichen Umsatzprozesses (an Thommen et al. 2016, S. 8 f.):

Phasen des Umsatzprozesses eines Unternehmens

- **Phase 1**: Beschaffung von finanziellen Mitteln auf dem Kredit- und Kapitalmarkt
- **Phase 2**: Beschaffung der Produktionsfaktoren
  - Potenzialfaktoren = Betriebsmittel, die im Umsatzprozess genutzt werden, ohne mit ihrer Substanz Eingang in die hergestellten Erzeugnisse zu finden (z. B. Maschinen, EDV-Anlagen, Gebäude)
  - Repetierfaktoren = Werkstoffe wie Roh-, Hilfs- und Betriebsstoffe, Halb- und Fertigfabrikate, die als Bestandteil in die hergestellten Erzeugnisse eingehen oder zum Betrieb und Unterhalt der Betriebsmittel erforderlich sind
  - Arbeitsleistungen = die vom Menschen im Unternehmen zu erbringenden Leistungen
  - Informationen = Daten mit Relevanz für Entscheidungen im Unternehmen
- **Phase 3**: Transformationsprozess durch Kombination der Produktionsfaktoren zu Halb- und Fertigfabrikaten
- **Phase 4**: Absatz der erstellten Erzeugnisse an die Kunden
- **Phase 5**: Rückzahlung der finanziellen Mittel und Wiedereintritt in die Phase 2 (Schluss des Kreises)

Die Reihenfolge der einzelnen Schritte entspricht weitgehend dem Gründungsprozess eines Unternehmens. Im späteren „Tagesgeschäft" laufen diese Phasen nebeneinander ab.

Güter- und finanzwirtschaftlicher Umsatzprozess

Abb. 36 Güter- und finanzwirtschaftlicher Umsatzprozess

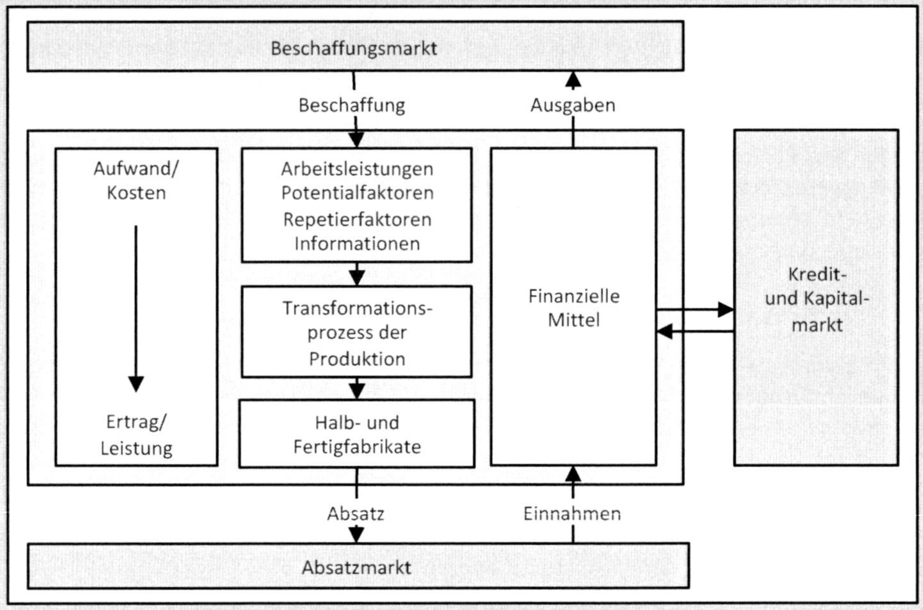

Quelle: in Anlehung an Thommen et al. 2016, S. 9

Begrifflichkeiten zum Nachschlagen

... damit sollten Sie umgehen können:

- Management als Funktion, Institution
- Manager
- Umsatzprozess in einem Unternehmen

Wiederholungsfragen

1. Erläutern Sie die Begriffe Management und Manager.
2. Verbinden Sie die Begriffe Management und Manager mit der Sichtweise auf das Management als Funktion und Management als Institution.
3. Skizzieren und erläutern Sie den Umsatzprozess in einem Unternehmen.

Literaturhinweise

Gutenberg, E.: Die Unternehmung als Gegenstand betriebswirtschaftlicher Theorie, Berlin 1929, unveränderter Nachdruck Wiesbaden 1998.

Hopfenbeck, W.: Allgemeine Betriebswirtschaftslehre und Managementlehre. 14. Aufl., Landsberg a. L. 2002.

Schierenbeck, H.; Wöhle, C. B.: Grundzüge der Betriebswirtschaftslehre. 19. Aufl., München 2016.

Thommen, J.-P.; Achleitner, A.-K.; Gilbert, D. U.; Hachmeister, D.; Kaiser, G.: Allgemeine Betriebswirtschaftslehre: Umfassende Einführung aus managementorientierter Sicht. 8. Aufl., Wiesbaden 2016.

Wöhe, G.; Döring, U.; Brösel, G.: Einführung in die Allgemeine Betriebswirtschaftslehre. 26. Aufl., München 2016.

2 Unternehmensführung, Planung und Entscheidung: Der Managementprozess

Im Rahmen und zur Steuerung des betrieblichen Umsatzprozesses (siehe Kapitel 1.2) haben Manager eine Vielzahl unterschiedlicher Aufgaben und Probleme zu bewältigen. „Die **Unternehmensführung** hat die Aufgabe, den Prozess der betrieblichen Leistungserstellung und -verwertung so zu gestalten, dass das (die) Unternehmensziel(e) auf höchstmöglichem Niveau erreicht wird (werden).“ (Wöhe et al. 2016, S. 47)

Unternehmensführung
= den Prozess der betrieblichen Leistungserstellung und -verwertung so gestalten, dass die Unternehmensziele bestmöglich erreicht werden

Der **Prozess der Unternehmensführung** und -steuerung wird häufig in vier grundlegende Phasen unterteilt:

- Planung,
- Entscheidung,
- Aufgabenübertragung/Ausführung,
- Kontrolle.

Planung als zentrale Funktion des Managements einer Unternehmung lässt sich beschreiben als die gedankliche Vorbereitung zielgerichteter Entscheidungen. Dazu gehören auch die Analyse und das Finden möglicher Ziele.

Planung
= gedankliche Vorbereitung zielgerichteter Entscheidungen

Die **Entscheidung** beinhaltet die Auswahl und die Festlegung von Handlungsalternativen. Dazu gehören

Entscheidung
= Auswahl und Festlegung von Handlungsalternativen

- das Festlegen von **Zielen**,
- das Treffen von Zielerreichungsentscheidungen
- zur Steuerung innerbetrieblicher Prozesse und
- zur Abstimmung überbetrieblichen Verhaltens
  (z.B. Kooperationen, Unternehmenszusammenschlüsse).

... unter der jeweiligen **Berücksichtigung von Umwelteinflüssen** (z.B. Kunden-, Lieferanten-, Konkurrenzverhalten).

Originäre vs. derivative Entscheidungen

Dabei trifft das obere Management i. d. R. ganzheitliche, grundlegende Entscheidungen, die in der Regel nicht zu delegieren sind (sog. originäre Entscheidungen). Das mittlere Management trifft i. d. R. eher abgeleitete, Teilbereiche betreffende Durchführungsentscheidungen (sog. derivative Entscheidungen).

Die **Aufgabenübertragung** beinhaltet die Delegation der Ausführung und Durchführung der Aufgaben an andere Bereiche oder Mitarbeiter.

Im Rahmen der **Kontrolle** erfolgt ein Abgleich zwischen Geplantem und tatsächlich Erreichtem. In der Regel erfolgt dieser Abgleich als Soll-Ist-Vergleich. Es sind jedoch auch andere Formen von Vergleichen möglich (vgl. 2.2.2).

Allgemeiner Problemlösungsprozess

Aus Sicht der **Entscheidungsorientierten Betriebswirtschaftslehre** lassen sich betriebliche bzw. unternehmerische Problemstellungen – unabhängig von der konkreten Ausgestaltung oder dem Funktionsbereich, in dem sie auftreten – auf sehr ähnliche Weise lösen. Aus dieser Erkenntnis heraus lässt sich ein **allgemeiner Problemlösungsprozess** ableiten, der durch folgende Phasen zu charakterisieren ist:

... sechs Phasen

- Analyse der **Ausgangslage**
  Zunächst sind die grundlegenden Informationen zur Verfügung zu stellen. Das eigentliche Problem muss erkannt, beschrieben, analysiert und hinsichtlich seiner Lösungsmöglichkeiten beurteilt werden.
- Festlegung der **Ziele**
  Ausgehend von der Beurteilung der Ausgangslage sind Ziele zu bestimmen, die das unternehmerische Handeln zur Lösung des Problems leiten.

- Festlegung der **Maßnahmen**
  Die verfügbaren Maßnahmen sind zu lokalisieren, hinsichtlich ihres Potentials in Bezug auf die Erreichung der Ziele zu beurteilen und auszuwählen.
- Festlegung der **Mittel**
  Die notwendigen finanziellen und personellen Mittel zur Durchführung der Maßnahmen sind bereitzustellen.
- **Durchführung** (Realisierung)
  Die Maßnahmen sind nun zu implementieren.
- Evaluation der **Ergebnisse**
  Schließlich gilt es, die Ergebnisse des Handelns zu erheben und in Bezug auf das Erreichen der gesetzten Ziele zu beurteilen.

Abb. 37 Allgemeiner Problemlösungsprozess

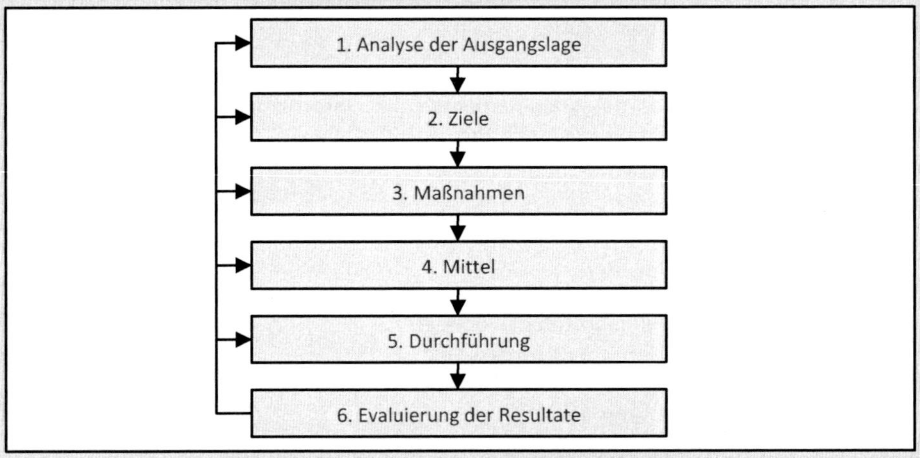

Quelle: in Anlehnung an Thommen et al. 2016, S. 13

Derartige Problemlösungsprozesse laufen i. d. R. fortlaufend wiederholend ab. Ein Rückspringen in vorgelagerte Phasen ist dabei durchaus gewünscht und erlaubt. Die Erfahrungen und Ergebnisse sollten dazu genutzt werden, zukünftige Ziel- und Maßnahmenplanungen/-entscheidungen zu verbessern. Das zentrale Ziel ist es, durch sogenannte **iterative Problemlösungsprozesse** einen bestmöglichen Lösungsgrad zu erreichen.

Unterscheidung nach Zeit und Hierarchie

Problemlösungsprozesse lassen sich zudem unterscheiden nach der zeitlichen Ausrichtung sowie der hierarchischen Ebene im Unternehmen:

- Nach der **zeitlichen Ausrichtung** lassen sich Problemlösungsprozesse auf strategischer Ebene von solchen auf operativ-taktischer Ebene unterscheiden. Strategische Entscheidungen betreffen einen Horizont von mehr als fünf Jahren, während operative auf ein Jahr und taktische auf zwei bis fünf Jahre ausgerichtet sind.
- Diese Unterscheidung geht häufig einher mit der **hierarchischen Ebene** im Unternehmen. Grundlegende, strategische Entscheidungen werden eher auf Top-Management-Ebene von Vorstand und ggf. Bereichsleitung getroffen. Operativ-taktische Entscheidungen „im Tagesgeschäft" finden auf mittlerer und unterer Ebene (Abteilung, Unterabteilung oder Sachbearbeiter) im Unternehmen statt.

Die Betrachtung der hierarchischen Ebene hat auch unmittelbaren Einfluss auf den Umfang des Problemlösungsprozesses. Während auf der oberen Managementebene eine ganzheitliche, funktionsübergreifende Betrachtung erfolgt, liegt der Fokus auf der mittleren und unteren Managementebene eher auf kleineren Ausschnitten eines Unternehmens, häufig innerhalb eines Funktionsbereiches.

Iterative Management-(Entscheidungs-)Prozesse

Ein eher auf die Entscheidungssicht der Top-Management-Ebene und insbesondere die umfassende Unternehmensplanung zugeschnittener Problemlösungsprozess ist der Abb. 38 zu entnehmen. Ausgehend von der Analyse des Marktes, gilt es die grundlegende strategische Ausrichtung zu definieren. Dafür werden zunächst die Geschäftsfelder abgegrenzt, in denen ein Unternehmen tätig sein will. In diesen Feldern erfolgt dann eine tiefergehende Analyse, es werden Ziele abgeleitet, Strategien bestimmt, Maßnahmen geplant, implementiert und schließlich kontrolliert/evaluiert. Die kreisförmige Darstellung verdeutlicht auch noch stärker den fortlaufend iterativen Charakter des Prozesses, in dessen Mittelpunkt die wechselseitige Abstimmung durch intensive Information und Kommunikation zwischen den beteiligten Unternehmens-/Funktionsbereichen und –ebenen steht.

Abb. 38 Iterativer Problemlösungsprozess

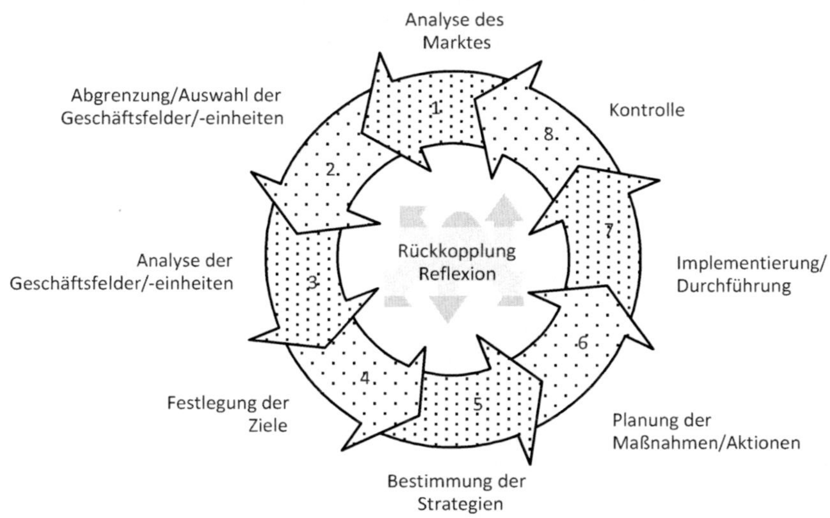

Auf die konkreten Inhalte des allgemeinen Problemlösungs- oder Managementprozesses wird in den nachfolgenden Kapiteln eingegangen.

2.1 Definition der Geschäftsfelder und Festlegung der strategischen Ausrichtung

Bestimmung und Abgrenzung strategischer Geschäftsfelder

Zunächst gilt es, die Geschäftsfelder, in denen das Unternehmen aktuell und ggf. zukünftig tätig sein will, festzulegen und gegeneinander abzugrenzen. Hierfür stehen unterschiedliche Ansätze zur Verfügung. Ein sehr plausibler Ansatz stammt von Abell (1980, S. 110 ff.), der die Abgrenzung von Geschäftsfeldern mit Hilfe einer dreidimensionalen Marktsegmentierung entwickelt hat. Danach kann die Kombination der folgenden drei Beschreibungsdimensionen zur Bestimmung und Abgrenzung **strategischer Geschäftsfelder** herangezogen werden (Abell 1980, S. 22 ff.):

Wer?
Was?
Wie?

- **Kundengruppen** – Die durch das Produkt angesprochenen (potentiellen) Käufer („Who is being satisfied?").
- **Kundenfunktionen** – Die durch das betreffende Gut zu befriedigenden Kundenbedürfnisse ("What is being satisfied?).
- **Alternative Technologien** - Die zur Befriedigung der Kundenbedürfnisse einzusetzenden Technologien („How customer needs are satisfied?").

Abb. 39 Dimensionen Strategischer Geschäftsfelder (SGE)

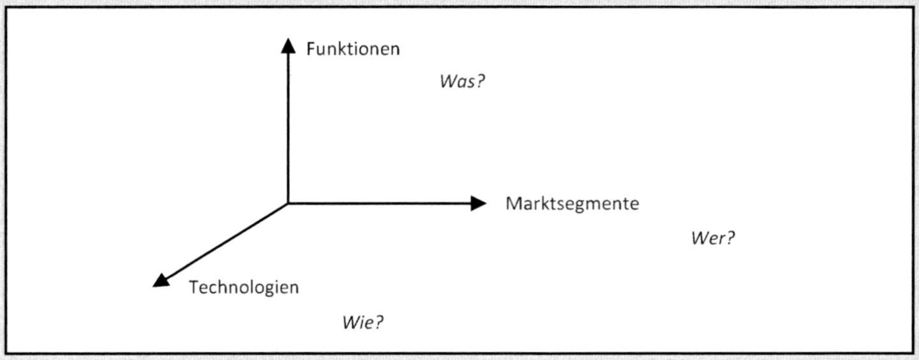

Quelle: Abell 1980, S. 27

Strategischer Kasten

Mittels dieser drei Dimensionen und auf Basis der jeweiligen Ausprägungen lässt sich das Geschäftsfeld als „strategischer Kasten" definieren, innerhalb dessen das Unternehmen agiert. Die dreidimensionale Geschäftsfeldbestimmung nach Abell ist in Abb. 40 am Beispiel computergesteuerter Röntgengeräte verdeutlicht (Abell 1980, S. 110, 112).

Das strategische Geschäftsfeld des Unternehmens ist hier wie folgt eingegrenzt:

- Als Kunden werden Uni-Kliniken, Krankenhäuser und Diagnoseinstitute angesprochen.
- Die Bedürfnisse der Bildschirmdiagnostik, die Therapieplanung und die Behandlung werden durch das Angebot befriedigt.
- Als Technologie wird die Computertomografie verwendet.

Natürlich sind basierend auf den gewählten Dimensionen verschiedene alternative Abgrenzungen des Strategischen Geschäftsfeldes möglich.

In der Regel verfügen Unternehmen über eine Vielzahl an Produkten und Leistungen, die sie auf den Märkten anbieten. Für die gezielte Bearbeitung der abgegrenzten Marktsegmente bzw. der Strategischen Geschäftsfelder der Unternehmung ist es daher erforderlich, ein entsprechendes internes Pendant zu schaffen. Die vom Unternehmen angebotenen Leistungen sollten intern gebündelt, abgegrenzt und auf den Markt bzw. die Strategischen Geschäftsfelder ausgerichtet werden.

Strategische Geschäftseinheiten (SGE) als Pendant

Basierend auf der Abgrenzung Strategischer Geschäftsfelder werden auf diese Weise sogenannte **Strategische Geschäftseinheiten (SGE)** bzw. Strategic Business Units gebildet. Solche Strategischen Geschäftseinheiten (SGE) stellen Produkte oder Programmteile dar, die im Hinblick auf markt- und wettbewerbsbezogene Merkmale gleichartig sind.

Anforderungen an die Abgrenzung von SGE'n

Darüber hinaus sollten folgende Grundsätze beachtet werden (Godefroid 2003, S. 134; dort nach Chrisnall 1989, S. 186):

- Eine SGE sollte ein weitgehend eigenständiges Geschäft betreiben (oder in der Zukunft betreiben können).
- Für die Leitung einer SGE sollte ein Manager verantwortlich sein.
- Jede SGE sollte eine deutlich unterschiedliche Rolle im Unternehmen haben.
- Die SGEs sollten ausgeprägt marktorientiert gebildet werden.
- Der Schwerpunkt einer SGE sollte technologieorientiert sein.
- Jede SGE sollte groß genug sein, damit Volumen- oder Erfahrungseffekte wirksam werden können.
- Eine SGE sollte auch unter geografischen Aspekten sinnvoll sein.

Abb. 40 Beispiel zur Abgrenzung Strategischer Geschäftsfelder

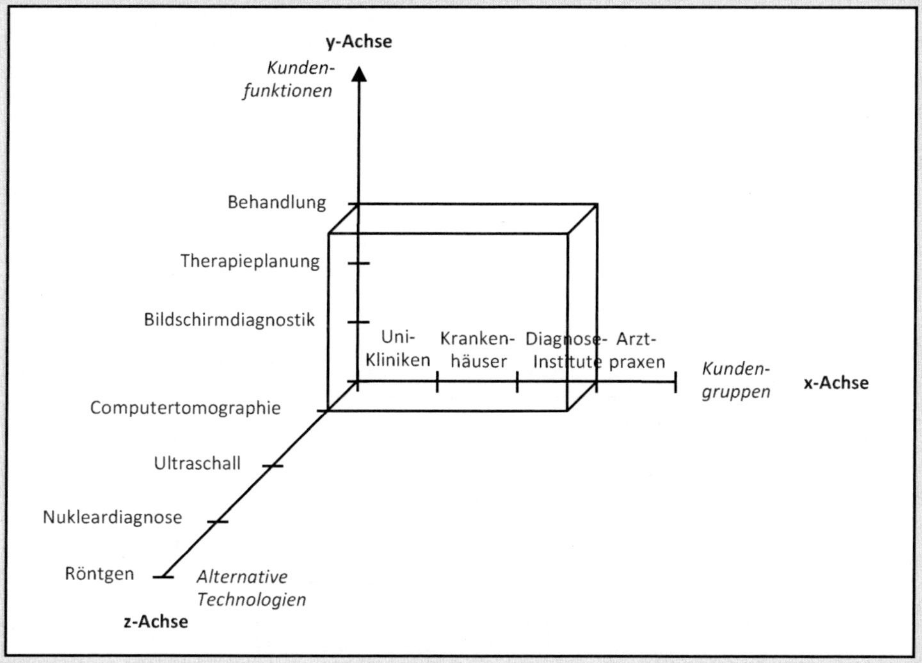

Quelle: Abell 1980, S. 110

Beispiel

2.2 Durchführung der Analyse

Analyse
= Basis für Ziel-, Strategie- und Maßnahmen-entscheidungen

Auf Basis der Festlegung der Strategischen Geschäftsfelder und der Entscheidung für die grundlegende strategische Ausrichtung des Unternehmens sollte die **Analyse der Markt- und Unternehmenssituation** erfolgen. Aufgabe dieses Schrittes ist es, geeignete Informations- und Entscheidungsgrundlagen für die weiteren Schritte des Managementprozesses zu schaffen. Nachfolgende Entscheidungen hinsichtlich der Ziele, Strategien und Instrumente müssen dadurch ausreichend fundiert werden.

Neben der reinen Datengewinnung ist es also erforderlich, die Informationen entscheidungsgerecht aufzubereiten und Prognosen über zukünftige Entwicklungen abzuleiten. Für den Marketingmanager lassen sich daraus zwei Anforderungen ableiten:

- Bestimmung und Erhebung des Informationsbedarfs,
- Aufbereitung der Informationen und ggf. Prognose mittels geeigneter Analyseinstrumente.

2.2.1 Bestimmung und Erhebung des Informationsbedarfs

Unternehmens- und Umweltanalyse

Zur Strukturierung des **Informationsbedarfs** wird i. d. R. eine Zweiteilung in die Unternehmens- und Umweltanalyse vorgenommen. Bezüglich des Unternehmens werden die vorhandenen Stärken und Schwächen ermittelt. Die Umweltanalyse ermittelt die aus den Umfeldentwicklungen in Kombination mit den Stärken und Schwächen resultierenden Chancen und Risiken.

SWOT-Analyse
- Strength
- Weaknesses
- Opportunities
- Threats

Basierend auf den Begrifflichkeiten in der angelsächsischen Literatur wird diese Art der Analyse in der Regel als **SWOT-Analyse** (Strength, Weaknesses, Opportunities, Threats) bezeichnet. Abb. 41 verdeutlicht den idealtypischen Prozess zur Erstellung einer SWOT-Analyse.

Abb. 41 Erstellung einer SWOT-Analyse

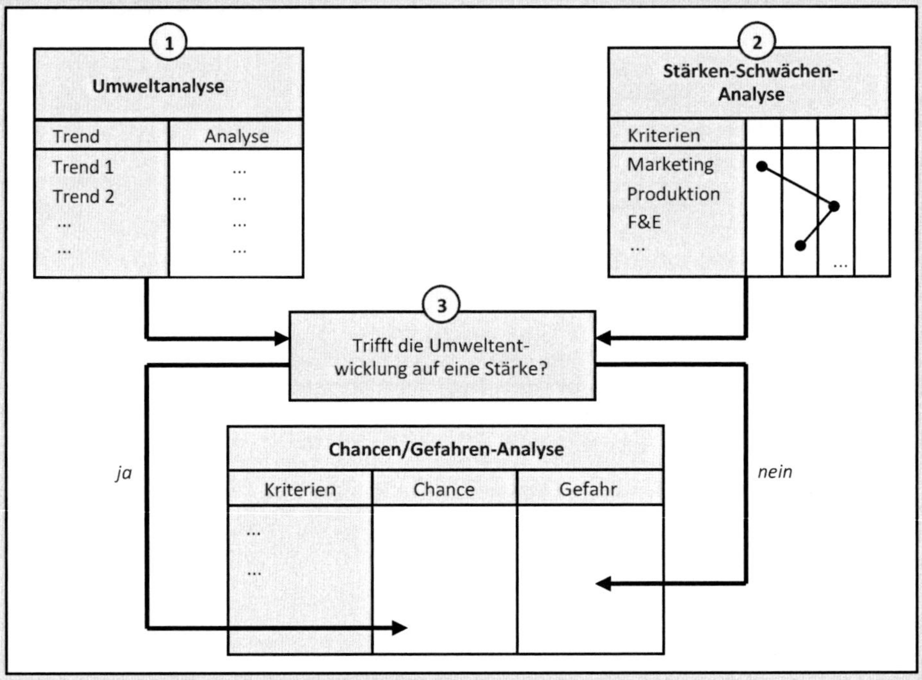

Quelle: Macharzina 1995, S. 256

Vergleich mit dem stärksten Wettbewerber

Die Ermittlung der Stärken und Schwächen des Unternehmens erfolgt idealerweise durch einen an Kriterien orientierten Vergleich – alternativ mit dem stärksten Wettbewerber oder mit dem Durchschnitt der Branche. Das Ergebnis ist eine an diesen Kriterien orientierte Profildarstellung.

Abb. 43 veranschaulicht ein solches **Polaritätenprofil**. Die Beurteilung von Stärken und Schwächen wurde hier am Beispiel eines Elektroniksystem-Herstellers vorgenommen.

Ergebnis: Ansätze für Ziele

Aus den Ergebnissen der SWOT-Analyse lassen sich nachfolgend die Zielsetzungen für das Unternehmen bzw. den Unternehmensbereich ableiten. Stark vereinfacht bedeutet dies, dass die Stärken zu entwickeln, die Schwächen abzubauen, die Chancen zu nutzen und die Risiken zu begrenzen sind (vgl. Abb. 42).

Ableitung von Zielen aus der SWOT-Analyse

Abb. 42 Ableitung von Zielen aus der SWOT-Analyse

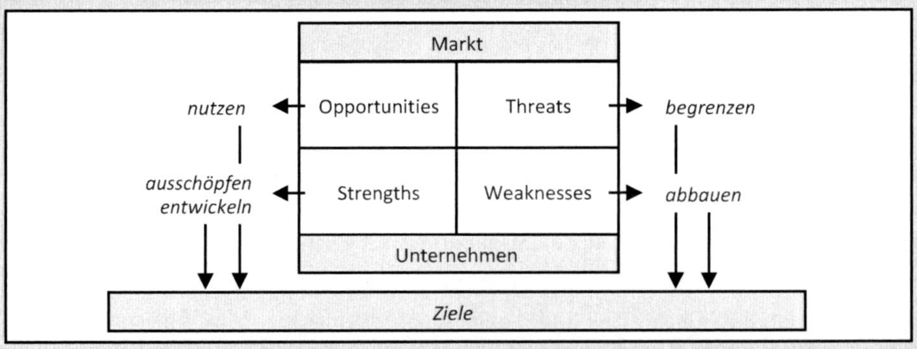

Beispiel

Abb. 43 Beispiel eines Polaritätenprofils zur Beurteilung der Stärken und Schwächen eines Elektroniksystem-Herstellers

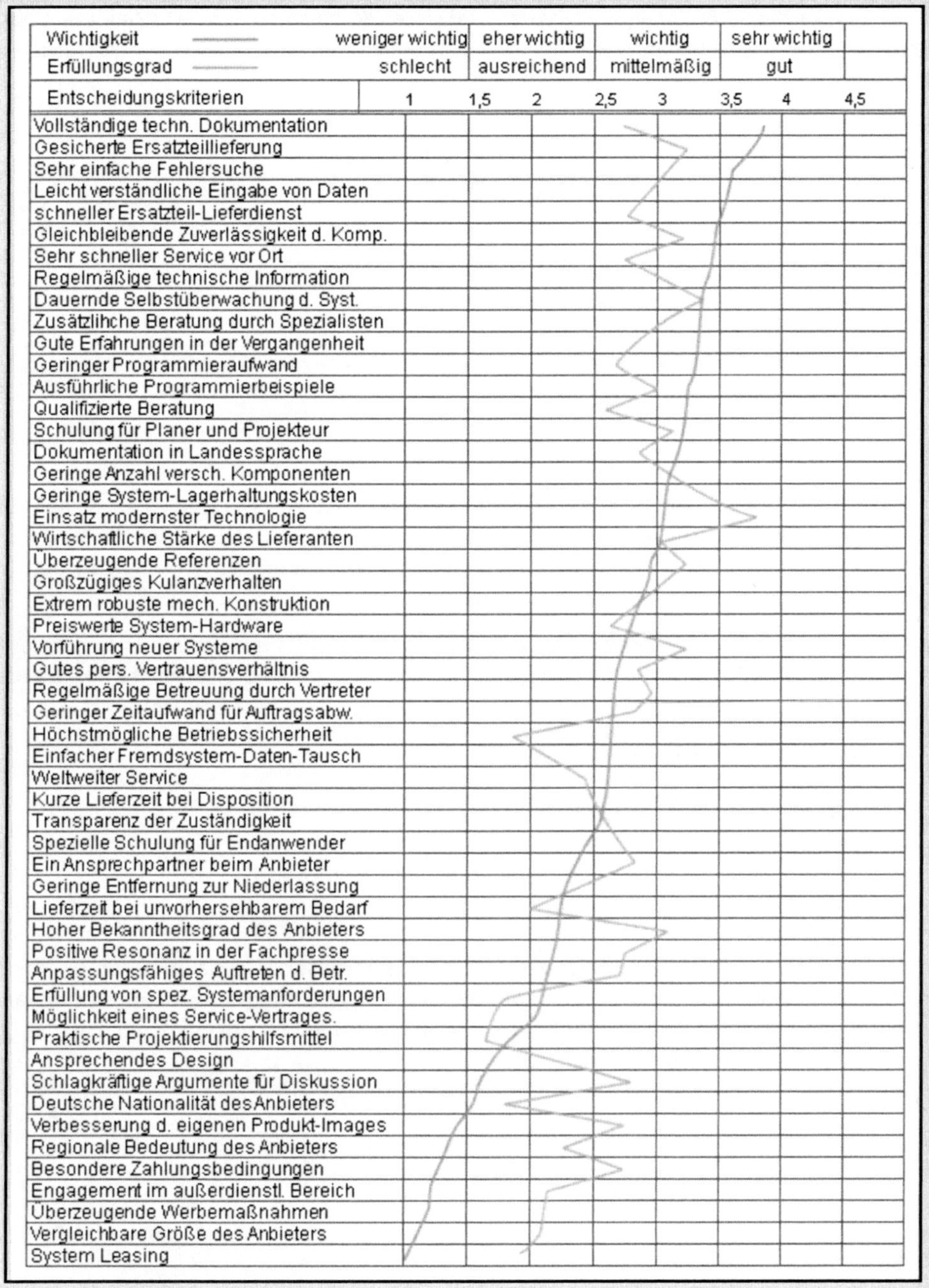

Quelle: Köhler/Uebele 1983, S. 20

Wie dargestellt handelt es sich bei der SWOT-Analyse im Wesentlichen um eine Auflistung von Chancen und Risiken bzw. Stärken und Schwächen sowie die recht qualitative Ableitung von Zielen. Aufbauend auf einer solchen Analyse ist es vielfach nötig, weitere Analysen anzustellen, um eine solche SWOT-Analyse weiter auszudifferenzieren sowie konkrete Ziel- und Strategieentscheidungen abzuleiten. Nachfolgend sollen einige der bekanntesten Instrumente vorgestellt werden.

2.2.2 Anwendung ausgewählter Analyseinstrumente

Zur Ergänzung und Konkretisierung einer zunächst vielfach explorativ ausgerichteten SWOT-Analyse stehen eine Reihe weiterer bekannter Analyseinstrumente zur Verfügung. Die folgenden Instrumente sollen nachfolgend kurz vorgestellt werden:

- Wettbewerbsanalyse (Branchenanalyse),
- GAP-/Lückenanalyse,
- (Produkt-)Lebenszyklusanalyse,
- Portfolioanalyse.

Wettbewerbsanalyse (Branchenanalyse)

Five Forces
= Fünf Triebkräfte des Wettbewerbs

Das Modell zur **Wettbewerbs- oder Branchenanalyse** nach Porter (1983) beruht auf dem sogenannten „**Five-Forces-Model**“. Dieses systematisiert die Triebkräfte des Wettbewerbs und damit die im Rahmen der Situationsanalyse von Unternehmen im Wesentlichen zu betrachtenden Umfeldbereiche sowie deren Entwicklungen.

Das Modell empfiehlt für die Analyse des Unternehmensumfeldes eine nach fünf Dimensionen ausgerichtete und differenzierte Sichtweise. Zu betrachten sind – als **Triebkräfte des Wettbewerbs** (Porter 1983, S. 29 ff.; 1999, S. 25 ff.):

- die „Verhandlungsstärke der Abnehmer“,
- die „Verhandlungsstärke der Lieferanten“,
- die „Bedrohung durch neue Konkurrenten“,
- die „Bedrohung durch Ersatzprodukte und -dienste“ sowie
- der „Wettbewerb zwischen den Unternehmen einer Branche“

Das Modell ist in Abb. 44 dargestellt.

Wertvolle Hilfe zur Strukturierung

Das Modell bietet eine wertvolle Strukturierungshilfe insbesondere dann, wenn in Märkte oder Geschäftsfelder investiert werden soll, die dem Unternehmen bisher weniger bekannt sind. Es eignet sich aber auch, um differenzierte Betrachtungen hinsichtlich der Entwicklung eines Marktes/einer Branche vorzunehmen.

Abb. 44 Triebkräfte des Branchenwettbewerbs

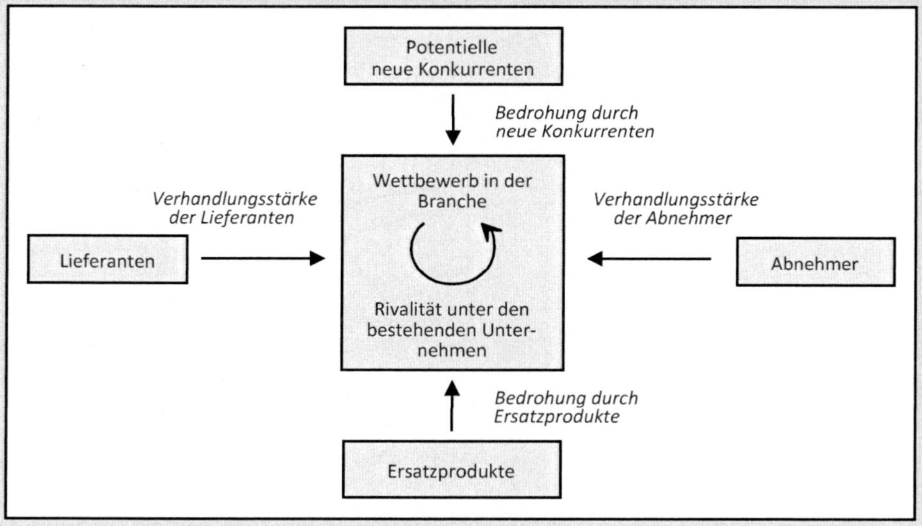

Quelle: Porter 1983, S. 26

GAP-Analyse

Das Instrument der **Lückenanalyse** oder **Gap-Analyse** dient der zukunftsorientierten Schwachstellenanalyse. Hierbei wird für einen planerisch übersehbaren Zeitraum (z. B. drei Jahre) die geplante Entwicklung einer quantitativen Zielgröße (z. B. Umsatz) der zu erwartenden Entwicklung, d. h. dem Zielerreichungsgrad gegenübergestellt. Eine sogenannte Ziellücke (Gap) besteht dann, wenn die erwartete Zielrealisierung unter der geplanten Zielgröße liegt (Becker 2009, S. 413).

GAP-Analyse
= Zukunftsorientierte Schwachstellenanalyse

Zur weiteren Differenzierung wird in eine operative und eine strategische Lücke unterschieden. Die operative Lücke kann dabei relativ leicht durch den intensivierten und optimierten Einsatz eher operativ ausgerichteter Instrumente (z. B. im Absatzbereich durch den Einsatz der Marketinginstrumente) geschlossen werden. Demgegenüber ist für das Schließen der strategischen Lücke der Einsatz umfassender und weitreichender Maßnahmen (strategische Instrumente) erforderlich.

Indikator für den Einsatzbedarf strategischer und operativer Instrumente

In Abb. 45 ist das Instrument verdeutlicht.

GAP
- Strategische vs. operative Lücke

Abb. 45 Gap-Analyse

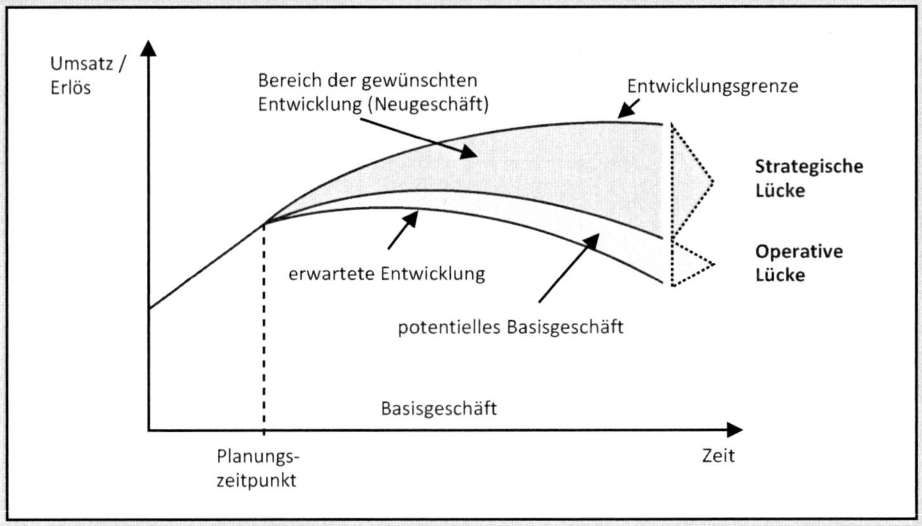

Quelle: in Anlehnung an Becker 2009, S. 415

Produktlebenszyklusanalyse

Produktlebenszyklus
= zeitbezogenes Marktreaktionsmodell

Das **Modell des Produktlebenszyklus** (PLZ) bezeichnet ein zeitbezogenes Marktreaktionsmodell und umfasst die Zeitspanne, in der sich ein Produkt am Markt befindet. Es beruht auf der Annahme, dass ein Produkt von dessen Markteinführung bis zu dessen Elimination bestimmten (zeitbezogenen) Gesetzmäßigkeiten unterliegt (vgl. u.a. Becker 2009, S. 723 ff.).

Informationsgrundlage für produkt- und programm-politische Entscheidungen

Das Modell kann als Informationsgrundlage für produkt- und programmpolitische Entscheidungen herangezogen werden. Je nach Position im Produktlebenszyklus können Rückschlüsse auf zukünftige Entwicklungen der Programm- oder Produktteile sowie die erforderliche Art und Intensität des Einsatzes der Marketing-Instrumente gezogen werden.

Betrachtet werden i. d. R. die Verläufe der Umsatz- bzw. Absatzkurve in Abhängigkeit von der Zeit. Im Allgemeinen wird ein ertragsgesetzlicher (S-förmiger) Verlauf unterstellt. Ergänzend findet häufig auch die Gewinnkurve Beachtung. Darüber hinaus werden dem Zeitverlauf auch unterschiedliche Käufertypen zugeordnet.

Fünf typische Phasen

Typischerweise wird der Produktlebenszyklus in **fünf Phasen** unterteilt, die wie folgt charakterisiert werden können:

... Einführung

- In der **Einführungsphase** ist das Produkt für den Markt noch neu, der Umsatz ist dementsprechend noch gering. Gleichzeitig fallen hohe Kosten für die Produktion, den Aufbau eines Vertriebsnetzes sowie – i. d. R. notwendige – intensive Kommunikationsmaßnahmen an. Zudem sind auch noch die Kosten des Innovationsprozesses zu decken. Es kann daher noch kein Gewinn realisiert werden. Die eher aufgeschlossenen Käufer dieser Phase werden als „Innovatoren“ bezeichnet.

... Wachstum

- Die **Wachstumsphase** ist gekennzeichnet durch einen überdurchschnittlichen Umsatzzuwachs. Dieser ermöglicht auf Grund höherer Ausbringungsmengen und teilweise geringeren Kosten (beispielsweise für die Akquisition) eine Senkung der Stückkosten (sog. Kostendegression). Der Gewinn erreicht in dieser Phase sein Maximum. Gleichzeitig bewirkt dieser das Auftreten zusätzlicher Konkurrenten am Markt (Me-Too-Produkte). Die Käufer dieser Phase werden als die „frühen Adaptoren“ bezeichnet.

- Während der **Reifephase** steigt der Umsatz weiter bis zu seinem Maximum an. Der Grenzumsatz sowie der Gewinn gehen jedoch auf Grund zunehmender Konkurrenz und steigender Kosten durch intensiveren Einsatz der Marketing-Instrumente (Ziel: Präferenzaufbau) zurück. Bei den Konsumenten wird die sog. „Frühe Mehrheit“ erreicht.

... Reife

- In der **Sättigungsphase** ist der Umsatz auf Grund von Marktsättigung und zunehmendem Preiswettbewerb rückläufig (negativer Grenzumsatz). Auch der Gewinn geht weiter zurück und erreicht am Ende dieser Phase die Verlustschwelle. Die Marketingmaßnahmen zielen stark auf die Aktivitäten im Rahmen der Marktfeldstrategie „Marktdurchdringung“. Mit den Erstkäufern dieser Phase wird die sog. „späte Mehrheit“ erreicht.

... Sättigung

- Die **Degenerationsphase** ist durch weiter sinkende Umsätze und stark steigende Kosten gekennzeichnet, wodurch nur noch Verluste realisierbar sind. Für das Unternehmen steht die Entscheidung über die Elimination des Produktes an. Käufer dieser Phase sind die sog. „Nachzügler“.

... Degeneration

Die Abb. 46 verdeutlicht die Zusammenhänge.

Abb. 46 Produktlebenszyklus-Analyse

Idealtypischer Verlauf

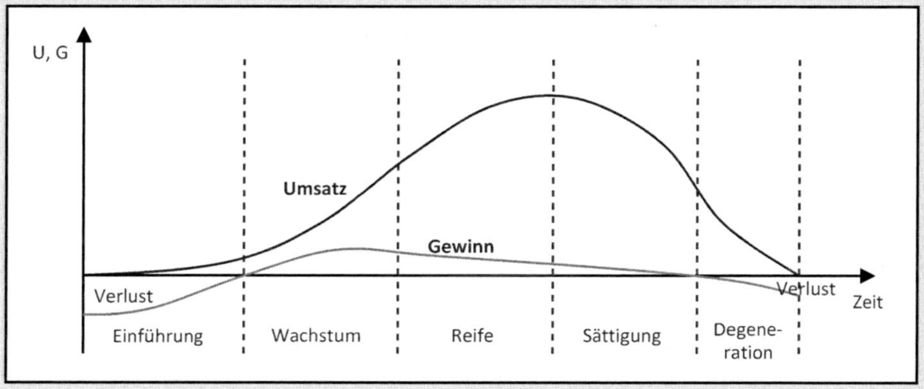

Quelle: in Anlehnung an Becker 2009, S. 724

Portfolioanalyse

Die **Portfolio-Analyse** ist ein wichtiges Analyseinstrument zur differenzierten Ableitung von Stärken und Schwächen bzw. Chancen und Risiken sowie darauf aufbauenden sogenannten Normstrategien für Strategische Geschäftseinheiten (SGE), unter Berücksichtigung der interdependenten Beziehungen zwischen den Geschäftseinheiten. Grundlage bildet die auf Markowitz (1959) zurückgehende **Portfolio-Selection-Theorie**. Diese wurde für die Unterstützung von Kapitalentscheidungen entwickelt und basiert auf der Überlegung, dass Kapitalanlagen aus einer guten/optimalen Mischung (= Portfolio) bestehen sollen, und zwar in der Form, dass sowohl solche enthalten sind,

Strategieentwicklung unter Berücksichtigung der Beziehungen zwischen den Geschäftseinheiten

- die für einen bestimmten Ertrag das Risiko minimieren, also auch solche,
- die für eine bestimmte Risikobereitschaft den Ertrag maximieren.

Diese Grundidee wurde auf die Betrachtung von Unternehmen und deren Geschäftseinheiten/Geschäftsfelder übertragen – mit der Zielsetzung, ein optimales Produkt-/Leistungsportfolio zusammenzustellen.

Die zwei bekanntesten Vertreter dieses Analyseinstrumentes sind die Vier-Felder-Matrix (Marktwachstum-Marktanteil-Portfolio) der Boston Consulting Group und die 9-Felder-Matrix (Marktattraktivität-Wettbewerbsvorteil-Portfolio) von McKinsey. In beiden werden die Strategischen Geschäftseinheiten aus umweltbezogener und unternehmensbezogener Sicht beurteilt. Im Grundmodell sind Normstrategien empfohlen, die auf die konkrete Situation des jeweiligen Portfolios zu übertragen sind. Einheitliche Zielsetzung ist es, die Ressourcen des

Unternehmens in die Bereiche zu lenken, in denen die Marktpotentiale groß sind und gleichzeitig die relativen Stärken des Unternehmens genutzt werden können.

Vier-Felder-Matrix

Beim **Marktwachstum-Marktanteil-Portfolio** (Vier-Felder-Matrix) wird die umfeldbezogene Größe „Erwartetes Marktwachstum" der unternehmensbezogenen Größe „Relativer Marktanteil" gegenübergestellt. Die Strategischen Geschäftseinheiten (SGE) werden gemäß diesen Werten in der Portfolio-Matrix eingezeichnet. Als dritte Größe findet die Umsatzbedeutung der jeweiligen Geschäftseinheit in Form des Kreisumfanges Berücksichtigung (Becker 2009, S. 418 ff.).

Vier-Felder-Matrix nach der Boston Consulting Group

Abb. 47 Portfolio-Analyse (BCG-Matrix)

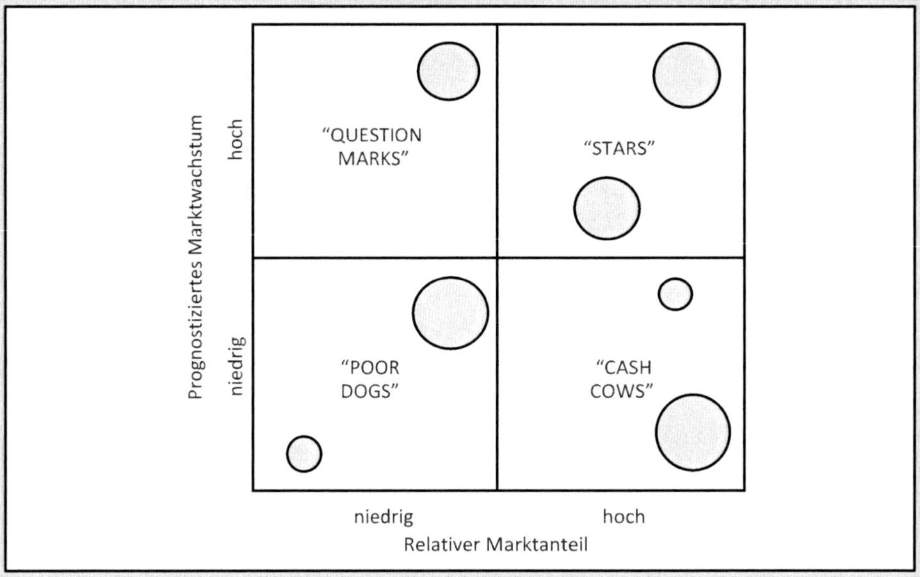

Das Portfolio ist in vier Felder unterteilt, die eine plakative Wesensbezeichnung für die dort platzierten SGEs enthalten. Die Normstrategien für die einzelnen Felder beinhalten eine deutliche Affinität zu dem Modell bzw. den Phasen des Produktlebenszyklus. Die Merkmale der vier Felder sowie die zu Grunde liegenden **Normstrategien** lassen sich kurz wie folgt charakterisieren (Becker 2009, S. 427):

Vier Normstrategien

- **Stars** (Sterne): Die SGE befindet sich in der Wachstumsphase. Es ist davon auszugehen, dass der Netto-Cash-Flow ausgeglichen ist und die SGE auf Grund ihrer starken Marktstellung ihren Finanzmittelbedarf selbst erwirtschaften kann. Die Normstrategie lautet, den Marktanteil zu halten bzw. leicht auszubauen (Wachstumsstrategie).
- **Question Marks** (Fragezeichen): Die SGE befindet sich in der Einführung bzw. frühen Wachstumsphase. Der eigene relative Marktanteil ist gering. Sie weist daher einen hohen Finanzmittelbedarf auf; der Netto-Cash-Flow ist deutlich negativ. Als Normstrategien ergeben sich zwei Alternativen: Entweder ist der Marktanteil deutlich zu steigern, sofern dies aussichtsreich erscheint (Offensiv- bzw. Investitionsstrategie). Andernfalls ist der Marktanteil zu senken bzw. die SGE nach Möglichkeit zu verkaufen (Desinvestitionsstrategie).
- **Cash Cows** (Melkkühe): Die SGE befindet sich in der späten Wachstums- bzw. Reifephase und verfügt über eine starke Marktstellung. Es lassen sich deutliche Finanzmittelüberschüsse erwirtschaften (Netto-Cash-Flow deutlich positiv). Die Normstrategie zielt auf ein Halten bzw. „kostenschonendes" Senken des Marktanteils (Gewinn- bzw. Abschöpfungsstrategie).

- **Poor Dogs** (Arme Hunde): Die SGE befindet sich in der Sättigungs- bzw. Rückgangsphase und verfügt über eine schwache Marktstellung. Der Netto-Cash-Flow ist negativ bis ausgeglichen. Die Normstrategie legt ein Senken des Marktanteils oder einen Verkauf der SGE nahe (Desinvestitionsstrategie).

Der offensichtliche Vorteil dieser Portfolio-Analyse besteht in der Verdichtung der strategiebeeinflussenden Faktoren auf lediglich zwei Größen. Diese starke Vereinfachung stellt jedoch auch den wesentlichen Kritikpunkt dar. Andere Ansätze und Weiterentwicklungen, wie die bereits erwähnte 9-Felder-Matrix von McKinsey, berücksichtigen eine Vielzahl an Einflussgrößen und beinhalten darüber hinaus feinere Abstufungen bei der Unterteilung der Achsen.

Das Ergebnis der Umwelt- und Unternehmensanalyse stellt die Basis für die weitere Bestimmung von Zielen, Strategien sowie Maßnahmen dar. Eine gute **Umwelt- und Unternehmensanalyse** sollte mindestens die folgenden **Anforderungen** erfüllen (in Anlehnung an Kreilkamp 1987, S. 242 f.):

- Bestimmung des Absatzpotentials des Unternehmens und der SGEs,
- Nutzenerwartungen und Bedürfnisstruktur der Kunden(-segmente),
- Ggf. Beschaffungsverhalten der Nachfragerorganisationen,
- Entwicklungsphase des Marktes und der Produktlebenszyklen in den SGFs,
- Bedrohung durch weltweite Investitionsgüteranbieter,
- Stärken, Schwächen, Potentiale und Marktstellung des eigenen Unternehmens und der Wettbewerber in den SGFs,
- Strategien der Wettbewerber,
- Preis-Leistungs-Verhältnis der Produkte,
- Entwicklung des Einflusses der Makroumwelt und der regulativen Gruppen.

Aus den im Rahmen der Analyse herausgearbeiteten situativen Bedingungen und ggf. Normstrategien sind im Weiteren Ziele zu definieren, die die anschließend festzulegenden Strategien und Maßnahmen koordinieren.

2.3 Festlegung der Unternehmensziele

Ziele
= Orientierungs- und Richtgrößen für unternehmerisches Handeln

„**Unternehmensziele** ("Wunschorte") stellen ganz allgemein Orientierungs- bzw. Richtgrößen für unternehmerisches Handeln dar („Wo wollen wir hin?"). Sie sind konkrete Aussagen über angestrebte Zustände bzw. Ergebnisse, die auf Grund von unternehmerischen Maßnahmen erreicht werden sollen." (Becker 2013, S. 14)

Operationalisierung

Bei der Festlegung von Zielen ist darauf zu achten, dass diese nach drei Dimensionen operationalisiert werden, denn nur dann können diese ihren Aufgaben zur Unterstützung der Führung, Steuerung und Kontrolle im Unternehmen übernehmen (Becker 2013, S. 23 f.):

- Nach dem **Zielinhalt** (Was soll erreicht werden?).
- Nach dem **Zielausmaß** (Wie viel soll erreicht werden?).
- Nach dem **Zeitbezug** (Bis wann soll das Ziel erreicht werden?).

In der Regel werden in Unternehmen mehrere Ziele von mehreren Personen formuliert. Diese Ziele stehen in unterschiedlichen Beziehungen zueinander und müssen entsprechend untereinander koordiniert werden. Die Aufgabe besteht darin, ein in sich konsistentes Zielsystem zu erarbeiten, das dazu beiträgt, die übergeordneten Unternehmensziele zu erreichen.

Zielbeziehungen

Neben der **Operationalisierung** sind daher die Beziehungen zwischen den Zielen zu beachten. Es existieren:

- **Komplementäre** Beziehungen („Zielharmonie") bestehen, wenn bei bzw. mit der Erreichung des einen Ziels zum Erreichen eines anderen Ziels beigetragen wird oder dieses sogar gleichzeitig erreicht wird.
- **Konkurrierende** Beziehungen („Zielkonflikt") bestehen, wenn ein Ziel nur bei einer reduzierten Erreichung oder gar der Aufgabe eines anderen Ziels erreicht werden kann.

- **Indifferente** Beziehungen („Zielneutralität") bestehen, wenn durch das Erreichen eines Ziels die Erreichung anderer Ziele in keiner Form beeinflusst wird.

Komplementäre Ziele können in einem Zielsystem in Ober-, Zwischen- und Unterziele unterteilt werden, wobei die bestehende Mittel-Zweck-Beziehung ausgenutzt wird. Beispielsweise trägt das Ziel „Steigerung des Bekanntheitsgrades bei Gut X um 15 % bis zum Jahresende" dazu bei, das Ziel „Steigerung des Umsatzes bei Gut X um 10 % p. a." zu erreichen.

Lösen von Zielkonflikten

Zielkonflikte können durch folgende Maßnahmen gelöst werden:

- Zieldominanz: Einem Ziel wird Priorität vor anderen Zielen eingeräumt; die anderen Ziele werden vernachlässigt.
- Zielrestriktion: Ein als dominant festgelegtes Ziel wird unter der Nebenbedingung bestimmter Zielerreichungsgrade anderer Ziele verfolgt.
- Zielchisma: Je nach konkreter Entscheidungssituation wird konkurrierenden Zielen wechselweise der Vorrang eingeräumt.

Das Ergebnis dieses Zielbildungsprozesses sollte ein Zielsystem sein, das die Ziele auf unterschiedlichen Ebenen und Dimensionen transparent macht. Auf dieser Basis können geeignete Strategien ermittelt und festgelegt werden.

2.4 Bestimmung der Strategien

Strategien
= mittel- bis langfristig wirkende Grundsatzentscheidungen

Strategien sind mittel- bis langfristig wirkende Grundsatzentscheidungen, durch die eine bestimmte Stoßrichtung des unternehmerischen Handelns festgelegt wird. Sie verkörpern das zentrale Bindeglied zwischen den Zielen und den laufenden, operativen Maßnahmen/Aktivitäten.

Merkmale

Strategien ...

- bringen zum Ausdruck, wie ein Unternehmen seine vorhandenen und seine potentiellen Stärken einsetzt, um Veränderungen der Umweltbedingungen zielgerichtet zu begegnen = aktives Gestalten,
- werden durch Veränderungen der Umwelt beeinflusst = reaktives Anpassen,
- geben Art und Weise der Nutzung des Potentials aufgrund bestehender und zukünftiger Stärken des Unternehmens an,
- geben die allgemeine Richtung des Unternehmens an; Ergänzung durch nachfolgende Maßnahmen notwendig.

Strategische Entscheidungen können sowohl für das gesamte Unternehmen, als auch für einzelne Produkte, Produktgruppen oder Unternehmenseinheiten getroffen werden.

Schaffen von Wettbewerbsvorteilen

Wesentliches Ziel der Bestimmung von Strategien ist der Aufbau nachhaltiger Erfolgspotentiale durch Ausnutzung von Wettbewerbsvorteilen!

Die klassischen Ansätze zur Bestimmung von Unternehmensstrategien gehen auf Porter und Ansoff zurück.

Der eher markt- bzw. marketingorientierte Ansatz von Ansoff zur Bestimmung der Produkt-Markt-Kombination wird im Abschnitt 3.3 Marketingstrategien vorgestellt.

Nach dem eher wettbewerbsorientierten Ansatz von Porter, der an dieser Stelle kurz vorgestellt werden soll, muss sich ein Unternehmen zunächst entscheiden zwischen Kostenführerschaft und Differenzierung. Im zweiten Schritt ist das Ausmaß der Abdeckung des Marktes zu entscheiden: Abdeckung des Gesamtmarktes oder nur eines Teilmarktes.

Drei grundlegende Strategien nach Porter ...

Aus dieser Abgrenzung heraus unterscheidet Porter (1983, S. 71-77) drei **Arten** von Strategien:

- die umfassende Kostenführerschaft,
- die Differenzierung und

- die Konzentration auf Schwerpunkte.

... Kostenführerschaft

Die Strategie der **Kostenführerschaft** basiert auf im Unternehmen vorhandenen Kostenvorteilen, z. B. durch eine unternehmenseigene Technologie, Zugang zu Rohstoffen unter Vorzugsbedingungen, größenbedingte Kostendegressionen, Erfahrungskurveneffekte etc.

... Differenzierung

Die Strategie der **Differenzierung** basiert auf der wahrgenommenen Einmaligkeit der Unternehmensleistung, z.B. aufgrund von Besonderheiten in den Bereichen Design, Werbung, Technologie etc.

... Schwerpunktbildung

Die Konzentration auf **Schwerpunkte** beinhaltet die Spezialisierung und damit die Beschränkung auf ein oder wenige Segmente.

In Abb. 48 ist das Strategieraster nach Porter verdeutlicht.

Leistungs-/Kostenvorteil?
Gesamt-/Teilmarkt ?

Abb. 48 Strategieraster nach Porter

Wettbewerbsvorteil / Marktabdeckung	Leistungsvorteil	Kostenvorteil
Gesamtmarkt	**Differenzierungsstrategie**	**Preisstrategie**
Teilmarkt	**Nischenstrategie**	

Quelle: Porter 1983

Konsistente Gestaltung der Wettbewerbsfaktoren

Entscheidend ist der Einsatz der **Wettbewerbsfaktoren** Qualität, Flexibilität, Kosten und Zeit. Diese sind entsprechend der gewählten Strategie konsistent zu gestalten und miteinander zu kombinieren.

Abb. 49 Wettbewerbsfaktoren

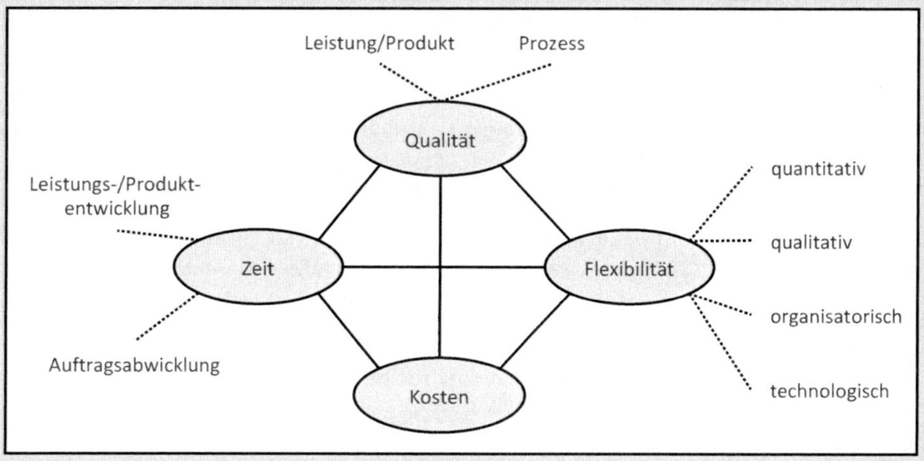

Quelle: Porter 1983

Insbesondere die Entscheidung zwischen dem Leistungs- oder Kostenvorteil sowie die konsequente Umsetzung der jeweiligen Strategie werden vielfach als elementar für das Erreichen des Gewinnziels angesehen. Bei einer „Zwischen-den-Stühlen-Strategie“ und dem damit verbundenen unscharfen Einsatz der Wettbewerbsfaktoren besteht die Gefahr einer unscharfen Positionierung und damit eines geringeren Gewinnpotentials.

„Stuck in the Middle"
„Zwischen-den-Stühlen"

Abb. 50 Differenzierung versus Kostenführerschaft

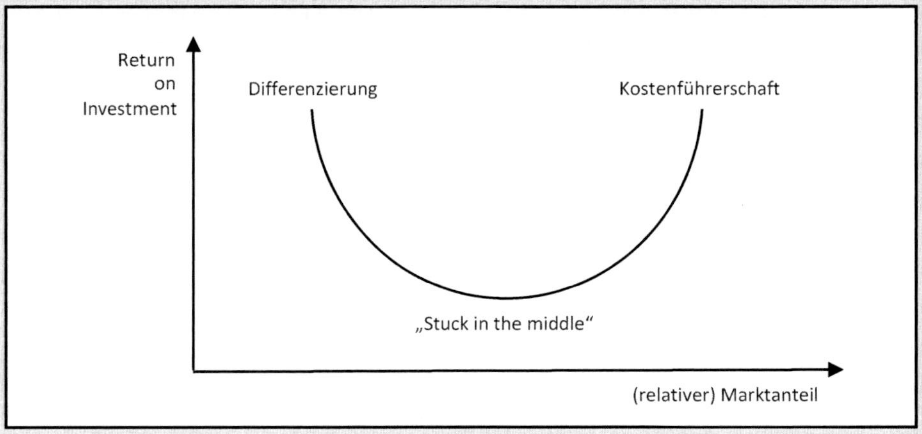

Quelle: Porter 1983

2.5 Planung, Entscheidung und Aufgabenübertragung von Maßnahmen

Die Planung, Entscheidung und Übertragung von Aufgaben sind wesentliche Tätigkeiten von Managern. Diese sollen nachfolgend detaillierter betrachtet werden.

2.5.1 Planung

Planung
- strategisch
- taktisch
- operativ

Planung als die gedankliche Vorbereitung zielgerichteter Entscheidungen richtet sich auf unterschiedliche Zeithorizonte. Die daraus resultierenden Charakteristika strategischer, taktischer und operativer Planung sind der Abb. 51 zu entnehmen. Die konkreteren Gegenstände der taktischen und operativen Planung sind in Abb. 52 dargestellt.

Zur Umsetzung der Pläne bzw. der daraus resultierenden geplanten Maßnahmen müssen Betriebsmittel bereitgestellt, Werkstoffe bestellt und termingerecht verfügbar sein. Das Personal muss eingeteilt und eingewiesen werden etc.

Es ist insbesondere eine Aufgabe der Organisation und der Personalwirtschaft eine effiziente Umsetzung der geplanten Maßnahmen zu ermöglichen. Die Organisation hat über die Gliederung von Teilaufgaben und deren Zuordnung zu Abteilungen eine geeignete Aufbau- und Ablauforganisation einzurichten. Die Personalwirtschaft ist für die aufgabenadäquate Personaleinsatzplanung sowie die Befähigung und Motivation der Mitarbeiter zuständig.

In der Unternehmenspraxis existiert regelmäßig eine Vielzahl von (Teil-)Plänen. Diese müssen aufeinander abgestimmt und untereinander koordiniert werden. Um ein System von Teilplänen zu entwickeln, ist das unternehmerische Entscheidungsfeld zu zerlegen in:

- sachliche Teileinheiten (Funktionsbereiche/Sparten),
- zeitliche Teileinheiten (lang-, mittel- und kurzfristige Pläne).

Charakteristika

Abb. 51 Charakteristika strategischer, taktischer und operativer Planung

Merkmal	Planung		
	strategisch	taktisch	operativ
Fristigkeit	5 Jahre und mehr	2-5 Jahre	max. 1 Jahr
Unsicherheitsgrad	extrem hoch	hoch	gering
Datenprognose	‣ vorwiegend qualitativ ‣ grob strukturiert	‣ quantitativ ‣ grob strukturiert	‣ quantitativ ‣ fein strukturiert
Kapazitätsveränderung	ja: Rahmenplanung	ja: Detailplanung	nein: Kapazität = Datum
Zuständigkeit	Unternehmensleitung	mittlere Führungsebene	untere Führungsebene

Quelle: Wöhe et al. 2016, S. 74

Abb. 52 Gegenstände taktischer und operativer Planung

Parameter	Taktische Planung	Operative Planung
Planungsziel	Optimierung langfristig wirksamer Kapazitäten	Feinplanung auf der Basis gegebener Kapazitäten
Planungszeitraum	Mehrere Jahre (Dauer der Kapazitätsbindung)	Maximal ein Jahr
Planungsgegenstände	‣ Struktur des Produktions- und Absatzprogramms ‣ Stammpersonalkapazität ‣ Betriebsmittelkapazität ‣ Langfristige Lieferverträge ‣ ...	‣ Bestellmengen ‣ Einzelaufträge ‣ Maschinenbelegung ‣ Eigentransport oder Fremdtransport ‣ ...
Erfolgsmaßstäbe	Einzahlungen und Auszahlungen (aufgezinst oder abgezinst)	Ein- und Auszahlungen, Erlöse, Kosten, Deckungsbeiträge

Quelle: in Anlehnung an Wöhe et al. 2016, S. 76

Ansätze zur Planungskoordination

Zur Koordination und Abstimmung der Teilpläne untereinander werden zwei wesentliche **Formen der Planungskoordination** genutzt:

- Die retrograde/progressive Planung und Gegenstromverfahren.
- Die rollende Planung.

Retrograde/progressive Planung und Gegenstromverfahren

Die Verknüpfung von Teilplänen zu einem Gesamtplan kann auf drei Arten erfolgen:

- **Retrograd**: Die Teilpläne werden „von oben nach unten" (bottum down) aus dem Gesamtplan abgeleitet.
- **Progressiv**: Der Gesamtplan wird „von unten nach oben" (bottum-up) aus den Teilplänen abgeleitet.
- **Zirkulär/Gegenstrom**: Auf Basis eines vorläufigen Rahmenplans werden Teilpläne und schließlich ein endgültiger Gesamtplan abgeleitet.

Die folgende Abbildung verdeutlicht die Formen der Planung:

Abb. 53 Formen der Planung: retrograd, progressiv, zirkulär

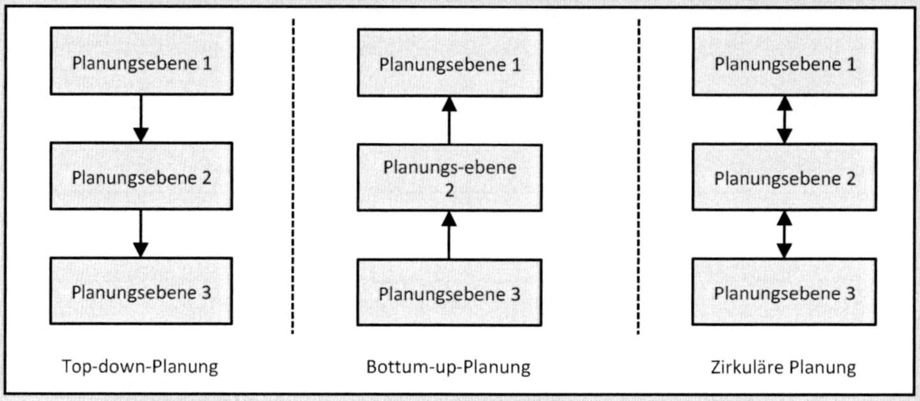

Quelle: Vahs/Schäfer-Kunz 2005, S. 175

Rollende Planung

Rollende Planung

Mit Hilfe der **rollenden Planung** werden die strategische, taktische und operative Planung fortlaufend abgestimmt und konkretisiert.

Für einen Planungshorizont von zehn Jahren erfolgt vor t0 eine operative Feinplanung für das Jahr 1, die taktische Planung für die Jahre 2 bis 5 und die strategische Planung für die Jahre 6 bis 10. Nach Ablauf des ersten Jahres wiederholt sich dieses Vorgehen um ein Jahr erweitert, t11 stellt nun den Planungshorizont.

Abb. 54 Rollende Planung

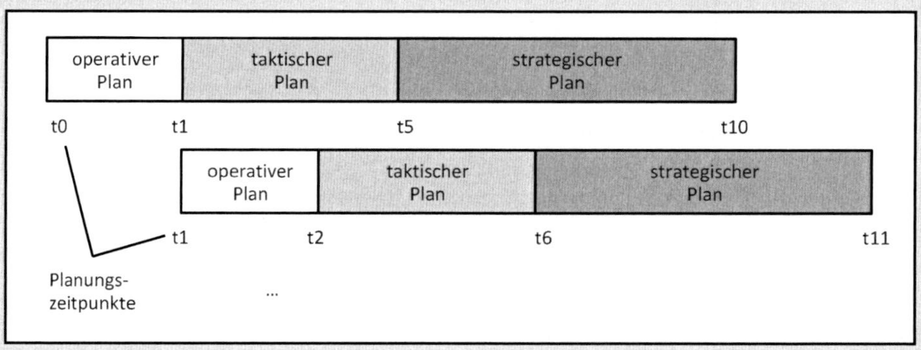

Quelle: in Anlehnung an Wöhe et al. 2016, S. 79

Pendant: Planung en block

Das Pendant zur rollenden Planung bildet die sogenannte **Blockplanung**. Hier erfolgt erst nach Ablauf der gesamten Planungsperiode eine vollständige Neuplanung für den neuen Planungszeitraum.

2.5.2 Entscheidung

Entscheidung
= Auswahl der optimalen Handlungsalternative

Eng mit der Planung und auch allen anderen Schritten entlang des Managementprozesses verknüpft ist die Entscheidung. Eine Abgrenzung der Entscheidung von der Planung kann wie folgt vorgenommen werden: Planung zielt auf die am Unternehmensziel orientierte Bewertung von mehreren Handlungsalternativen, während die **Entscheidung** die Auswahl der optimalen Handlungsalternative beinhaltet.

Die Vielzahl der möglichen unterschiedlichen Entscheidungen in der betrieblichen Praxis lässt sich in folgende **Arten** unterscheiden:

- Innovative Entscheidungen vs. Routineentscheidungen,
- Entscheidungen bei sicheren vs. unsicheren Erwartungen,
- Kollektiv- vs. Individualentscheidungen,
- Rationale vs. nichtrationale Entscheidungen,
- Bewusste vs. unbewusste Entscheidungen,
- Strategische vs. operative Entscheidungen,
- Entscheidungen in unterschiedlichen Funktionsbereichen eines Unternehmens.

Entscheidungen sind regelmäßig durch folgende **Elemente** zu charakterisieren:

- Handlungsmöglichkeiten/-alternativen,
- Erwartete Umweltzustände,
- Alternativen abhängige Ergebnisbeiträge,
- Ziel- oder Nutzenfunktion.

Aus der Kombination dieser Elemente lässt sich das **Entscheidungsfeld** wie folgt darstellen:

Entscheidungsfeld

Abb. 55 Entscheidungsfeld

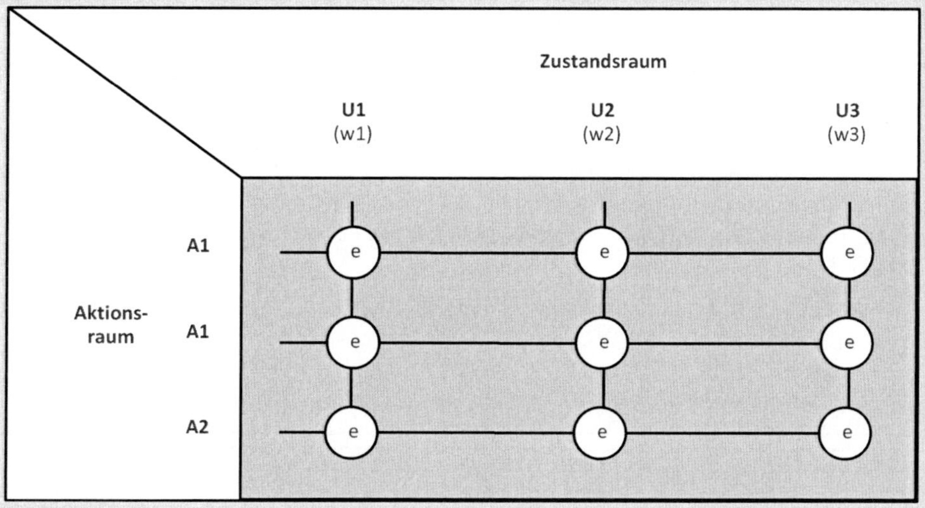

Aktions-, Zustands-, Ergebnisraum

Im **Aktionsraum** finden sich die Handlungsalternativen (A), die sich gegenseitig ausschließen. Der **Zustandsraum** enthält die vom Unternehmen nicht beeinflussbaren Umweltzustände (U) mit den meist subjektiv geschätzten Eintrittswahrscheinlichkeiten (w). Im **Ergebnisraum**, auch Ergebnismatrix genannt, sind die Ergebnisbeiträge (e) in Abhängigkeit von der gewählten Handlungsalternative (A) und dem möglichen Umweltzustand (U) sowie in Bezug auf die jeweilige Zielsetzung aufgeführt.

Wird beispielsweise Gewinnmaximierung als Zielsetzung angestrebt, ergeben sich die Ergebnisbeiträge aus den Gewinn- bzw. Deckungsbeiträgen, die aus der jeweiligen Handlungsalternative in Kombination mit einem bestimmten Umweltzustand resultieren.

Entscheidungsregeln unter Unsicherheits- und Risikosituationen

Entscheidung bei Unsicherheit und Risiko

Für Entscheidungen unter Unsicherheits- und Risikosituationen sind in der Literatur mehrere Regeln entwickelt worden. Die bekanntesten werden hier kurz vorgestellt und auf das unten stehende Beispiel bezogen:

- **Maximaler Gesamterwartungswert**: Der jeweilige Ergebniswert wird mit der Wahrscheinlichkeit seines Eintretens multipliziert. Gewählt wird die Alternative, deren gewichtete Ergebniswerte aller Umweltsituationen die größte Summe, also den maximalen Gesamterwartungswert aufweist (A3). Der Entscheidungsträger verfügt bei Anwendung über mittlere Risikofreudigkeit.

- **Laplace-Regel** (Regel des unzureichenden Grundes): Bei unbekannten Eintrittswahrscheinlichkeiten wird davon ausgegangen, dass alle Umweltzustände gleich wahrscheinlich sind. Daher werden diesen gleich hohe Eintrittswahrscheinlichkeiten zugeordnet (w=1/3). Gewählt wird die Alternative mit dem höchsten Erwartungswert (A1).
- **Minimax-Regel** (Waldregel): Es wird die Alternative gewählt, deren schlechtester Erwartungswert im Vergleich zu den anderen Alternativen am höchsten ist (A2). Der Entscheidungsträger verfügt bei Anwendung über hohe Risikoaversion.
- **Maximax-Regel**: Es wird die Alternative mit dem höchsten Erwartungswert (A1) gewählt. Der Entscheidungsträger verfügt bei Anwendung über hohe Risikofreudigkeit.
- **Hurwicz-Regel** (Pessimismus-Optimismus-Regel): Über den Risikoparameter Λ wird die individuelle Risikoneigung berücksichtigt. Die Zeilenmaxima werden mit dem Optimismusparameter Λ, die Zeilenminima mit dem Pessimismusparameter (1-Λ) gewichtet. Ein risikoscheuer Entscheider wählt beispielsweise den Faktor Λ=0,2. (A2)
- **Savage-Niehans-Regel** (Regel des kleinsten Bedauerns): Der Entscheider sucht die Alternative, bei der die maximal mögliche Enttäuschung, nicht die beste Alternative gewählt zu haben, am geringsten ist. Als Enttäuschung gilt die Differenz zwischen dem im Hinblick auf die Zielerreichung besten und dem schlechtesten Einzelergebnis einer Alternative. Diesen Wert gilt es zu minimieren. Es muss zunächst eine sogenannte Bedauernsmatrix erstellt werden. In dieser wird der maximal mögliche Nachteil jeder Alternative ermittelt. Dafür wird für jede Handlungsalternative der maximale Betrag (das maximale Risiko) ermittelt, indem der Nutzenwert vom jeweiligen Spaltenmaximum abgezogen wird. Hieraus wird dann schließlich die Alternative mit dem kleinsten Wert ausgewählt (A1). Der Entscheidungsträger ist ein Pessimist mit einer geringen Risikobereitschaft – also ein vorsichtiger Pessimist.

In der nachfolgenden Abbildung finden sich Beispiele für die vorgestellten Entscheidungsregeln (vgl. Abb. 44):

Abb. 56 Entscheidungsregeln bei Unsicherheit

Ergebnismatrix				Entscheidungsregeln					
U A	U1 w: 0,1	U2 w: 0,5	U3 w: 0,3	Max. Erw.-Wert	Laplace	Minimax	Maximax	Hurwicz	Savage-Niehans
1	150	60	240	117	150	60	240	96	60
2	100	120	170	121	130	100	170	114	70
3	70	110	210	125	130	70	210	98	80

Bedauernsmatrix nach der Savage-Niehans-Regel				Maximales Risiko
U A	U1	U2	U3	
A1	0	60	0	60
A2	50	0	70	70
A3	80	10	30	80

2.5.3 Aufgabenübertragung

Die Teilschritte Planung und Entscheidung als wesentliche Elemente der Führung innerhalb des Managementprozesses dienen der Willensbildung. Demgegenüber geht es bei der Aufgabenübertragung um die Willensdurchsetzung.

Eine wesentliche Voraussetzung für den Vorgesetzten bzw. den Manager, seinen Willen gegenüber den Mitarbeitern durchzusetzen ist das Vorhandensein von **Autorität**. Darunter ist die Macht einer Person A zu verstehen, Einfluss auf das Verhalten einer Person B zu nehmen. Diese wird dabei zu einem Handeln veranlasst, das sie ohne die Einflussnahme von A nicht tun würde (Thommen et al. 2016, S. 507).

Autorität
= Macht zur Einflussnahme auf das Verhalten anderer

In der betrieblichen Praxis lassen sich folgende Ursachen bzw. Arten von **Autorität** unterscheiden (Thommen et al. 2016, S. 507):

Arten

- **Institutionelle** oder **formale Autorität** ergibt sich aus der Verteilung von Aufgaben, Kompetenzen und Verantwortung aufgrund von Rechtsgrundlagen (BGB § 611 ff. Dienstvertrag, BGB § 631 ff. Werkvertrag; ArbG), der Unternehmensorganisation (Organigramme, Stellenbeschreibungen, Funktionsdiagramme) und sozialen Normen.
- **Fachliche Autorität** auf der Basis von Fachwissen und/oder Führungsfähigkeit.
- **Persönliche Autorität** aufgrund von zwischenmenschlichen Beziehungen und daraus entstehenden Gefühlen. Diese können z. B. resultieren aus der Behandlung der Mitarbeiter durch den Vorgesetzten, seiner Beispielhaftigkeit (Integrität) sowie seiner Durchsetzungskraft (Charisma).

Abb. 57 gibt eine Übersicht über mögliche Quellen von Autorität als Grundlage der Willensdurchsetzung.

Quellen

Abb. 57 Autoritätsquellen

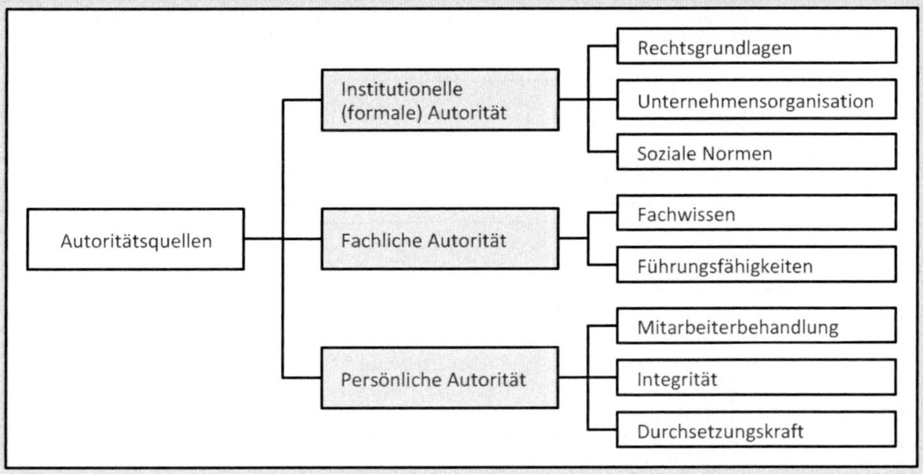

Quelle: in Anlehnung an Thommen et al. 2016, S. 507

Managementtechniken – Management-by-Konzepte

Die Art der Willensdurchsetzung wird zum einen durch die Organisation des Unternehmens in Form der Aufbau- und Ablauforganisation beeinflusst. Zum anderen geben die Unternehmens- (Verhalten des Unternehmens gegenüber seiner Umwelt) und Führungsgrundsätze (Verhalten des Vorgesetzten gegenüber seinen Untergebenen) als Verhaltensregeln einen bestimmten Rahmen vor, der häufig in einem sogenannten Leitbild des Unternehmens festgehalten ist.

Schließlich sind in der Managementpraxis bestimmte Regeln entwickelt worden, wie die Willensdurchsetzung an und die Führung der Mitarbeiter erfolgen können. Diese Managementtechniken oder Management-by-Konzepte sind gekennzeichnet durch eine unterschiedliche Schwerpunktsetzung in den Problemfeldern Zielorientierung, Delegation von Teilaufgaben und Motivation von Mitarbeitern.

Management-by-Konzepte
Schwerpunkte bei Zielorientierung, Aufgabendelegation und Mitarbeitermotivation

Die vier wichtigsten Konzepte sind in den folgenden Abbildungen zusammenfassend dargestellt.

Management by Objectives (MbO)

Abb. 58 Management by Objectives (MbO)

Management by Objectives (MbO) Führung durch Zielvereinbarung; Bildung einer Zielhierarchie	
Konzept	‣ Führung und Mitarbeiter erarbeiten konkrete Zielvorgaben (=Teilziele) für den betreffenden Mitarbeiterbereich ‣ Mitarbeiter hat volle Gestaltungsfreiheit ‣ Mitarbeiter handelt (teil-)zielorientiert – aus eigenem Antrieb oder gestützt durch ein Anreizsystem
Zielsetzung	‣ Arbeitsteilung durch Teilzielbildung ‣ Zielorientiertes Handeln auf allen Ebenen ‣ Miterbeitermotivation
Offene Fragen/ Kritik	‣ Wie lässt sich das Oberziel in mitarbeiterspezifische Teilziele zerlegen? ‣ Wie können Mitarbeiter und Führung ihren Interessengegensatz über niedriges/hohes Zielniveau überwinden? ‣ Wie ist die Zielvereinbarung bei geändertem Entscheidungsumfeld zu modifizieren?
Beurteilung	(+) Entscheidungsfreiheit auf Mitarbeiterebene stärkt die Motivation (+) Mitarbeiterebene entscheidet (teil-)zielorientiert (-) Formulierung konsistent abgeleiteter Teilziele ist schwierig (-) Erreichung des Oberziels kann durch „Abteilungsegoismus" gefährdet werden
Fazit	**Organisationstheoretisch schlüssiges Konzept (Profitcenter-Prinzip) mit praktischen Umsetzungsschwierigkeiten**

Quelle: in Anlehnung an Wöhe et al. 2016, S. 118

Management by Exception (MbE)

Abb. 59 Management by Exception (MbE)

Management by Exception (MbE) Führung durch Abweichungskontrolle und Eingreifen in Ausnahmefällen	
Konzept	‣ Mitarbeiter soll „Normalfälle" seines Aufgabengebietes bearbeiten ‣ Führung greift nur ein, wenn - Arbeitsergebnis des Mitarbeiters vom „Normalwert" negativ abweicht - „kritische Situationen" (= Ausnahmefälle) eintreten
Zielsetzung	‣ Regelgebundene Entscheidungen ‣ Entlastung der Führungsebene von Routineentscheidungen
Offene Fragen/ Kritik	‣ Wie lassen sich in der Stellenbeschreibung des Mitarbeiters „Normal-" und „Ausnahmefälle" abgrenzen? ‣ Wie lassen sich der Sollwert des Arbeitsergebnisses und tolerierbare Abweichungen festlegen? ‣ Gibt es ein Informationssystem zur Signalisierung von „Ausnahmenfällen" und „Negativabweichungen"?
Beurteilung	(+) Führung kann von Routine entlastet werden (+) „Kritische Situationen" können identifiziert werden (-) Eigeninitiative der Mitarbeiter wird nicht gefördert (-) Vergangenheitsorientierung durch nachträglichen Soll-Ist-Vergleich
Fazit	**Generelle plausible Handlungsanweisung; schwach konturiert; unzureichende Zielorientierung**

Quelle: in Anlehnung an Wöhe et al. 2016, S. 117

Management by Delegation (MbD)

Abb. 60 Management by Delegation (MbD)

Management by Delegation (MbD) Führung durch Delegation von Aufgaben	
Konzept	▸ Führung überträgt delegierbare Aufgaben an Mitarbeiter ▸ Führung beschränkt sich auf Erfolgskontrolle ▸ Mitarbeiter hat Kompetenz und Verantwortung im delegierten Aufgabenbereich
Zielsetzung	▸ Entlastung der Führung von Routineaufgaben ▸ Mitarbeitermotivation ▸ Mitarbeiter ist nicht „Befehlsempfänger", sonder „Entscheidungsträger"
Offene Fragen/ Kritik	▸ Welche Aufgaben sind delegierbar, welche bleiben „Chefsache"? ▸ Wer definiert den vom Mitarbeiter erbrachten Arbeitserfolg? ▸ Wie kann das Informationssystem eine Erfolgskontrolle für alle Mitarbeiterbereiche gewährleisten?
Beurteilung	(+) Führung wird von Routine entlastet (+) Unternehmen kann Basiswissen der Mitarbeiter nutzen (-) Abgrenzungsproblem Routinefall/Ausnahmefall (-) Zielorientiertes Handeln der Mitarbeiter wird nicht erreicht
Fazit	**Hierarchisches Konzept; Führungsebene schiebt lästige Routine auf Mitarbeiterebene; Motivationseffekt gering; Zielorientierung schwach**

Quelle: in Anlehnung an Wöhe et al. 2016, S. 117

Management by System (MbS)

Abb. 61 Management by System (MbS)

Management by System (MbS) Führung durch Systemsteuerung	
Konzept	▸ Ganzheitliche Führung durch ein computergestütztes Planungs-, Kontroll- und Informationssystem nach den Regeln der Kybernetik
Zielsetzung	▸ Erreichen des Gesamtoptimums im Sinne einer Totalplanung durch computergesteuerte Verknüpfung von Subsystemen
Offene Fragen/ Kritik	▸ Wie deckt die Führung ihren Informationsbedarf? ▸ Können Systeme bei der Bewertung von Risiken menschliche Erfahrung und Intuition ersetzen?
Beurteilung	(+) Ausbau des Management-Informationssystems (MIS) zur Entscheidungsunterstützung (+) Umfassender Versuch zur Strukturierung des Planungs-, Kontroll- und Informationsprozesses (-) Delegations- und Motivationsproblem bleibt ungelöst (-) Allenfalls Routineprozesse sind automatisch steuerbar
Fazit	**Menschliches Urteilsvermögen ist zur Abschätzung unternehmerischen Risikos unverzichtbar**

Quelle: in Anlehnung an Wöhe et al. 2016, S. 118

2.6 Kontrolle

Kontrolle
Kern: Soll-Ist-Vergleich

Die **Kontrolle** als Führungsinstrument stellt auch den abschließenden Schritt des Managementprozesses dar, wenngleich diese fortlaufend entlang des gesamten Managementprozesses zu vollziehen ist. Aufgabe der Kontrolle ist es, das unternehmerische Handeln zu überwachen, eventuell auftretende Hindernisse zur Erreichung der Unternehmensziele ausfindig zu machen und schließlich die tatsächlich realisierten mit den angestrebten Ergebnissen zu vergleichen (Soll-Ist-Vergleich).

Messen des Zielerfüllungsgrades

Der sich daraus ergebene Zielerfüllungsgrad ist ein Indikator für die Effizienz des unternehmerischen Handelns und zugleich die Basis für einen neuen Planungsprozess. Mögliche Abweichungen sind zu analysieren und Ursachen für (negative) Planabweichungen festzustellen.

Mögliche Abweichungsursachen können auf unzulängliche Planung der Ziele, Strategien und operativen Maßnahmen, die unzulängliche Ausführung oder auch Fehler bei der Kontrolle zurückzuführen sein. Mit der Feststellung der Abweichungsursachen ist die Kontrollphase beendet.

Andere Vergleiche

Neben dem Soll-Ist-Vergleich geben auch andere Arten von Vergleichen Auskunft über den Erfolg oder Misserfolg des unternehmerischen Handelns. Diese sind der folgenden Abbildung zu entnehmen:

Abb. 62 Erfolgskontrolle durch Vergleiche

Normwert	Vergleichswert	Kontrollart	Erläuterung
Soll	Ist	**Realisations-kontrolle**	Kostenüberschreitung
Ist	Ist	**Betriebs- oder Zeitreihen-vergleich**	Umsätze der Branche, Umsatzentwicklung in den vergangenen Jahren
Wird	Ist	**Prämissen-kontrolle**	Prüfen der Annahmen bzgl. Entwicklung der Lohnkosten
Soll	Soll	**Zielkontrolle**	Korrektur der Umsatzziele aufgrund Nachfragerückgang
Soll	Wird	**Fortschritts-kontrolle**	Prüfung und ggf. Anpassung des Markteinführungstermins

Begrifflichkeiten zum Nachschlagen

... damit sollten Sie umgehen können:

- Phasen des Managementprozesses
- Planung, Arten der Planung
  - strategisch, taktisch, operativ
  - retrograd, progressiv, zirkulär
  - Rollierende Planung
- Entscheidung
  - Aktionsraum, Zustandsraum, Ergebnisraum
  - Entscheidungsregeln
- Management-by-Konzepte
- Kontrolle, Arten der Kontrolle

Wiederholungsfragen

1. Erläutern Sie die Phasen des Managementprozesses an einem Beispiel.
2. Erläutern Sie den Begriff Planung. Grenzen Sie strategische, taktische und operative Planung voneinander ab.
3. Erläutern Sie den Begriff Entscheidung. Erläutern Sie zwei Entscheidungsregeln unter Unsicherheits- und Risikosituationen.
4. Erläutern Sie das „Management by Objectives" und das „Management by Exception".
5. Erläutern Sie den Begriff Kontrolle und grenzen Sie die Arten der Kontrolle voneinander ab.

Literaturhinweise

Gutenberg, E.: Die Unternehmung als Gegenstand betriebswirtschaftlicher Theorie, Berlin 1929, unveränderter Nachdruck Wiesbaden 1998.

Schierenbeck, H.; Wöhle, C. B.: Grundzüge der Betriebswirtschaftslehre. 19. Aufl., München 2016.

Thommen, J.-P.; Achleitner, A.-K.; Gilbert, D. U.; Hachmeister, D.; Kaiser, G.: Allgemeine Betriebswirtschaftslehre: Umfassende Einführung aus managementorientierter Sicht. 8. Aufl., Wiesbaden 2016.

Vahs, D.; Schäfer-Kunz, J.: Einführung in die BWL. 7. Aufl. 2015.

Wöhe, G.; Döring, U.; Brösel, G.: Einführung in die Allgemeine Betriebswirtschaftslehre. 26. Aufl., München 2016.

Weiterführende Literaturhinweise

Kaplan, R.; Norton, D.: Balanced Scorecard. Strategien erfolgreich umsetzen. Stuttgart 1997.

Lombriser, R.; Abplanalp, P.: Strategisches Management. Visionen entwickeln, Strategien umsetzen, Erfolgspotenziale aufbauen. 4. Aufl., Zürich 2005.

Macharzina, K.: Unternehmensführung. Das internationale Managementwissen. Konzepte - Methoden - Praxis. 5. Aufl., Wiesbaden 2005.

Porter, M. (2013): Wettbewerbsstrategie: Methoden zur Analyse von Branchen und Konkurrenten = (Competitive strategy), 12. Auflage, Frankfurt/Main.

Staehle, W. H.: Management. Eine verhaltenswissenschaftliche Perspektive. 8. Aufl., München 1999.

Wunderer, R.: Führung und Zusammenarbeit. Eine unternehmerische Führungslehre. 7. Aufl., Köln 2007.

IV Marketingmanagement

Lernziele des Kapitels

Dieses Kapitel soll Sie vertraut machen mit den folgenden Themen:

Begriff, Entwicklung und heutiges Verständnis des Marketingss.

Inhalte des Marketings-Management-Prozesses.

Inhalte und methodische Grundlagen der Marktforschung, der Marketingstrategien und des Marketings-Mix.

1 Grundlagen

Marketing
= Planung, Koordination, Realisation und Kontrolle aller auf die aktuellen und potenziellen Märkte ausgerichteten Unternehmensaktivitäten

Marketing bedeutet – ausgehend von den Unternehmenszielen – die „Planung, Koordination, Realisation und Kontrolle aller auf die aktuellen und potenziellen Märkte ausgerichteten Unternehmensaktivitäten." (Meffert 2000, S. 8).

Die Marketingtechniken können grundsätzlich in allen denkbaren Austauschbeziehungen zum Einsatz kommen, weshalb zwischen dem **Business Marketing** (Marketing von kommerziell betriebenen Unternehmen), dem **Non-Profit-Marketing** (Marketing für Werthaltungen) und dem **Social-Marketing** (Marketing sozialer Organisationen) unterschieden werden kann.

Ebenso können sehr unterschiedliche Objekte zum Gegenstand des Marketings erhoben werden. Dazu gehören beispielsweise Konsumgüter, Investitionsgüter, Dienstleistungen oder auch Werthaltungen wie der Umweltschutz oder religiöse Ideen.

Die Wurzeln des Marketings liegen im Business-Marketing. Auch hier soll sich an dieser klassischen Sichtweise orientiert werden. Die Inhalte sollen ausgehend von den Marketingproblemen der Hersteller von Konsum- oder Investitionsgütern beleuchtet werden.

Absatzfunktion vs. ganzheitliche Marktorientierung

Der **Wandel der Märkte** von reinen Verkäufermärkten in den 50er Jahren hin zu den heute bestehenden vielfältigen Wettbewerbsstrukturen auf den Märkten haben in den Unternehmen einen Wandel in der Fokussierung ihrer Aktivitäten von einer reinen Produktionsorientierung über die Verkaufs-, Markt-, Wettbewerbs- und Umweltorientierung bewirkt. Für das Marketing ging damit ein Wandel von der reinen Absatzfunktion hin zu einer ganzheitlichen, den Markt und den Kunden in den Mittelpunkt stellenden Sichtweise einher (siehe Abb. 63).

Marketingplanung

Aus der oben verwendeten Definition des Marketings folgt, dass einem **Marketingplan** der entscheidungstheoretische Ansatz zu Grunde liegt. Die folgenden Schritte gehören dazu:

- **Informationsgewinnung:** Im Rahmen der Marktforschung geht es darum, eine Umfeldanalyse (Chancen-Risiken-Analyse) sowie eine Unternehmensanalyse (Stärken-Schwächen-Analyse) durchzuführen, um die nachfolgenden Marketingentscheidungen ausreichend fundieren zu können. Neben der Datengewinnung ist es dabei besonders wichtig, Informationen auch entscheidungsgerecht aufzubereiten und Prognosen über zukünftige Entwicklungen zu formulieren.

Abb. 63 Wandel der Märkte

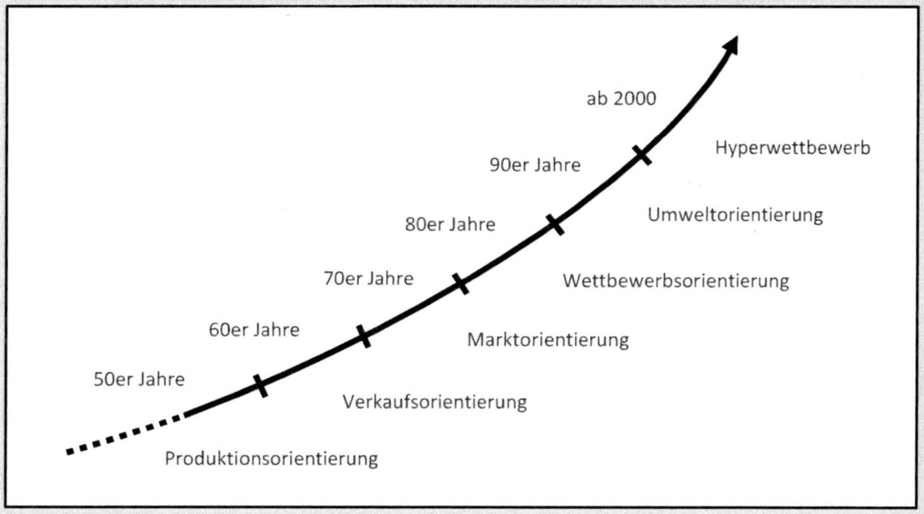

Wandel der Märkte

- **Zielfindung:** Vor dem Hintergrund der Unternehmensphilosophie, der Unternehmensziele sowie der Markt- und Unternehmensanalyse sind die Marketing-Ziele zu bestimmen. Sie bilden den Ausgangspunkt für die nachfolgenden Entscheidungen und sind auch der Gradmesser für den Marketingerfolg. Marketing-Ziele können hinsichtlich dreier Dimensionen formuliert werden: ökonomisch, sozial und ökologisch.
- **Strategisches Marketing:** Strategien sind mittel- bis langfristig wirkende Grundsatzentscheidungen, die die tagespolitischen Entscheidungen kanalisieren. Derartige Strukturentscheidungen hat ein Hersteller bezüglich seines Verhaltens gegenüber den Konsumenten, den Wettbewerbern und gegenüber dem Handel zu fällen.
- **Operatives Marketing:** Der letzte Planungsschritt besteht in der Festlegung des Marketings-Mix. Dieser setzt sich aus den klassischen vier Marketing-Instrumenten zusammen: Produkt-, Preis-, Distributions- und Kommunikationspolitik.
- **Marketing-Kontrolle:** Nach der Umsetzung der Maßnahmen ist ein Soll-Ist-Vergleich erforderlich, der eine Beurteilung des Erfolges ermöglicht. Ähnlich wie bei der Situationsanalyse ist auch hier eine Datengewinnung und -aufbereitung erforderlich. Darüber hinaus ist ein Blick in die Zukunft zu wagen, der Einschätzungen über die weitere Entwicklung des Unternehmens zulässt.

Auch innovativ-kreative Fähigkeiten gefordert

Abb. 64 zeigt den **Marketing-Management-Prozess** im Überblick. Hinzuweisen bleibt abschließend darauf, dass die Tätigkeit im Marketing neben den hier im Vordergrund stehenden rational-logischen Aktivitäten des „Planens, Organisierens, Entscheidens und Kontrollierens" in der Praxis in hohem Maße auch innovativ-kreative Fähigkeiten abfordert. Dieses gilt beispielsweise bei der Suche nach neuen Produktideen, im Verkaufsgespräch oder bei der Konzeption von Werbekampagnen.

Marketing-Management-Prozess

Abb. 64 Der Marketing-Management-Prozess

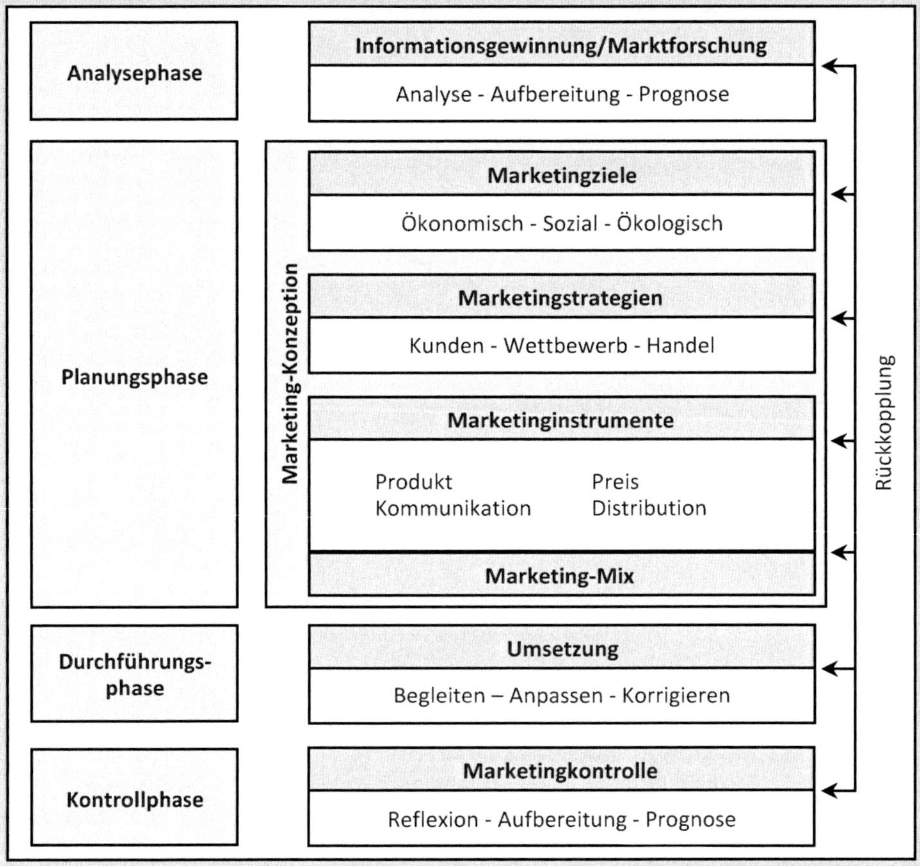

Quelle: Eckardt et al. 2018, S. 29

Begrifflichkeiten zum Nachschlagen

… damit sollten Sie umgehen können:

- Marketing
  - Business-Marketing
  - Non-Profit-Marketing
  - Social-Marketing
- Marketingmanagement
- Marketing-Management-Prozess

Wiederholungsfragen

1. Erläutern Sie den Begriff "Marketing". Diskutieren Sie die Unterschiede zwischen Business-, Non-Profit- und Social-Marketing.
2. Erläutern Sie den Begriff "Marketingmanagement".
3. Skizzieren und erläutern Sie die Schritte des Marketings-Management-Prozesses.

Literaturhinweise

Becker, J.: Marketing-Konzeption. Grundlagen des strategischen Marketing-Managements. 11. Aufl., München 2018.

Eckardt, G. H.; Hardiman, M.; Stegemann, M.: Marketing. Grundlagen & Praxis, 3. überarbeitete und ergänzte Auflage, Göttingen 2018.

Kotler, Ph.; Keller, K. L.; Opresnik, M. O.: Marketing-Management. Konzepte-Instrumente-Unternehmensfallstudien. 15. Aufl., München u.a. 2017.

Meffert, H.; Burmann, Ch.; Kirchgeorg, M.; Eisenbeiß, M.: Marketing. Grundlagen marktorientierter Unternehmensführung. Konzepte – Instrumente - Praxisbeispiele. 13. Aufl., Wiesbaden 2018.

Nieschlag, R.; Dichtl, E.; Hörschgen, H.: Marketing, 19. Aufl., Berlin 2002.

Scharf, A.; Schubert, B.; Hehn, P.: Marketing. Einführung in Theorie und Praxis, 6. Aufl., Stuttgart 2015.

2 Marktforschung

Informationen zur richtigen Zeit in der gewünschten Qualität

Aufgabe und Ziel der Marktforschung ist es, alle für den Marketing-Management-Prozess erforderlichen Informationen zur richtigen Zeit in der gewünschten Qualität verfügbar zu machen. Dies ist zum einen grundlegend als Basis für die Entwicklung der Ziele und Strategien erforderlich. Zum anderen sind Marktforschungsaktivitäten fortlaufend entlang des gesamten Marketing-Management-Prozesses gefordert – so z. B. zur Optimierung des Einsatzes der Marketing-Instrumente oder zur Kontrolle der Zielerreichung.

Marktforschung
= systematische Gewinnung, Aufbereitung und Interpretation von relevanten Informationen über Absatz- und Beschaffungsmärkte

Demzufolge versteht man unter **Marktforschung** „die systematische Gewinnung, Aufbereitung und Interpretation von für die Marketingplanung relevanten Informationen über Absatz- und Beschaffungsmärkte zur Fundierung von Marketingentscheidungen." (Scharf et al. 2015, S. 117).

2.1 Arten der Marktforschung

Aufgaben

Art, Inhalt und Umfang der erforderlichen bzw. relevanten Informationen ergeben sich aus dem jeweils vorhandenen Entscheidungs- bzw. Marketingproblem. Daran orientiert lassen sich unterschiedliche **Aufgabenbereiche der Marktforschung** abgrenzen:

- Nach der Art der **Untersuchungsobjekte**: **Ökoskopische Marktforschung** kommt immer dann zum Einsatz, wenn es um die Erhebung objektiver Sachverhalte geht (z. B. Umsatzzahlen, Marktanteile). Demgegenüber ermittelt die **demoskopische Marktforschung** subjektive Sachverhalte wie Einstellungen, Werte etc.
- Nach der Art der zu untersuchenden **Marktteilnehmer**: Auf der **Absatzseite** sind regelmäßig Informationen über Konsumenten, Absatzmittler/-helfer und Wettbewerber erforderlich. Analog geht es auf der **Beschaffungsseite** um die Erhebung von Informationen über Lieferanten, Beschaffungsmittler/-helfer und Beschaffungswettbewerber.
- Nach der Art der zu untersuchenden **Marketing-Instrumente**: Die **Produkt-, Preis-, Distributions-** und **Kommunikationsforschung** zielt jeweils auf die Ermittlung von Notwendigkeiten, Chancen und Risiken der Konstanthaltung und/oder Veränderung des/der verwendeten oder neuer Subinstrumente.

In Abhängigkeit von dem konkreten Marktforschungsproblem ist der geeignete **Forschungsansatz** zu wählen. Die drei grundlegenden Ansätze können wie folgt abgegrenzt werden (Böhler 2004, S. 37; Herrmann et al. 2008, S. 8):

Forschungsansatz
- explorativ,
- deskriptiv,
- kausalanalytisch

- **Explorative Studien** werden gewählt, wenn nur geringe Kenntnisse über den Untersuchungsgegenstand vorliegen. Eine konkrete Formulierung des Marktforschungsproblems ist nicht möglich. Es sollen erste Hinweise auf die Struktur des Problemfeldes gewonnen werden, um konkretere Marktforschungsprojekte ableiten zu können. Vielfach werden daher sekundäranalytische Methoden oder generelle Befragungen verwendet.
- **Deskriptive Studien** kommen am häufigsten zum Einsatz. Sie erfolgen auf Basis konkreter Marktforschungsprobleme und verfügen über ein gut strukturiertes Forschungsdesign. Im Vordergrund steht die Erfassung und Beschreibung relevanter Markttatbestände, z. B. durch Befragung, Beobachtung oder systematische Auswertung geeigneter Sekundärdaten. Das Ergebnis sind vielfach Hypothesen über bestimmte Zusammenhänge zwischen den Variablen, die diese Markttatbestände erzeugen oder beeinflussen. **Querschnittsanalysen** erheben die Daten zu einem bestimmten Zeitpunkt. Demgegenüber erfassen **Längsschnittanalysen** (z. B. Panelerhebung) die Veränderung der Daten, indem die Erhebung zu verschiedenen Zeitpunkten durchgeführt wird.
- **Kausalanalytische Studien** untersuchen die Zusammenhänge zwischen zwei oder mehr Variablen auf konkrete Ursache-Wirkungs-Zusammenhänge. Im Vordergrund steht hier häufig die Untersuchung der Wirkung alternativer Marketing-Maßnahmen, wie z. B. unterschiedliche Preise oder Werbeanzeigen.

Neben der Wahl zwischen unternehmensinternen oder -externen **Quellen der Marktforschung** lassen sich zwei grundlegende Ansätze zur Wahl der Quellen unterscheiden: die **Primärerhebung** und die **Sekundärerhebung** (siehe Abb. 65; Kamenz 2001, S. 58).

Interne vs. externe Quellen

Abb. 65 Quellen der Datenerhebung

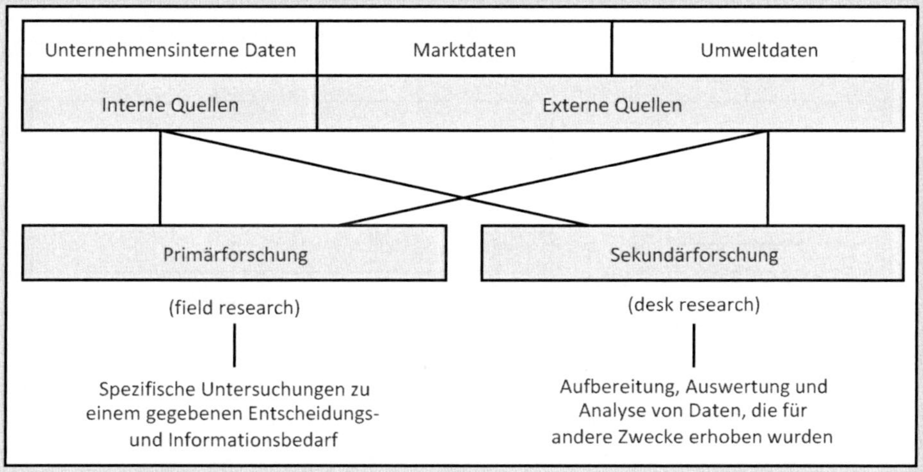

Quelle: in Anlehnung an Kamenz 2001, S. 58

Sekundär- vs. Primärmarktforschung

Abb. 66 Vor- und Nachteile Sekundär- ggü. Primärmarktforschung

Vorteile	Nachteile
▸ Schnelle Beschaffung der Information ▸ I.d.R. kostengünstiger ▸ U.U. einzige verfügbare Datenquelle (Bevölkerungsstatistik, volkswirtschaftliche Gesamtrechnung) ▸ Naheliegend für explorative Studien ▸ Kann Problemdefinition unterstützen ▸ Kann Problemlösungswege aufzeigen ▸ Kann Planung und Durchführung der Primärmarktforschung unterstützen ▸ Kann Auswertung und Interpretation von Primärdaten stützen und/oder erleichtern	▸ Information oft nicht verfügbar ▸ Informationsinhalte sind (weil nicht problemspezifisch erhoben) nicht exakt der Fragestellung entsprechend ▸ Exklusivität nicht gewährleistet (jeder hat Zugriff) ▸ Gliederungssystematik nicht geeignet (z. B. Schichtungskriterien zu grob) ▸ Daten sind oft veraltet ▸ Oft nicht entscheidungsrelevant ▸ Oft fehlen Angaben zur Erhebungsmethodik
→ Sekundärinformationen sind immer als erstes zu nutzen!	**→ Sekundärinformationen sind immer mit Vorsicht anzuwenden!**

Quelle: Kamenz 2001, S. 67

Grundsätzlich sollte zunächst die Möglichkeit der Verwendung von Sekundärinformationen geprüft werden, bevor i. d. R. wesentlich teurere Primärforschung betrieben wird. Sekundärdaten sind i. d. R. in vielfältiger Weise innerhalb und außerhalb des Unternehmens vorhanden. Den Vorteilen steht aber auch eine Reihe von Nachteilen gegenüber, weshalb Sekundärinformationen auch immer mit Vorsicht zu verwenden sind (vgl. Abb. 66).

Die wesentlichen **Methoden der Primärerhebung** sind die Befragung und die Beobachtung. In der Marktforschungspraxis sind darüber hinaus die Misch- bzw. Sonderformen Experiment und Panel bedeutsam. Diese stellen i. d. R. besondere Ausprägungen der Beobachtung oder Befragung dar.

Befragung

Befragung
= Auskunftspersonen werden zu Äußerungen bezüglich bestimmter Sachverhalte aufgefordert

Die in der Primärforschung am häufigsten eingesetzte Methode ist die **Befragung.** Dies ist eine „... Datenerhebungsmethode, bei der die Auskunftspersonen zu Äußerungen bezüglich bestimmter, vom Forscher vorgegebener Sachverhalte aufgefordert werden." (Scharf et al. 2015, S. 141). Die wichtigsten **Formen der Befragung** sind in Abb. 67 dargestellt.

Arten

Abb. 67 Kriterien zur Strukturierung von Befragungen

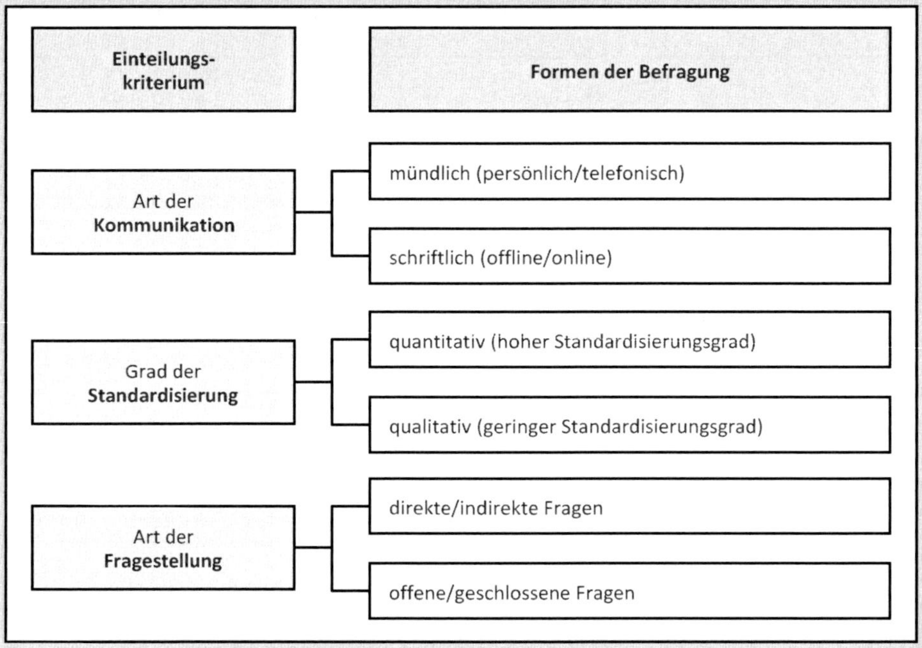

Quelle: Eckardt et al. 2018, S. 105; dort in Anlehnung an Scharf et al.. 2015, S. 142

Die **Art der Kontaktaufnahme/Kommunikation** ist sehr entscheidend im Hinblick auf die Zielsetzungen einer Befragung. Die wesentlichen Vor- und Nachteile, die ggf. eine Auswahl unterstützen können, sind der Abb. 68 zu entnehmen.

Standardisiert vs. nicht-standardisiert

Der erforderliche **Standardisierungsgrad** einer Befragung hängt von der Art des Marktforschungsproblems ab: Handelt es sich um ein eher exploratives Marktforschungsproblem, ist ein hoher Standardisierungsgrad oft hinderlich, um Informationen in ausreichender Breite und Tiefe zu erlangen. **Nicht-standardisierte** Befragungen erzeugen hier Antworten mit hoher Aussagekraft; allerdings bei mitunter recht geringer Zuverlässigkeit und relativ hohen Kosten. Sind die Antwortmöglichkeiten hingegen zahlenmäßig gut einzugrenzen und vorab zu -strukturieren, ist eine **standardisierte Befragung** möglich. Diese bietet den Vorteil der Vollständigkeit, der guten Vergleichbarkeit und Quantifizierbarkeit und damit der relativ leichten Auswertbarkeit der Antworten.

Abb. 68 Vor- und Nachteile der Befragungsmethoden

Kriterien / Befragungsart	mündlich		schriftlich	
	persönlich	**telefonisch**	**offline**	**online**
Traditionell	**Interviewer mit Fragebogen**		**Fragebogen per Post**	
Computergestützt	**Computer Assisted Personal Interview (CAPI)**	**Computer Assisted Telephone Interview (CATI)**	**Elektronischer Fragebogen per Email**	**Online-Befragung**
Antwortquote	+	+	-	-
Einheitlicher Erhebungsstichtag	+	+	-	o
Antwortzeit				
▸ Ausschluss unüberlegter Antworten	+	-	o	o
▸ Messung	o	+	-	+
Einfluss von dritter Seite	+	o	-	o
Umfang des Fragebogens	+	-	-	o
Gefahr von Missverständnissen	+	+	-	-
Komplexe Informationen	+	-	-	+
Interviewereinfluss	-	o	+	+
Schwer erreichbare Berufskreise	-	o	+	+
Räumliche Repräsentation	-	+	+	+
Kosten	-	o	+	+

Quelle: in Anlehnung an Kamenz 2001, S. 89; dort zum Teil nach Hüttner 1989, S. 47

Vor- und Nachteile

Beobachtung

Die zweite bedeutende Methode der Primärforschung ist die **Beobachtung**. Hierbei handelt es sich um die „zielgerichtete und planmäßige Erfassung sinnlich wahrnehmbarer Sachverhalte zum Zeitpunkt ihres Geschehens durch beobachtende Personen oder technische Hilfsmittel." (Scharf et al. 2015, S. 153). Gegenüber der Befragung steht also nicht die ausdrückliche Erklärung der Auskunftsperson, sondern die visuelle oder instrumentelle Erhebung ihres Verhaltens im Vordergrund.

Beobachtung
= zielgerichtete und planmäßige Erfassung sinnlich wahrnehmbarer Sachverhalte

Je nach **Durchschaubarkeit** der Situation und dem Bewusstseinsgrad der Testperson lassen sich unterschiedliche Methoden der Beobachtung abgrenzen. Bei der offenen Beobachtung weiß die Testperson, dass sie beobachtet wird. Sie kennt ihre Aufgabe und auch die Zielsetzung der Beobachtung. Dem Vorteil der leichten Steuerbarkeit steht hierbei das Problem gegenüber, dass die Testperson sich gegebenenfalls anders verhält, als sie es unbeobachtet tun würde. Dieses Problem lässt sich durch verdeckte Beobachtungen umgehen. Nach dem **Partizipationsgrad** des Beobachters lassen sich teilnehmende und nicht-teilnehmende Beobachtungssituationen unterscheiden. Bei der teilnehmenden Beobachtung ist es wichtig, dass der Beobachter sich so in die Beobachtungssituation einbringt, dass seine Rolle einerseits unerkannt bleibt und er andererseits die Situation nicht ungewollt beeinflusst. Die Einsatzfelder der teilnehmenden Beobachtung sind daher sehr beschränkt. I. d. R. wird mit der nicht-teilnehmenden Beobachtung eine größere Objektivität und Zuverlässigkeit erzeugt.

Durchschaubarkeit und Partizipation

Die nach Durchschaubarkeit und Partizipation abgrenzbaren Arten der Beobachtung sind in Abb. 69 verdeutlicht. Die wesentlichen Vor- und Nachteile dieses Instruments sind in der Abb. 70 enthalten.

Arten

Abb. 69 Beobachtungssituation mit unterschiedlichem Grad der Durchschaubarkeit

Bewusstseinsgrad / Bezeichnung der Situation (Durchschaubarkeit)	Testperson kennt Beobachtungs-ziel	Testperson kennt ihre Aufgabe	Testperson weiß, dass sie beobachtet wird
Offene Situation	ja	ja	ja
Nicht durchschaubare Situation	nein	ja	ja
Quasi-biotische Situation	nein	nein	Ja
Biotische Situation	nein	nein	nein

Quelle: in Anlehnung an Berekoven et al. 2006, S. 151

Vor- und Nachteile

Abb. 70 Vor- und Nachteile der Beobachtung

Vorteile der Beobachtung

- Die Auskunftspersonen müssen nicht auskunftsbereit sein.
- Die Ergebnisse sind unabhängig von dem Ausdrucksvermögen der Testpersonen.
- Es können Sachverhalte erfasst werden, die den Testpersonen selbst nicht bewusst sind.
- Ist die Beobachtungssituation der Testperson nicht bekannt, entfällt der Interviewereinfluss vollständig.
- Durch technische Hilfsmittel können präzise Ergebnisse erzielt werden.
- Situative Umwelteinflüsse können berücksichtigt werden.

Nachteile der Beobachtung

- Bestimmte relevante Sachverhalte (z. B. Einstellungen, Alter, Einkommen) lassen sich nicht beobachten.
- Die beobachteten Merkmale werden unter Umständen unterschiedlich interpretiert.
- Die persönliche Beobachtung leidet unter der subjektiven und selektiven Wahrnehmung des Beobachters.
- Bei bestimmten Beobachtungen (z. B. Kundenlaufstudien) ist die Repräsentanz der beobachteten Testpersonen kaum zu gewährleisten.
- Weiß die beobachtete Person, dass sie beobachtet wird, ist mit einem Beobachtungseffekt zu rechnen.

Quelle: Scharf et al. 2015, S. 154; dort nach Hüttner/Schwarting 2002, S. 165 f.

Experiment

Experiment
= wiederholbare, unter kontrollierten Bedingungen ablaufende Versuchsanordnung

„Bei einem **Experiment** handelt es sich um eine wiederholbare, unter kontrollierten Bedingungen ablaufende Versuchsanordnung. Ziel des Experiments ist die empirische Überprüfung von Kausalhypothesen, indem die Wirkung der unabhängigen Variablen auf die abhängige(n) Variable(n) gemessen wird." (Scharf et al. 2015, S. 155; dort nach Weis/Steinmetz 2005, S. 207). Ziel ist also die Überprüfung von Ursache-Wirkungs-Zusammenhängen, beispielsweise der Einfluss unterschiedlicher Marketingmaßnahmen auf die Kaufentscheidung einzelner Personen. Leider existieren in der Realität selten lineare Ursache-Wirkungs-Zusammenhänge. Eine besondere Herausforderung ist daher die Einbindung, Kontrolle oder Elimination von so genannten Störgrößen in das Untersuchungsdesign. Der grundsätzliche Aufbau einer experimentellen Versuchsanordnung ist der Abb. 71 zu entnehmen.

Abb. 71 Elemente einer experimentellen Versuchsanordnung

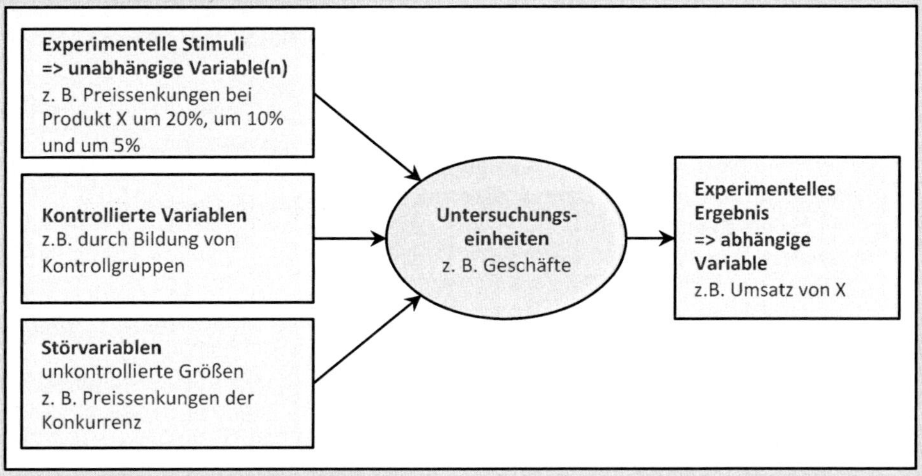

Quelle: Scharf/Schubert 2001, S. 395; dort in Anlehnung an Meffert 1992, S. 208

Panelerhebung

Die **Panelerhebung** als weitere Sonderform der Primärforschung hat einen wichtigen Stellenwert in der Marktforschung. Sie liefert dem Auftraggeber kontinuierlich Daten – beispielsweise über die an die Konsumenten abgesetzten Erzeugnisse oder Marktanteilsverteilungen.

„Als **Panel** bezeichnet man einen speziellen, gleich bleibenden und repräsentativen Kreis von Untersuchungseinheiten (Personen, Einkaufsstätten), bei dem in (regelmäßigen) zeitlichen Abständen Befragungen oder Beobachtungen zum gleichen Untersuchungsgegenstand durchgeführt werden." (Scharf et al. 2015, S. 162, dort nach Günther et al. 2006, S. 1 ff.).

Panel
= wiederholte Erhebung bei gleich bleibenden Untersuchungseinheiten zum gleichen Untersuchungsgegenstand

Damit können auf der Basis von Panels sowohl Querschnittsanalysen (zu einem bestimmten Zeitpunkt) als auch Längsschnittanalysen (über einen längeren Zeitraum) zu bestimmten Sachverhalten durchgeführt werden. Je nach angestrebtem Informationsbedarf auf den einzelnen Stufen des Absatzweges lassen sich Hersteller-, Handels- und Verbraucher-Panel unterscheiden. In Abb. 72 findet sich ein Überblick über die verschiedenen Panelarten.

Abb. 72 Panelarten in der Marktforschung

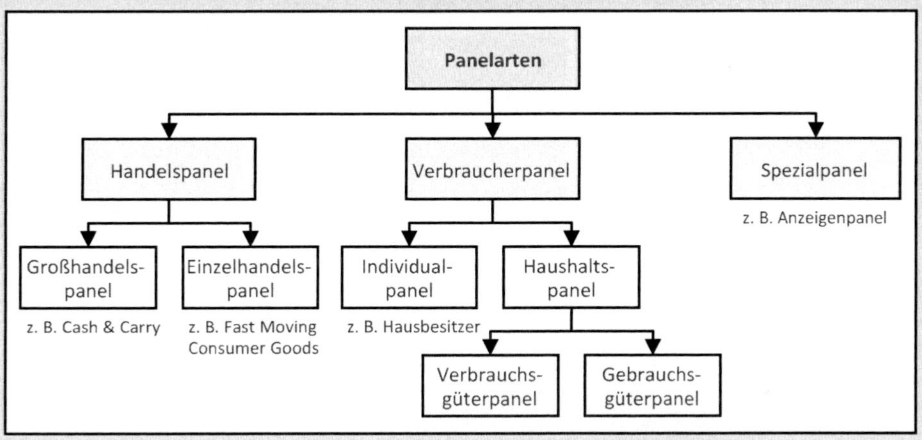

Quelle: Scharf et al. 2015, S. 162

2.2 Phasen des Marktforschungs-Prozesses

Die Durchführung einer Marktforschungsuntersuchung erfolgt sinnvoller Weise strukturiert in fünf aufeinander folgenden Schritten (u. a. Berekoven et al. 2006, S. 34 ff.; Böhler 2004, S. 29 ff.).

Fünf Phasen

Die einzelnen Phasen des Marktforschungs-Prozesses lassen sich wie folgt abgrenzen:

- In der ersten Phase **„Definition des Informationsbedarfs"** ist das Marktforschungsproblem konkret zu beschreiben. Daraus lassen sich dann der Informationsbedarf sowie die Forschungsziele ableiten.
- In der zweiten Phase **„Design"** wird das Forschungsdesign ausgewählt und ein Erhebungsplan entwickelt.
- Die dritte Phase **„Erhebung"** oder **„Feldarbeit"** beinhaltet die Umsetzung des Forschungsdesigns und die Durchführung der Erhebung.
- In der vierten Phase **„Analyse"** werden die erhobenen Daten auf Vollständigkeit und logische Konsistenz hin überprüft.
- Die fünfte Phase **„Dokumentation"** beinhaltet die umfassende Aufbereitung der gewonnenen Informationen, meist in Form der Erstellung eines Forschungsberichts sowie einer dazu gehörigen Präsentation.
- Die sechste Phase der **„Entscheidung"** ist i. d. R. nicht mehr als unmittelbarer Bestandteil des Forschungsprozesses anzusehen. Sie leitet Maßnahmenschritte innerhalb des Marketings-Management-Prozesses ein.

Begrifflichkeiten zum Nachschlagen

... damit sollten Sie umgehen können:

- Marktforschung
- Forschungsansätze der Marktforschung
  - Explorativ
  - Deskriptiv
  - Kausalanlytisch
- Primärerhebung
- Sekundärerhebung
- Befragung
- Beobachtung
- Experiment
- Panelerhebung
- Marktforschungsprozess

Wiederholungsfragen

1. Erläutern Sie den Begriff "Marktforschung".
2. Grenzen Sie die Forschungsansätze der Marktforschung voneinander ab und skizzieren Sie Beispiele.
3. Diskutieren Sie die Unterschiede sowie Vor- und Nachteile der Primär- vs. Sekundärerhebung.
4. Erläutern Sie die Begriffe und wesentlichen Einsatzziele der Methoden der Primärerhebung „Befragung", „Beobachtung", „Experiment", „Panelerhebung".
5. Skizzieren Sie den Ablauf eines Marktforschungs-Prozesses.

Literaturhinweise

Becker, J.: Marketing-Konzeption. Grundlagen des strategischen Marketing-Managements. 11. Aufl., München 2018.

Berekoven, L.; Eckert, W.; Ellenrieder, P.: Marktforschung. Methodische Grundlagen und praktische Anwendung. 11. Aufl., Wiesbaden 2006.

Eckardt, G. H.; Hardiman, M.; Stegemann, M.: Marketing. Grundlagen & Praxis, 3. überarbeitete und ergänzte Auflage, Göttingen 2018.

Kotler, Ph.; Keller, K. L.; Opresnik, M. O.: Marketing-Management. Konzepte-Instrumente-Unternehmensfallstudien. 15. Aufl., München u.a. 2017.

Meffert, H.; Burmann, Ch.; Kirchgeorg, M.; Eisenbeiß, M.: Marketing. Grundlagen marktorientierter Unternehmensführung. Konzepte – Instrumente - Praxisbeispiele. 13. Aufl., Wiesbaden 2018.

Scharf, A.; Schubert, B.; Hehn, P.: Marketing. Einführung in Theorie und Praxis, 6. Aufl., Stuttgart 2015.

3 Marketingstrategien

Ein von Becker unter Rückgriff auf bestehende Ansätze (insbesondere von Ansoff 1957) entwickelte Systematik für die Bestimmung von **Marketingstrategien** unterscheidet vier grundlegende **Arten** (Becker 2009, S. 147 f.):

Vier Marketingstrategien

- Marktfeldstrategien,
- Marktstimulierungsstrategien,
- Marktparzellierungsstrategien
- Marktarealstrategien.

Aus der Art und Weise der Ausgestaltung und Kombination dieser Basisstrategien ergibt sich eine fünfte abgrenzbare Marketing-Strategie: die konkurrenzgerichtete Marketing-Strategie. Abb. 73 zeigt die Strategien im Überblick.

Abnehmerorientiert vs. konkurrenzgerichtet

Abb. 73 Marketingstrategien im Überblick

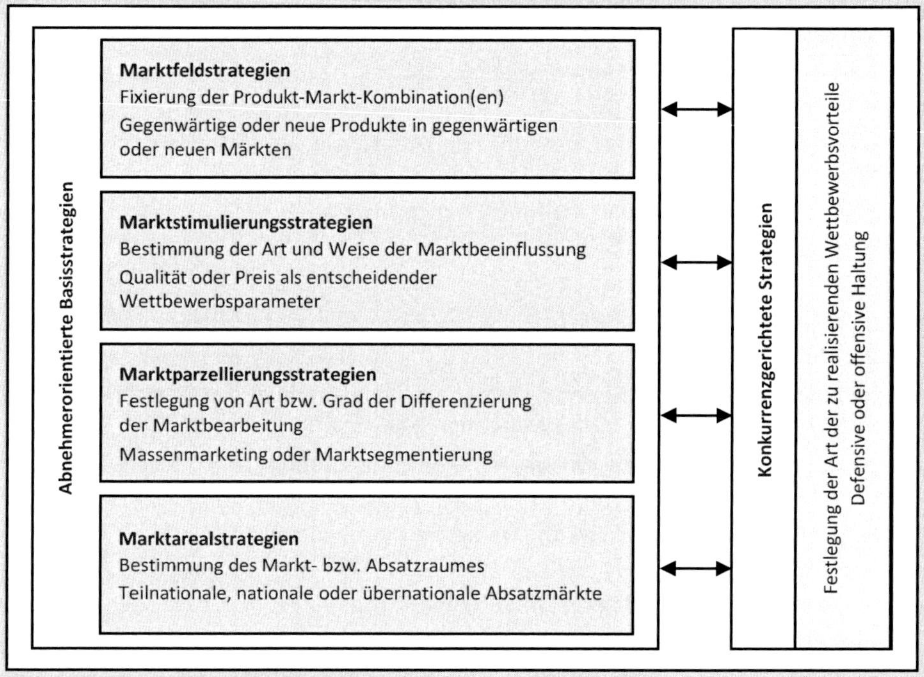

Quelle: in Anlehnung an Becker 2000, S. 9

Im Folgenden sollen die Martkfeldstrategien als die vier Basisstrategien in ihren Grundzügen beleuchtet und deren wesentliche Ausgestaltungsmöglichkeiten aufgezeigt werden.

Marktfeldstrategien

Wahl der Produkt-Markt-Kombination

Die **Marktfeldstrategien** gehen auf die von Ansoff (1957, S. 114) entwickelte Vier-Felder- bzw. Produkt-Markt-Matrix zurück. Die Produkt-Markt-Matrix stellt den wichtigsten und in der Literatur am weitesten verbreiteten marketingstrategischen Ansatz dar. Daher soll dieser hier kurz beleuchtet werden. Im Mittelpunkt dieses Ansatzes stehen Produkt-Markt-Kombinationen, innerhalb derer ein Unternehmen aktiv werden kann.

Abb. 74 Marktfeldstrategien im Überblick

Produkte \ Märkte	gegenwärtig	neu
gegenwärtig	**Marktdurchdringung**	**Marktentwicklung**
neu	**Produktentwicklung**	**Diversifikation**

Quelle: Ansoff 1966, S. 132

Produkt-Markt-Matrix

Ausgangspunkt

Die **Marktdurchdringung** wird vielfach als die „marketingstrategische Urzelle" eines Unternehmens bezeichnet. Es werden bereits im Unternehmen vorhandene Produkte auf bereits bearbeiteten Märkten angeboten. Zentrales Ziel der Marktdurchdringungsstrategie ist es, den bereits bearbeiteten Markt mit möglichst geringem Mitteleinsatz vollständig auszuschöpfen. Begründen lässt sich dieser Ansatz mit den i. d. R. steigenden Erträgen auf Grund von Skaleneffekten bei größeren Mengen in Produktion und Absatz (Becker 2009, S. 149).

Neue Märkte

Ziel der **Marktentwicklungsstrategie** ist es, durch die Erschließung neuer Märkte zu wachsen. Im Rahmen dieser Strategie wird versucht, bereits im Unternehmen vorhandene Produkte auf für das Unternehmen neuen, d. h. bisher nicht bearbeiteten Märkten anzubieten. In Abhängigkeit von der Definition des bisher bearbeiteten Marktes können neue Märkte für das Unternehmen aus räumlicher, verwendungsbezogener und kundenbezogener Sicht in Betracht gezogen werden (Becker 2009, S. 153). Für eine Segmentierung des Marktes nach Zielgruppen können die in Abb. 75 dargestellten Segmentierungskriterien herzangezogen werden.

Neue Produkte

Ziel der **Produktentwicklungsstrategie** ist es, durch das Angebot neuer Produkte auf den bisher bearbeiteten Märkten zu wachsen. Es wird versucht, Produkte zu entwickeln, die aus Konsumentensicht einen neuen Nutzen beim Ge- oder Verbrauch oder auch der Entsorgung bieten. Es müssen also nicht nur vollständig neue Produkte sein, auch Weiterentwicklungen oder Kombinationen bestehender Produkte gehören dazu.

Neue Produkte und Märkte

Als **Diversifikation** eines Unternehmens ist das Angebot neuer Produkte auf bisher nicht bearbeiteten Märkten zu bezeichnen. Es lassen sich drei Formen der Diversifikation unterscheiden (Nieschlag et al. 2002, S. 281 ff.).

- **Horizontale Diversifikation** beinhaltet die Ausweitung des bisherigen Absatzprogramms durch die Aufnahme von Produkten, die mit dem bisherigen Angebot artverwandt sind. Diese Verwandtschaft kann sich auf die Produktion (gleiche oder ähnliche Herstellungsverfahren) oder den Absatz (gleiche oder ähnliche Vertriebswege, Verwendungs- oder Bedarfsanlässe etc.) beziehen.
- **Vertikale Diversifikation** beinhaltet die Ausweitung des bisherigen Angebots auf vor- oder nachgelagerte Wirtschaftsstufen.
- **Laterale Diversifikation** ist dann gegeben, wenn zwischen dem bisherigen und dem neuen Produktangebot kein sachlicher Zusammenhang besteht.

Mitunter fällt eine Abgrenzung der Strategieformen innerhalb der Marktfeldstrategien nicht leicht. Die Grenzen zwischen Instrumenten, die für eine Marktdurchdringung eingesetzt werden und solchen, die eine Markt- oder Produktentwicklung zum Ziel haben, sind vielfach fließend.

Die vorgestellte Systematisierung ist daher nur als Strukturierungshilfe und nicht als unkritisch hinzunehmende, überschneidungsfreie Abgrenzung zu betrachten!

Abb. 75 Kriterien der Marktsegmentierung

	Kriterien der Marktsegmentierung	
Sozio-demografische Kriterien	Demografische Merkmale	▸ Geschlecht ▸ Alter ▸ Haushaltsgröße ▸ Familienstand
	Sozio-ökonomische Merkmale	▸ Beruf ▸ Ausbildung ▸ Einkommen
	Geografische Merkmale	▸ Region ▸ Größe des Wohnortes ▸ Stadtteil
Psychografische Kriterien	Persönlichkeits-merkmale	▸ Werte ▸ Aktivitäten ▸ Interessen ▸ Meinungen
	Produktspezifische Merkmale	▸ Wahrnehmungen ▸ Motive ▸ Einstellungen ▸ Nutzenerwartungen ▸ Präferenzen
Verhaltensbezogene Kriterien	Produktwahl	▸ Käufer/Nichtkäufer der Produktart ▸ Markentreue ▸ Verwendungsintensität
	Preisverhalten	▸ Preisklasse ▸ Kauf von Sonderangeboten ▸ Preisschwellen
	Mediennutzung	▸ Art und Anzahl der genutzten Medien ▸ Nutzungsintensität
	Einkaufsstättenwahl	▸ Betriebsformen ▸ Geschäftsstättentreue

Quelle: in Anlehnung an Becker 2009, S. 251; Freter 2003, S. 1074; Meffert et al. 2008, S. 251

Begrifflichkeiten zum Nachschlagen

... damit sollten Sie umgehen können:

- Strategie
- Marktfeldstrategien (Produkt-Markt-Matrix)
  - Marktdurchdringung
  - Marktentwicklung
  - Produktentwicklung
  - Diversifikation

Wiederholungsfragen

1. Erläutern Sie den Begriff „Strategie“. Ordnen Sie die Marketingstrategien in den Marketing-Management-Prozess ein.
2. Skizzieren und erläutern Sie die Inhalte der Marktfeldstrategien (Produkt-Markt-Matrix).

Literaturhinweise

Ansoff, H. I.: Managementstrategie, München 1966.

Becker, J.: Marketing-Konzeption. Grundlagen des strategischen Marketing-Managements. 11. Aufl., München 2018.

Eckardt, G. H.; Hardiman, M.; Stegemann, M.: Marketing. Grundlagen & Praxis, 3. überarbeitete und ergänzte Auflage, Göttingen 2018.

Kotler, Ph.; Keller, K. L.; Opresnik, M. O.: Marketing-Management. Konzepte-Instrumente-Unternehmensfallstudien. 15. Aufl., München u.a. 2017.

Meffert, H.; Burmann, Ch.; Kirchgeorg, M.; Eisenbeiß, M.: Marketing. Grundlagen marktorientierter Unternehmensführung. Konzepte – Instrumente - Praxisbeispiele. 13. Aufl., Wiesbaden 2018.

Nieschlag, R.; Dichtl, E.; Hörschgen, H.: Marketing, 19. Aufl., Berlin 2002.

Scharf, A.; Schubert, B.; Hehn, P.: Marketing. Einführung in Theorie und Praxis, 6. Aufl., Stuttgart 2015.

4 Marketing-Mix

Marketing-Mix
= Kombination der Marketinginstrumente

Der **Marketing-Mix** hat die Aufgabe, Antworten auf die folgenden Fragestellungen zu generieren:

- Welche Leistung soll angeboten werden? – **Produkt- und Leistungspolitik**
- Zu welchen Konditionen soll die Leistung angeboten werden? – **Preis-/ Kontrahierungs- und Konditionenpolitik**
- An wen und auf welchen Wegen soll die Leistung verkauft werden? – **Distributionspolitik**
- Welche kommunikativen Maßnahmen sollen ergriffen werden? – **Kommunikationspolitik**

Die nachfolgende Abbildung verdeutlicht die wesentlichen Gestaltungsbereiche bzw. Subinstrumente der einzelnen Marketinginstrumente. Deutlich wird darin auch der tendenzielle Anteil an eher strategischen und eher taktischen Aufgaben.

Abb. 76 Marketing-Mix

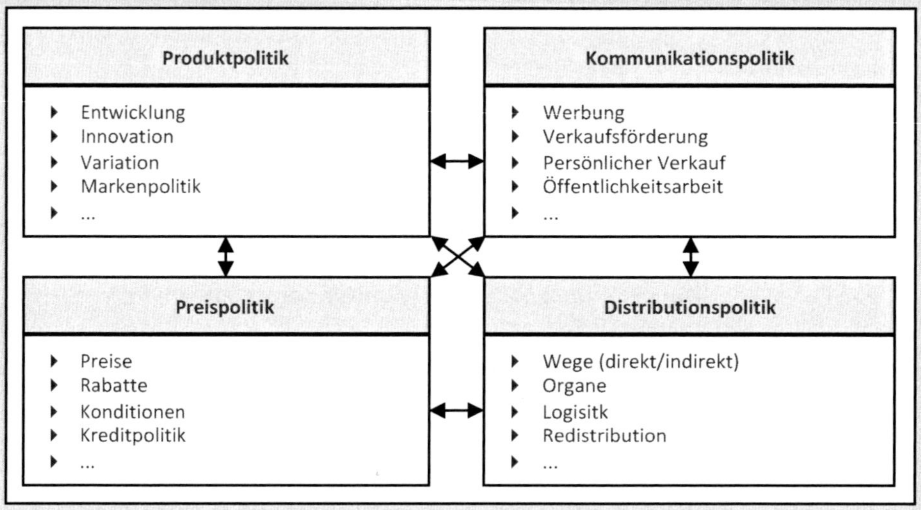

4.1 Produkt- und Leistungspolitik

Marktgerechte Gestaltung der Produkte

Die **Produkt- und Leistungspolitik** stellt das zentrale Aktionsfeld im Rahmen des Marketings-Mix dar. Grundsätzlich sind ihr alle Aktivitäten zuzurechnen, die sich auf die marktgerechte Gestaltung einzelner Produkte oder des gesamten Absatzprogramms eines Unternehmens gerichtet sind (Scharf et al. 2015, S. 245).

Produkt
= materielles und/oder immaterielles Aggregat aus wahrgenommenen und mit Nutzenerwartungen verknüpften Leistungsmerkmalen

Das **Produkt** als Kern der Bemühungen ist aus Marketingsicht als ein „materielles und/oder immaterielles Aggregat aus wahrgenommenen und mit Nutzenerwartungen verknüpften Leistungsmerkmalen“ (Scharf et al. 2015, S. 247) zu verstehen. Diese Leistungsmerkmale wirken präferenzbildend und beeinflussen so die Kaufentscheidung.

Anhand der Leistungsmerkmale – angefangen von den physikalisch-chemischen Eigenschaften bis hin zu den durch den Einsatz der übrigen Marketing-Instrumente übertragenen Eigenschaften – lassen sich unterschiedlich weite Dimensionen des Produktbegriffs ableiten. Im Rahmen des Marketings, insbesondere der Produktgestaltung, wird regelmäßig ein weiter, alle Leistungsmerkmale umfassender Produktbegriff zugrunde gelegt. Dieser umfasst aus Abnehmersicht neben dem Grundnutzen (der aus den Basisfunktionen eines Produktes resultiert) auch den Zusatznutzen eines Produktes (aus ergänzenden Funktionen resultierend), der vielfach durch den Einsatz der anderen Marketing-Instrumente gestiftet wird. Ein eng gefasster Produktbegriff bezieht sich demnach auf die Gestaltung des Grundnutzens, ein weit gefasster zusätzlich auf die Gestaltung des Zusatznutzens.

Beeinflussung der Nutzenwahrnehmung

Ansätze zur **Produktgestaltung** mit dem Ziel der Beeinflussung der Nutzenwahrnehmung bei den Abnehmern bieten die Produktqualität im engeren Sinne, das Produktäußere sowie die sonstigen nutzenwirksamen Faktoren:

- Die **Produktqualität im engeren Sinne** bezieht sich in erster Linie auf die Gestaltung des Grundnutzens. Dieser wird zum einen beeinflusst durch die technisch-physikalischen Eigenschaften eines Produktes, den sogenannten Produktkern. Zum anderen gehören hierzu die Verwendungseigenschaften eines Produktes, die die Produktfunktion ausmachen.
- Das **Produktäußere** wird bestimmt durch die Produktform und -farbe sowie die Produktverpackung. Die Gestaltung des Produktäußeren zielt vorrangig auf die Erzeugung von Zusatznutzen ab.
- Die Gestaltung der **sonstigen nutzenwirksamen Faktoren** bezieht sich auf die Gestaltung
- des Produktnamens bzw. der Marke,
- der Kundendienstleistungen vor, während oder nach dem Kaufabschluss sowie
- die Art des Einsatzes der anderen Marketing-Instrumente, d. h. der Preis-, Distributions- und Kommunikationspolitik.

Produktinnovation, -variation, -elimination

Zum Einsatz kommen die Ansätze der Produktgestaltung im Rahmen der Entwicklung neuer Produkte **(Produktinnovation)** und/oder der Veränderung bestehender Produkte **(Produktvariation)**. Diese der **(Produkt-)Programmgestaltung** zuzurechnenden Instrumente sind noch zu ergänzen um die Möglichkeit, Produkte herauszunehmen oder zu ersetzen **(Produktelimination)**.

Das Instrument der **Produktinnovation** hat einen starken Bezug zu den Ausprägungen der Marktfeldstrategien Produktentwicklung und Diversifikation. Bezogen auf den Neuheitsgrad eines Produktes kann dieses die Ausprägungen der „Echten Innovation" (völlig neues innovatives Produkt), eines „Quasi-neuen Produktes" (technische Weiterentwicklung, Kombination bestehender Produkte) oder eines „Me-Too-Produktes" (Kopie/Nachbau eines am Markt befindlichen Produktes) haben. Darüber hinaus kann es sich bei einer Produktinnovation auch um eine Diversifikation (horizontal, vertikal oder lateral) handeln, wenn damit gleichzeitig auf einen bisher nicht bearbeiteten Markt vorgestoßen wird.

In Abhängigkeit vom Neuigkeitsgrad des Produktes und der Verwandtschaft zu dem bisherigen Angebot erfolgt der Prozess der Produktinnovation durch einen mehr oder weniger komplexen und kostenintensiven Planungsprozess, der in der Abb. 77 kurz skizziert ist.

Veränderung des Produkt(-angebots)

Das Instrument der **Produktvariation** kann mit der Elimination des veränderten Produktes einhergehen, aber auch eine Differenzierung des Produktangebotes beinhalten, wenn dadurch ein zusätzliches Produkt auf dem Markt, ggf. für ein anderes Zielsegment, angeboten wird.

Die **Produktelimination** ist immer dann erforderlich, wenn ein Produkt auf Grund seines Alters Umsatzrückgänge unter die Gewinngrenze verzeichnet oder Imageverluste für das restliche Angebotsprogramm zu befürchten sind.

Wesentliche Entscheidungen im Rahmen der Produktgestaltung, insbesondere der sonstigen nutzenwirksamen Faktoren, betreffen neben den genannten die Ausgestaltung der **Markenpolitik**.

Merkmale klassischer Marken

In Anlehnung an Mellerowicz (1963, S. 39) sind klassische Konsumgüter-**Marken** i. d. R. durch folgende konstitutive Merkmale zu charakterisieren:

- Produkt des differenzierten Massenbedarfs,
- einheitliches Zeichen (Markierung),
- gleichbleibende Aufmachung, insbesondere der Verpackung,
- gleichbleibende oder verbesserte Qualität,
- überregionale, intensive Verbraucherwerbung,

- Überallerhältlichkeit (Ubiquität).

Neben den klassischen Herstellermarken bezieht sich der Markenbegriff auch auf Handelsmarken – d. h. Fertigerzeugnisse, die durch Handelsbetriebe markiert und angeboten werden – sowie auf Dienstleistungsmarken.

Das zentrale Ziel der Markenbildung besteht in der Erzeugung von abnehmerseitigen Präferenzen für homogene, substituierbare Güter. Dementsprechend ist die Markierung als zentrales präferenzstrategisches Instrument anzusehen. Sie findet ihren Ausdruck durch einen Markennamen (unterschiedliche Firmen- oder Eigennamen) und/oder durch ein Markenzeichen (Symbole, Farben und/oder Schriftzüge).

Fünf Schritte zur Produktinnovation

Abb. 77 Produktinnovationsprozess

Informationsgewinnung und -verarbeitung		
→	**Ideenfindung**	▸ Bestimmung des Zielmarktes ▸ Suche und Auswahl von Quellen und Techniken zur Ideenfindung ▸ Auswahl und Bewertung von Ideen
→	**Konzeptentwicklung**	▸ Entwicklung und Überprüfung von Produktkonzepten ▸ Entwicklung und Überprüfung der Marketingkonzeption
→	**Wirtschaftlichkeitsanalyse**	▸ Analyse und Überprüfung zu erwartender Kosten und Erlöse
→	**Produktentwicklung**	▸ Auswahl eines Produkt- und Marketingkonzeptes ▸ Gestaltung des physischen Produktes ▸ Produkttest
→	**Markteinführung**	▸ Markttest ▸ Einführung des Produktes ▸ Gestaltung des Marketing-Mix

Quelle: in Anlehnung an Scharf et al. 2015, S. 309

Marken-Strategien

Hinsichtlich des Aufbaus und der Pflege von Marken lassen sich unterschiedliche Strategien, sog. **Marken-Strategien** unterscheiden, die sich durch spezifische Vor- und Nachteile charakterisieren lassen (vgl. u. a. Becker 2009, S. 195 ff.):

- **Einzel- bzw. Mono-Marken-Strategie:** Jedes Marktsegment wird nur von einer Marke bearbeitet. Der Vorteil liegt in der Möglichkeit, eine stark individuelle Markenpersönlichkeit aufzubauen. Nachteilig ist, dass sämtliche Marketingaufwendungen von einem Produkt getragen werden müssen.
- **Company-Marken-Strategie:** Der Firmenname wird mit dem gesamten Angebotsprogramm verbunden. Hier werden alle Marketingaufwendungen von allen Produkten gemeinsam getragen. Dafür ist die Marke weniger klar positioniert. Außerdem werden eventuell auftretende Imageschäden eines Produktes leicht auf die anderen übertragen.
- **Range-Marken-Strategie** (Produktgruppen- oder Familien-Marke): Verschiedene Einzelprodukte einer Produktgruppe werden unter einer Marke angeboten. Der Hersteller wird dabei nicht herausgestellt. Hinsichtlich der Vor- und Nachteile ist diese Strategie als Kompromiss zwischen Mono- und Company-Marken-Strategie anzusehen.
- **Mehr-Marken-Strategie:** Ein Produkt wird unter verschiedenen Marken angeboten, um damit unterschiedliche Marktsegmente ansprechen und den Markt optimal ausschöpfen zu können. Nachteilig können sich hier ggf. Substitutionseffekte zwischen den Marken (sog. Kannibalisierungseffekt) auswirken.

Abschließend zur Produktpolitik sei auf die **Verpackungsgestaltung** als wichtiges Instrument der Produktgestaltung, vor allem für Markenartikel, hingewiesen. **Verpackung** kann als Sammelbegriff für jegliche Art von Umhüllung eines oder mehrerer Produkte angesehen werden. Im Laufe der Zeit wurden ihr zunehmend umfangreichere **Funktionen** zugeordnet. Hierzu gehören:

Funktionen der Verpackung

- Schutzfunktion,
- Transport- und Lagerfunktion,
- Mengenabgrenzungsfunktion,
- Werbefunktion,
- Identifizierungsfunktion,
- Informationsfunktion.

Begrifflichkeiten zum Nachschlagen

… damit sollten Sie umgehen können:

- Produkt
  - Produktinnovation
  - Produktvariation
  - Produktelimination
- Markenpolitik
  - Markenartikel
  - Markenstrategien
- Verpackungsfunktionen

Wiederholungsfragen

1. Erläutern Sie den Begriff „Produkt". Diskutieren Sie die Sichtweisen eines enger oder weiter gefassten Produktbegriffs.
2. Erläutern Sie den Begriff „Markenartikel".
3. Skizzieren und erläutern Sie die Inhalte der Markenstrategien.
4. Skizzieren und erläutern Sie die Funktionen der Verpackung und deren Einfluss auf die Produktgestaltung an einem selbst gewählten Beispiel.

Literaturhinweise

Becker, J.: Marketing-Konzeption. Grundlagen des strategischen Marketing-Managements. 11. Aufl., München 2018.

Eckardt, G. H.; Hardiman, M.; Stegemann, M.: Marketing. Grundlagen & Praxis, 3. überarbeitete und ergänzte Auflage, Göttingen 2018.

Koppelmann, U.: Produktmarketing, 6. Aufl., Berlin 2001.

Kotler, Ph.; Keller, K. L.; Opresnik, M. O.: Marketing-Management. Konzepte-Instrumente-Unternehmensfallstudien. 15. Aufl., München u.a. 2017.

Meffert, H.; Burmann, Ch.; Kirchgeorg, M.; Eisenbeiß, M.: Marketing. Grundlagen marktorientierter Unternehmensführung. Konzepte – Instrumente - Praxisbeispiele. 13. Aufl., Wiesbaden 2018.

Scharf, A.; Schubert, B.; Hehn, P.: Marketing. Einführung in Theorie und Praxis, 6. Aufl., Stuttgart 2015.

4.2 Preis-/Kontrahierungs- und Konditionenpolitik

Opfer-Nutzen-Relation

Aus Abnehmersicht stellt der **Preis** das zu erbringende Opfer dar, welches zur Erlangung des erwarteten Produktnutzens erbracht werden muss. Bei der Kaufentscheidung vergleicht der Kunde zwischen verschiedenen Kaufalternativen. Zentrales Kriterium für den Vergleich ist die Differenz aus erwartetem Nutzen und zu erbringendem Opfer (Preis), d. h. den zu erwartenden Nettonutzen (Simon/Fassnacht 2009, S. 9).

Verbesserung des Nettonutzens

Ein Unternehmen hat zwei Ansatzpunkte, um den Nettonutzen seines Produktangebotes zu erhöhen:

- Die Erhöhung der wahrgenommenen Nutzenstiftung durch entsprechende Aktivitäten im Rahmen der Produkt-, Distributions- und/oder Kommunikationspolitik.
- Die Reduktion des vom Kunden wahrgenommenen Preises.

Inhalt der **Preispolitik** sind alle absatzpolitischen Maßnahmen zur ziel- und marktgerechten Gestaltung des vom Käufer wahrgenommenen Verhältnisses zwischen dem Preis und der Nutzenstiftung einer Sach- und/oder Dienstleistung (Scharf et al. 2015, S. 337).

Anlässe und Ansätze der Preisentscheidung

Im Mittelpunkt der Preispolitik steht die **Preisentscheidung**. Für diese können zum einen unterschiedliche Anlässe, zum anderen unterschiedliche Ansätze bzw. Methoden unterschieden werden.

Anlässe der Preisentscheidung können sein:

- Die **erstmalige Festlegung** eines Preises bei der Aufnahme eines neuen Produktes in das Absatzprogramm, den Eintritt in einen neuen Markt oder ein zu erstellendes Angebot bei Ausschreibungen.
- Die **gelegentliche Änderung** bzw. Anpassung von Preisen, z. B. bei Veränderung der Kostensituation in Beschaffung, Produktion oder Vertrieb, bei Nachfrageänderungen, bei Änderung des Konkurrenzverhaltens oder veränderten gesetzlichen Vorschriften.
- Schließlich treten auch **einmalige Anlässe** auf, z. B. bei Abverkauf vor einem Rückzug aus dem Markt oder Sonderverkäufen (Saisonschluss-, Jubiläums-, Konkursverkäufe).

Ansätze der Preisentscheidung sind:

- **Kostenorientierte Verfahren**, welche die Preisbildung auf Basis der im Unternehmen innerhalb der Leistungserstellung angefallenen Aufwendungen berücksichtigen. Zentrales Ziel ist es, die durch die Herstellung des Produktes verursachten Kosten zu decken.
- **Marktorientierte Verfahren**, welche die Preisbildung primär auf Basis des Preisverhaltens der Nachfrager und/oder der Preispolitik der Konkurrenten vornehmen. Ziel ist es, mit der Preisgestaltung die Absatzchancen zu optimieren.

Orientierung an den Kosten

Bei der **kostenorientierten Festsetzung** des Angebotspreises sind zwei Arten von Kalkulationsverfahren zu unterscheiden: Die Vollkostenrechnung und die Teilkostenrechnung.

Voll- vs. Teilkosten

Bei der Preisfestsetzung auf **Vollkostenbasis** werden alle im Unternehmen anfallenden variablen und fixen Kosten auf die Kostenträger (Produkte) verteilt. Der ermittelten Kostensumme wird ein Gewinnaufschlag zugeschlagen. Das Ergebnis ist der Preis (progressive Kalkulation). Gängige Verfahren der Vollkostenrechnung sind die (ein-, zwei- oder mehrstufige) Divisionskalkulation und die Zuschlagskalkulation.

Vorteile der Preisfestsetzung auf Vollkostenbasis sind in der relativ einfachen Handhabung der Methoden, die einen geringen Aufwand der Informationsbeschaffung erfordern, sowie der Vermeidung von Preiskämpfen zu sehen. Die Vermeidung von Preiskämpfen ist vor allem dann möglich, wenn die Methode in der jeweiligen Branche und bei ähnlichen Kostenstrukturen weit verbreitet ist. Nachteile entstehen ggf. durch die Aufgabe einer aktiven Preispolitik, die nicht verursachungsgerechte Verteilung der Kosten sowie der nichtberücksichtigten Wechselwirkung zwischen Preis und Kosten.

Bei der Preisfestsetzung auf **Teilkostenbasis** werden nur die variablen, unmittelbar durch die Produktion des jeweiligen Produktes entstandenen Kosten, in die Kalkulation einbezogen. Zentrales Instrument ist die Deckungsbeitragsrechnung, deren Ausgangspunkt der Preis darstellt (retrograde Kalkulation). Unterschieden werden hier zwei Methoden: Beim Direct Costing werden alle Fixkosten der Summe der Deckungsbeiträge als Block gegenüber gestellt. Bei der Stufenweisen Fixkostendeckungsrechnung werden die angefallenen Fixkosten in mehrere Teilbereiche aufgespalten und so Deckungsbeiträge auf verschiedenen Ebenen mit unterschiedlicher Aussagekraft erzeugt.

Orientierung am Preisverhalten der Abnehmer

Die **markt- bzw. nachfrageorientierte Festsetzung** des Angebotspreises basiert auf der Einschätzung des Preisverhaltens der Abnehmer. Zur Erklärung des Preisverhaltens der Abnehmer lassen sich zwei Arten von Modellen unterscheiden: Die Grundmodelle der klassischen betriebswirtschaftlichen Preistheorie und die verhaltenswissenschaftlichen Modelle der Preistheorie.

Preis-Absatz-Funktion
= geometrischer Ort mengenmäßiger Reaktionen der Nachfrager auf Preisforderungen

Die **Preis-Absatz-Funktion** als wichtiges Grundmodell der klassischen Preistheorie zeigt den Zusammenhang zwischen der Höhe der Preisforderung p für ein Erzeugnis i und der zu erwartenden Absatzmenge A für dieses Erzeugnis. Sie stellt demnach den geometrischen Ort aller mengenmäßigen Reaktionen der Nachfrager auf verschiedene Preisforderungen des Anbieters dar. Im einfachsten Fall ist die Preis-Absatz-Funktion als linear anzusehen. Empirisch am besten fundiert ist die **doppelt geknickte Preis-Absatz-Funktion**, die auf Gutenberg zurückgeht. Der darin enthaltene monopolistische Preisspielraum ist insbesondere bei Produkten zu finden, für die mit Hilfe der anderen absatzpolitischen Instrumente, unter anderem der Markenpolitik, eine starke Präferenz erzeugt wurde. In der Abb. 78 ist dieses Phänomen verdeutlicht.

Phänomen der doppelt geknickten Preis-Absatz-Funktion

Abb. 78 Doppelt geknickte Preis-Absatz-Funktion nach Gutenberg

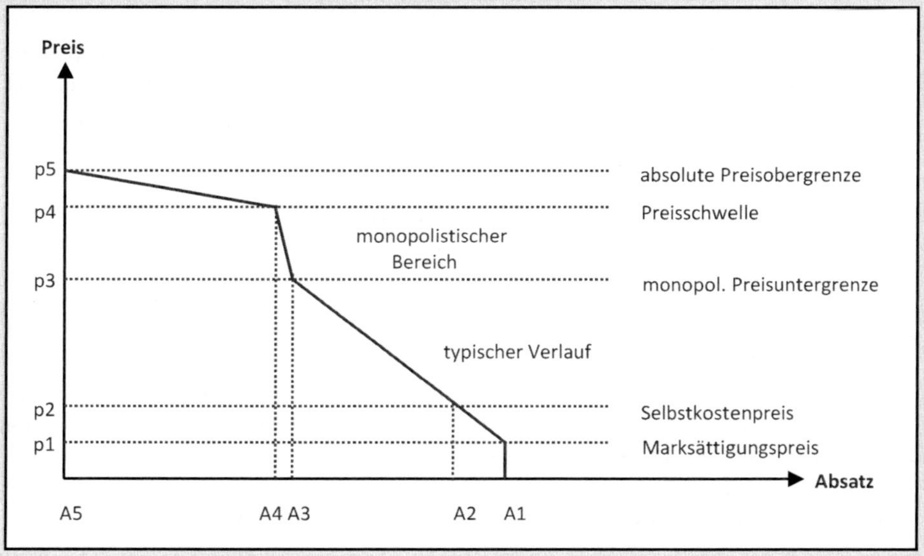

Preiselastizität der Nachfrage

Die Steilheit der Preis-Absatz-Funktion ist ein Indiz für die Preissensibilität der Nachfrager, die sich in der **Preiselastizität der Nachfrage** ausdrücken lässt. Diese berechnet sich aus dem Verhältnis zwischen der relativen Änderung der Ausgangsmenge und der relativen Änderung des Preises. In der Abb. 79 ist der Zusammenhang verdeutlicht.

Abb. 79 Preis-Absatz-Funktion und Preiselastizität

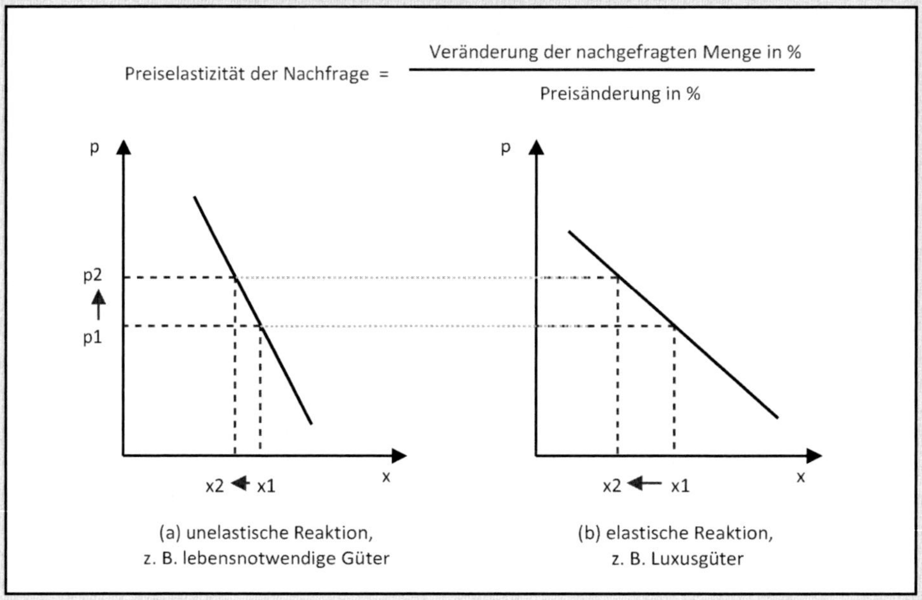

Die verhaltenswissenschaftlichen Modelle der Preistheorie beziehen psychische Faktoren zur Unterstützung der Preisentscheidung ein. Untersuchungsparameter sind (Diller, 2007, S. 86 ff.):

Preisinteresse, Preisgünstigkeit, Preiswürdigkeit

- das Preisinteresse der Nachfrager, das sich aus dem mehr oder weniger starkem Bedürfnis ergibt, nach Preisinformationen zu suchen und diese bei der Einkaufsentscheidung zu berücksichtigen.
- die subjektive Beurteilung der Preisgünstigkeit und der Preiswürdigkeit von Sach- und/oder Dienstleistungen.

Orientierung an Wettbewerbspreisen

Die **konkurrenzorientierte Festsetzung** des Angebotspreises unterscheidet drei Alternativen der Preisfestsetzung:

- Unter Konkurrenzpreisniveau. Dies wird vielfach bei Eintritt in einen neuen Markt im Zuge der Marktdurchdringung angewendet. Erfolgsvoraussetzung ist jedoch eine hohe Preiselastizität der Nachfrage.
- Auf Konkurrenzpreisniveau. Dies erscheint dann sinnvoll, wenn eine Orientierung am Preisführer erfolgen muss, z. B. weil eine Präferenzbildung in dem Markt schwierig und die Preiselastizität der Nachfrage gering ist.
- Über Konkurrenzpreisniveau. Dies ist insbesondere bei der Einführung innovativer Produkte oder bei prestigeträchtigen Marken mit hoher Präferenzbildung möglich.

Break-Even-Analyse
= Ermittlung der Gewinnschwelle

Ein hilfreiches Analyseinstrument zur Unterstützung und Überprüfung der kosten- und marktorientierten Preisentscheidung stellt die **Break-Even-Analyse** dar. Hier werden bei gegebenem Preis die Umsatz- und Kostenkurven gegenübergestellt. Die Gewinnschwelle liegt bei der Absatzmenge, bei der die entstandenen (erwarteten) Umsätze gleich den entstandenen (erwarteten) Kosten sind. Der Schnittpunkt beider Kurven ergibt demnach den Break-Even-Point, wie der Abb. 80 zu entnehmen ist.

Abb. 80 Break-Even-Analyse

Preis * Menge = Fixkosten + (variable Stückkosten * Menge)

$$\text{Break-Even-Menge} = \frac{\text{Fixkosten}}{\text{Preis - variable Stückkosten}}$$

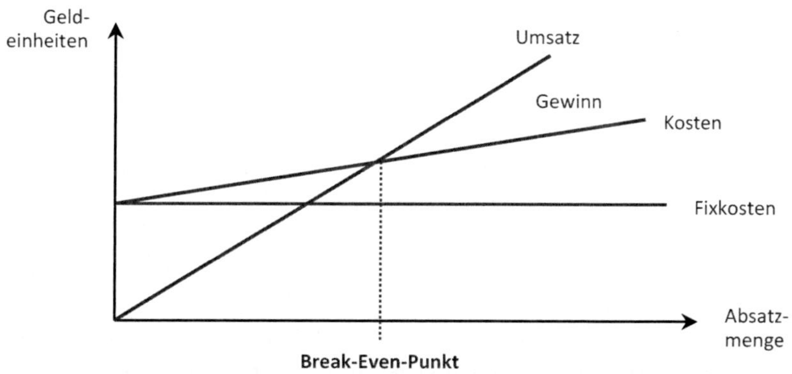

Preislagenentscheidung

Neben den eher operativ orientierten Entscheidungsansätzen zur Festsetzung der Preise einzelner Produkte stehen im Rahmen der Preispolitik weitere grundlegend strategisch ausgerichtete Gestaltungsinstrumente zur Verfügung. Hierzu gehört die Entscheidung über die grundsätzliche **Preispositionierung** (Preislage) einzelner Produkte bzw. des gesamten Produktprogramms, welche die Entscheidung über die Ansprache des oberen, mittleren oder unteren Preissegmentes beinhaltet.

Einführungspreisstrategien

Darüber hinaus können für die Einführung neuer Produkte die Skimmingstrategie (Strategie der Marktabschöpfung) und die Penetrationsstrategie (Strategie der Marktdurchdringung) unterschieden werden:

- Die **Skimmingstrategie** ist gekennzeichnet durch einen hohen Einführungspreis zu Beginn des Produktlebenszyklus, der mit zunehmender Markterschließung und wachsendem Konkurrenzdruck schrittweise gesenkt wird.
- Die **Penetrationsstrategie** geht den umgekehrten Weg. Hier wird mit einem niedrigen Einführungspreis eine weitgehende Marktdurchdringung angestrebt. Ist eine marktbeherrschende Stellung, z. B. durch Präferenzbildung erreicht, wird der Preis ggf. schrittweise angehoben (Diller 2008, S. 289 ff.).

Abb. 81 verdeutlicht den idealtypischen Verlauf der Preise der beiden Strategien.

Skimming- vs. Penetrationsstrategie

Abb. 81 Preisverlauf bei der Skimming- und Penetrationsstrategie

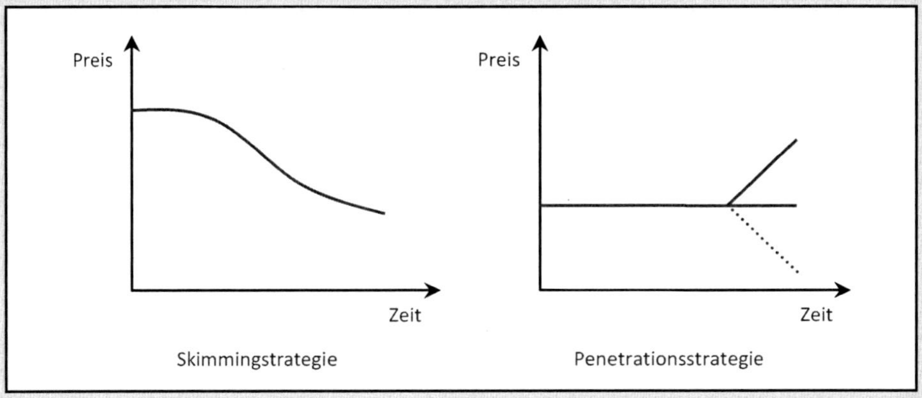

Quelle: in Anlehnung an Scharf et al. 2015, S. 370

Preisdifferenzierung
= systematische und gezielt unterschiedliche Preisstellung

Ein Ansatz zur Aufteilung bzw. Segmentierung von Märkten z. B. im Rahmen der Marktparzellierungsstrategie ist die Möglichkeit der **Preisdifferenzierung**. Diese beinhaltet die systematische und gezielt unterschiedliche Preisstellung für eine gleichartige Sach- und/oder Dienstleistung, unter der Voraussetzung, dass die Preisdifferenz größer ist, als eventuell auftretende Kosten- oder Leistungsunterschiede. Ziel der Preisdifferenzierung ist es, das vorhandene Marktpotenzial möglichst optimal auszuschöpfen und so den Unternehmensgewinn zu erhöhen.

Unterschieden werden können zwei Arten:

Horizontal vs. vertikal

- Bei der **horizontalen Preisdifferenzierung** werden unterschiedliche Preissegmente innerhalb eines Teilmarktes angesprochen und ausgenutzt.
- Bei der **vertikalen Preisdifferenzierung** werden unterschiedliche Preis-Absatz-Funktionen von mehreren, eindeutig abgrenzbaren Teilmärkten ausgenutzt, um unterschiedliche Preise durchzusetzen und so den Gesamtgewinn des Unternehmens zu erhöhen.

Fünf Formen

Umgesetzt werden kann die Preisdifferenzierung in den **Formen** der

- zeitlichen,
- räumlichen,
- personellen,
- verwendungsbezogenen und
- mengenbezogenen Preisdifferenzierung.

Rabatte
= Abschläge auf festgelegte Preise

Von dem Instrument der Preisdifferenzierung abzugrenzen ist die systematische Gewährung von Abschlägen (Nachlässen) auf formell einheitlich festgelegte und bekannt gegebene Preise (Listenpreise) im Rahmen der Rabattpolitik. Darüber hinaus sind **Rabatte** häufig an Leistungen der Abnehmer geknüpft.

Entsprechend der Zielgruppe können aus Herstellersicht zwei **Rabattformen** abgegrenzt werden (Meffert et al. 2008, S. 545):

Handels- vs. Verbraucher-Rabatt

- **handelsbezogene** Rabatte in Form des Funktionenrabattes, des Mengenrabattes, des Zeitrabattes und des Treuerabattes,
- **verbraucherbezogene** Rabatte als Barzahlungsrabatt oder Treuerabatt (Rabattmarken).

Im Übrigen sind hier ähnliche Unterteilungen wie bei der Preisdifferenzierung in zeitlicher, räumlicher, personeller, verwendungsbezogener und mengenbezogener Hinsicht zu finden.

Begrifflichkeiten zum Nachschlagen

... damit sollten Sie umgehen können:

- Ansätze und Anlässe der Preisentscheidung
  - kostenorientiert
  - marktorientiert
- Preis-Absatz-Funktion
- Preiselastizität der Nachfrage
- Break-Even-Analyse
- Skimmingstrategie
- Penetrationsstrategie
- Preisdifferenzierung (horizontal, vertikal)
- Rabatte

Wiederholungsfragen

1. Erläutern Sie den Begriff „Preis". Diskutieren Sie die Sichtweisen auf den Preis aus Unternehmens- und aus Kundensicht.
2. Skizzieren und erläutern Sie die Preis-Absatz-Funktion.
3. Erläutern Sie den Begriff „Preiselastizität der Nachfrage".
4. Skizzieren und erläutern Sie die Skimming- und die Penetrationsstrategie.
5. Skizzieren und erläutern Sie die Formen der horizontalen und vertikalen Preisdifferenzierung.

Literaturhinweise

Becker, J.: Marketing-Konzeption. Grundlagen des strategischen Marketing-Managements. 11. Aufl., München 2018.

Diller, H.: Preispolitik, 4. Aufl., Stuttgart 2007.

Eckardt, G. H.; Hardiman, M.; Stegemann, M.: Marketing. Grundlagen & Praxis, 3. überarbeitete und ergänzte Auflage, Göttingen 2018.

Kotler, Ph.; Keller, K. L.; Opresnik, M. O.: Marketing-Management. Konzepte-Instrumente-Unternehmensfallstudien. 15. Aufl., München u.a. 2017.

Meffert, H.; Burmann, Ch.; Kirchgeorg, M.; Eisenbeiß, M.: Marketing. Grundlagen marktorientierter Unternehmensführung. Konzepte – Instrumente - Praxisbeispiele. 13. Aufl., Wiesbaden 2018.

Scharf, A.; Schubert, B.; Hehn, P.: Marketing. Einführung in Theorie und Praxis, 6. Aufl., Stuttgart 2015.

Simon, H.; Fassnacht, M.: Preismanagement. Strategie – Analyse – Entscheidung – Umsetzung, 3. Aufl., Wiesbaden 2009.

4.3 Distributionspolitik

Gestaltung des Weges vom Hersteller zum Endverwender

Dem Instrument der **Distributionspolitik** sind aus einzelwirtschaftlicher Sicht alle Entscheidungen und Handlungen eines Herstellers zuzurechnen, die mit dem Weg von materiellen und immateriellen Leistungen (Produkten) vom Hersteller bis zum Endverwender in Verbindung stehen (Meffert et al. 2008, S. 562).

Wahl der Distributionsorgane und -wege

Die grundlegenden Entscheidungen im Rahmen der Distributionspolitik betreffen die Wahl der Distributionsorgane und der Distributionswege. **Distributionsorgane** sind alle Personen und/oder Institutionen, die auf dem Weg eines Produktes vom Hersteller bis hin zur nächsten konsumtiven oder produktiven Verwendung Distributionsaufgaben bzw. -funktionen wahrnehmen. Die Übernahme von Distributionsfunktionen beinhaltet den Ausgleich zeitlicher, räumlicher, quantitativer und/oder qualitativer Spannungen zwischen Produktion und Konsum. Der Hersteller hat die Wahl, die Distributionsaufgaben durch eigene (**direkter Distributionsweg**) oder fremde Distributionsorgane (**indirekter Distributionsweg**) übernehmen zu lassen (Nieschlag et al. 2002, S. 466 ff.). Abb. 82 gibt einen Überblick über mögliche Distributionsorgane und -wege.

Direkt vs. indirekt

Abb. 82 Überblick über mögliche Distributionsorgane und -wege

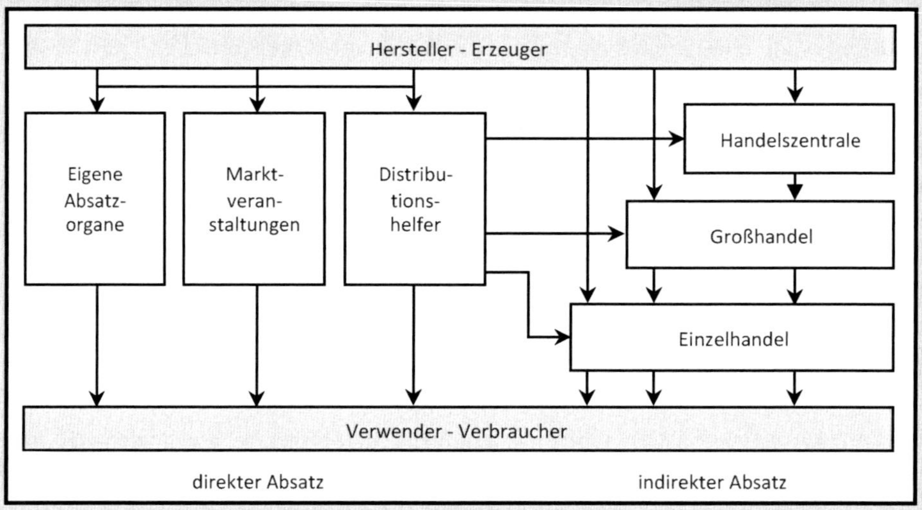

Quelle: Eckardt/Funck 2002, S. 82

Entscheidungskriterien

Die Entscheidung über die Ausgestaltung der Distributionsorgane und -wege wird neben den zu Grunde liegenden Marketing-Zielen und -Strategien von verschiedenen Faktoren beeinflusst. So ergeben sich **Kriterien** aus:

- den Eigenschaften der zu vertreibenden Produkte wie Haltbarkeit, Wertigkeit, Erklärungsbedürftigkeit etc.,
- der Kapazität, dem Auslastungsgrad und der Angebotsbreite des Produktions- und Absatzprogramms,
- der Finanzkraft (Liquidität) des Unternehmens, bestimmt durch entstehende Kosten und Erlöse,
- der Anzahl, räumlichen Verteilung und dem Einkaufsrhythmus der Kunden,
- der Konkurrenzsituation und der diesbezüglichen (Anpassungs-, Differenzierungs- oder Ausweich-)Strategie,
- der Position, der Größe, dem Sortimentsverbund, der Funktionsbündelung etc. der in Frage kommenden Handelsbetriebe.

Intensiver vs. exklusiver Vertrieb

Bei der Selektion von Absatzmittlern wird beispielsweise ein Hersteller von Gütern des regelmäßigen Bedarfs, der eine preis-mengen-orientierte Strategie bezogen auf einen undifferenzierten Massenmarkt verfolgt, regelmäßig alle ihm zur Verfügung stehenden Absatzwege nutzen. Er strebt die Ubiquität (Überallerhältlichkeit) seiner Produkte und damit eine **intensive Distribution** (Universalvertrieb) an. Demgegenüber wird ein Hersteller hochwertiger Marken des unregelmäßigen und ggf. exklusiven Bedarfs, der dementsprechend eine präferenzorientierte Strategie mit Ziel auf ein oder wenige Marktsegment(e) verfolgt, eher eine gezielte und Kriterien geleitete Auswahl geeigneter Absatzmittler treffen und damit eine **selektive Distributionsstrategie** verfolgen. Im Extremfall beliefert dieser Hersteller nur ausgewählte Absatzmittler in einem ganz bestimmten Gebiet und betreibt so eine **exklusive Distributionsstrategie**.

Vertragliche Bindungen

Solche selektiven Distributionsstrategien können auch über vertragliche Bindungen zwischen Herstellern und Handelsbetrieben, sogenannte vertikale vertragliche Vertriebssysteme, abgesichert werden. Zu unterscheiden sind hier **vertikale Vertriebsbindungen**, **Alleinvertriebs-**, **Vertragshändler-** und **Franchisesysteme** (Meffert et al. 2008, S. 581 ff.).

Dadurch werden zum Teil auch die aus der unterschiedlichen Stellung im gesamtwirtschaftlichen Distributionssystem resultierenden Zieldivergenzen zwischen Herstellern und Absatzmittlern überbrückt.

Gestaltung der physischen Distribution

Einen wesentlichen Teilbereich der Distributionspolitik von Herstellern stellt die Gestaltung der physischen Distribution im Rahmen der **Marketing-Logistik** dar. Diese umfasst diejenigen logistischen Aktivitäten, die der Hersteller einschließlich der von ihm beauftragten Distributionshelfer selbst entfaltet bzw. die er selbst unter Kontrolle hat (Ahlert, 1996, S. 22 ff.). Im Mittelpunkt steht die Optimierung der **logistischen Teilsysteme** Auftragsabwicklung, Lagerhaltung, Transport und Verpackung mit dem Ziel, den **Lieferservice** gegenüber nachgelagerten Distributionsstufen zu maximieren. Dieser Zielgröße kommt im Zuge zunehmender Konkurrenz in enger werdenden Märkten wachsende Bedeutung zu. Der Lieferservice setzt sich aus den Komponenten Lieferzeit, Lieferbereitschaft, Liefergenauigkeit und Lieferflexibilität zusammen. Durch jüngere vertikale Kooperationsansätze zwischen Hersteller und Handel im Rahmen des sog. Efficient Consumer Response (ECR) wird eine gemeinsame und übergreifende Optimierung dieser Zielgröße zum Nutzen aller Distributionsstufen angestrebt.

Verkauf über das Internet

Eine zunehmend an Bedeutung gewinnende Form sowohl des direkten als auch des indirekten Vertriebs stellt die Distribution durch das Internet im Rahmen des **E-Commerce** dar. Hierunter ist in einem engeren Sinne die Durchführung einer Transaktion (Verkauf oder Vermietung eines Wirtschaftsgutes) über das Internet zu verstehen. In einem weiteren Sinne ist die Kontaktaufnahme bzw. der Datenaustausch mit anderen Wirtschaftssubjekten mittels anderer elektronischer Medien, z. B. Fax, Telefon, Fernsehen etc. hinzu zu zählen. Nicht zuletzt weil die Geschäftsbeziehungen von längerer Dauer sind und einen größeren Standardisierungsgrad aufweisen, übersteigt der Anteil des Electronic-Business im Business-to-Business-Bereich (B2B) (Geschäftsbeziehungen zwischen Unternehmen) den im Business-to-Consumer-Bereich (B2C) (Geschäftsbeziehungen zwischen Unternehmen und Konsumenten) um ein Vielfaches.

Begrifflichkeiten zum Nachschlagen

… damit sollten Sie umgehen können:

- Distribution
- Direkter vs. indirekter Distributionsweg
- Intensive, selektive, exklusive Distributionsstrategie
- Marketing-Logistik
- Lieferservice
- E-Commerce

Wiederholungsfragen

1. Erläutern Sie den Begriff „Distribution". Diskutieren Sie die Sichtweisen auf die Distributuion aus gesamtwirtschaftlicher und einzelwirtschaftlicher Sicht.
2. Skizzieren und erläutern Sie die Unterschiede zwischen der direkten und der indirekten Distribution.
3. Skizzieren und erläutern Sie die Unterschiede und Zielsetzungen zwischen der intensiven, selektiven und exklusiven Distributionsstrategie.
4. Erläutern Sie den Begriff „Marketing-Logistik". Skizzieren Sie kurz die logistischen Teilsysteme.
5. Erläutern Sie kurz die Komponenten des Lieferservice.

Literaturhinweise

Becker, J.: Marketing-Konzeption. Grundlagen des strategischen Marketing-Managements. 11. Aufl., München 2018.

Eckardt, G. H.; Hardiman, M.; Stegemann, M.: Marketing. Grundlagen & Praxis, 3. überarbeitete und ergänzte Auflage, Göttingen 2018.

Kotler, Ph.; Keller, K. L.; Opresnik, M. O.: Marketing-Management. Konzepte-Instrumente-Unternehmensfallstudien. 15. Aufl., München u.a. 2017.

Meffert, H.; Burmann, Ch.; Kirchgeorg, M.; Eisenbeiß, M.: Marketing. Grundlagen marktorientierter Unternehmensführung. Konzepte – Instrumente - Praxisbeispiele. 13. Aufl., Wiesbaden 2018.

Nieschlag, R.; Dichtl, E.; Hörschgen, H.: Marketing, 19. Aufl., Berlin 2002.

Scharf, A.; Schubert, B.; Hehn, P.: Marketing. Einführung in Theorie und Praxis, 6. Aufl., Stuttgart 2015.

4.4 Kommunikationspolitik

Die bisher vorgestellten Aktionsparameter der absatzpolitischen Instrumente Produkt-, Preis- und Distributionspolitik dienten der Gestaltung und Verfügbarmachung von Problemlösungen für die Bedürfnisbefriedigung der Nachfrager. Das vierte Instrument Kommunikationspolitik dient nun der Kommunikation von Art und Inhalt der Problemlösungsangebote.

Die **Kommunikationspolitik** beinhaltet alle Maßnahmen, die darauf abzielen, auf Kenntnisse, Einstellungen und Verhaltensweisen von Marktteilnehmern gegenüber den Unternehmensleistungen einzuwirken (Bruhn, 2001, S. 195).

Einwirken auf Kenntnisse, Einstellungen und Verhalten

Ausgangspunkt für die Planung und Ausgestaltung einer Kommunikationsmaßnahme ist i. d. R. eine Marketing-Problemstellung, aus der sich der detaillierte **Planungs- und Entscheidungsprozess** inklusive der konkreten Zielsetzungen und der einzusetzenden Subinstrumente ableitet, wie er in der Abb. 83 verdeutlicht ist.

Planungs- und Entscheidungsprozess

Abb. 83 Planungsprozess für den Kommunikationsmix

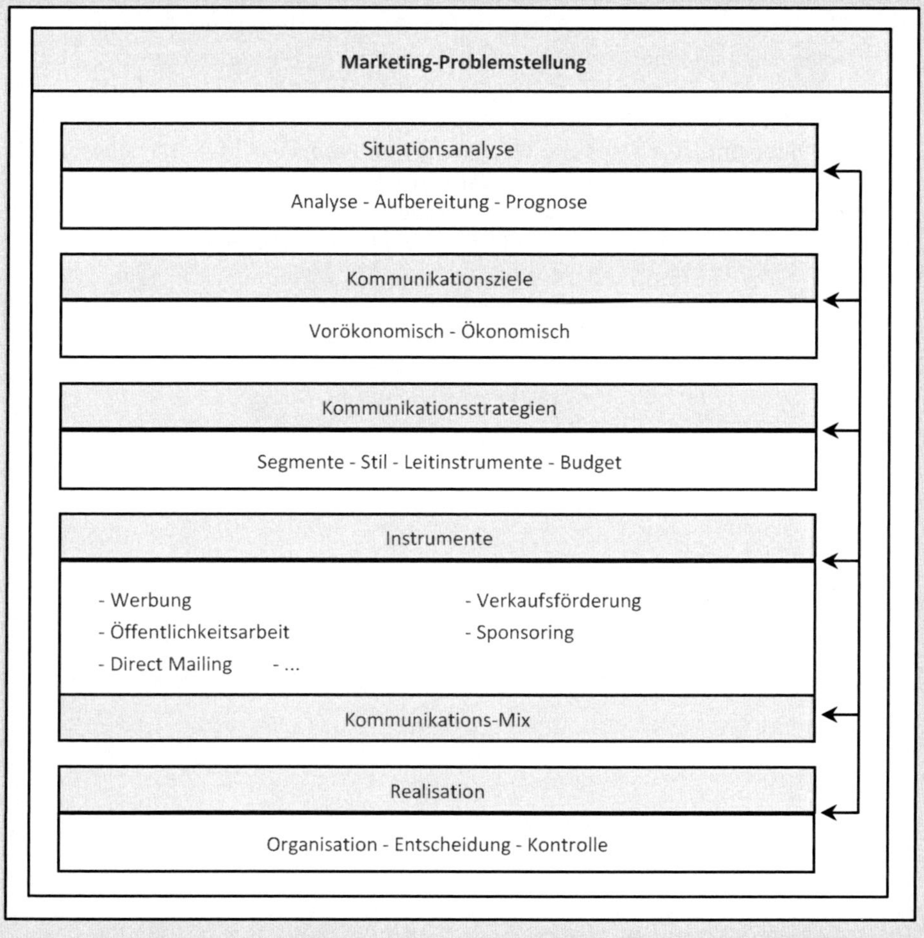

Quelle: Eckardt/Funck 2002, S. 85

Nachfolgend werden die wichtigsten **kommunikationspolitischen Instrumente** kurz vorgestellt (vgl. u. a. Scharf et al. 2015, S. 397 ff.):

Subinstrumente

- Die **klassische** (Absatz-)**Werbung** stellt eine Form der unpersönlichen (Massen-)Kommunikation dar, bei der durch den Einsatz von Werbemitteln in bezahlten Werbeträgern (z. B. Zeitungsanzeigen, Rundfunk- oder Fernsehspots, Plakate oder Handzettel) versucht wird, unternehmensspezifische Zielgruppen zu erreichen und zu beeinflussen.
- **Verkaufsförderung** (Sales Promotion) beinhaltet i. d. R. zeitlich begrenzte Aktionen, welche die Unterstützung und Akzeptanz des Handels (primär handelsgerichtete Verkaufsförderung) sowie kurzfristig den Abverkauf am „Point of Sale", den Bekanntheitsgrad oder die Profilierung neuer Produkte (primär endabnehmergerichtete Verkaufsförderung) verbessern sollen.
- **Öffentlichkeitsarbeit** (Public Relations) dient der Kommunikation des Unternehmens als Ganzem, mit dem Ziel, bei allen Ziel- und Anspruchsgruppen eine positive Einstellung gegenüber dem Unternehmen und seinen Leistungen zu erlangen.
- **Corporate-Identity-Policy** (Politik der Unternehmensidentität) stellt ein integratives Konzept der Unternehmenskommunikation dar, durch welches ein einheitliches Erscheinungsbild des Unternehmens nach innen und außen sichergestellt werden soll.
- **Sponsoring** beinhaltet die Förderung eines Gesponsorten (Personen oder Organisationen im sportlichen, kulturellen oder sozialen Bereich) durch vertraglich vereinbarte Gegenleistungen (Geld-, Sach- oder Dienstleistungen).
- **Product Placement** ist die gezielte Platzierung von Produkten bzw. Dienstleistungen als Requisiten in der Handlung einer Film- oder Fernsehproduktion gegen Entgelt.
- **Persönliche Akquisition** stellt auf die persönliche Kommunikation zwischen Unternehmen und Kunden durch den Einsatz eines effizienten Außendienstes ab.

Begrifflichkeiten zum Nachschlagen

... damit sollten Sie umgehen können:

- Kommunikation
- Planungs- und Entscheidungsprozess zur Entwicklung einer Kommunikationsmaßnahme
- Werbung
- Verkaufsförderung
- Öffentlichkeitsarbeit
- Corporate-Identity-Policy
- Sponsoring
- Product Placement
- Persönliche Akquisition

Wiederholungsfragen

1. Erläutern Sie den Begriff „Kommunikation".
2. Skizzieren und erläutern Sie den Planungs- und Entscheidungsprozess zur Entwicklung einer Kommunikationsmaßnahme.
3. Grenzen Sie die folgenden Subinstrumente voneinander ab und erläutern Sie deren Besonderheiten: „Werbung", „Öffentlichkeitsarbeit", „Persönliche Akquisition".

Literaturhinweise

Becker, J.: Marketing-Konzeption. Grundlagen des strategischen Marketing-Managements. 11. Aufl., München 2018.

Eckardt, G. H.; Hardiman, M.; Stegemann, M.: Marketing. Grundlagen & Praxis, 3. überarbeitete und ergänzte Auflage, Göttingen 2018.

Kotler, Ph.; Keller, K. L.; Opresnik, M. O.: Marketing-Management. Konzepte-Instrumente-Unternehmensfallstudien. 15. Aufl., München u.a. 2017.

Meffert, H.; Burmann, Ch.; Kirchgeorg, M.; Eisenbeiß, M.: Marketing. Grundlagen marktorientierter Unternehmensführung. Konzepte – Instrumente - Praxisbeispiele. 13. Aufl., Wiesbaden 2018.

Scharf, A.; Schubert, B.; Hehn, P.: Marketing. Einführung in Theorie und Praxis, 6. Aufl., Stuttgart 2015.

Weiterführende Literaturhinweise

Ahlert, D.: Distributionspolitik. Das Management des Absatzkanals, 3. Aufl. Stuttgart 1996.

Berekoven, L.; Eckert, W.; Ellenrieder, P.: Marktforschung. Methodische Grundlagen und praktische Anwendung. 12. Aufl., Wiesbaden 2009.

Bruhn, M.: Marketing. Grundlagen für Studium und Praxis. 14. Aufl., Wiesbaden 2019.

Bruhn, M.: Relationship Marketing: Das Management von Kundenbeziehungen. 5. Aufl., Wiesbaden 2016.

Eckardt, G.; Funck, D.: Angewandtes Marketing – Konzeptionelle Grundlagen und Fallstudien, 2. Aufl., Göttingen 2002.

Herrmann, A.; Homburg, Ch. (Hrsg.): Marktforschung. Methoden, Anwendungen, Praxisbeispiele. 3. Aufl., Wiesbaden 2007.

Kamenz, U.: Marktforschung: Einführung mit Fallbeispielen, Aufgaben und Lösungen, 2. Aufl., Stuttgart 2001.

Kroeber-Riel, W.; Weinberg, P.: Konsumentenverhalten. 8. Aufl., München 2003.

V Beschaffungsmanagement und Materialwirtschaft

Lernziele des Kapitels

Dieses Kapitel soll Sie vertraut machen mit den folgenden Themen:

Begriffe, Ziele, Inhalte und Methoden des Beschaffungsmanagements sowie des Beschaffungsmarketing (Beschaffungsmarktforschung, beschaffungspolitische Instrumente).

Begriffe, Inhalte und Methoden der Beschaffungs- und Lagerplanung.

1 Grundlagen

Beschaffung, Lagerhaltung und den Transport von Materialien

Im Rahmen der **Materialwirtschaft** bzw. des **Beschaffungsmanagements** geht es um die Beschaffung, Lagerhaltung und den Transport der für die Leistungserstellung im Unternehmen erforderlichen Materialien. Diese können in die Produktion eingehen oder direkt zum Verkauf bereitgestellt werden.

Hierzu kommen im Grunde alle **Wirtschaftsgüter** in Frage:

Arten von Material

- **Rohstoffe** gehen als Grundmaterial in das Produkt ein.
- **Hilfsstoffe** gehen auch in das Produkt ein, haben aber nur ergänzenden Charakter.
- **Betriebsstoffe** gehen nicht in das Endprodukt ein, sondern werden im Produktionsprozess verbraucht.
- **Halbfabrikate** gehen als Teile oder Baugruppen in das Endprodukt ein.
- **Handelswaren** werden unverarbeitet weiterverkauft und ergänzen so das Absatzprogramm des Unternehmens.

Ziele

Das wesentliche **Ziel** der Materialwirtschaft besteht darin, die für die Leistungserstellung erforderlichen Materialien bereitzustellen, und zwar

- in der erforderlichen Art,
- in der richtigen Menge,
- in der benötigten Qualität,
- zum richtigen Zeitpunkt und
- am richtigen Ort.

Zielkonflikte

Daraus resultieren eine Reihe von Entscheidungsproblemen, verbunden mit der erforderlichen Lösung einiger Zielkonflikte - beispielsweise zwischen Verwaltungs-/Handlingkosten, Bestellhäufigkeit, Bestellmengen, Lagerkosten, Verfügbarkeit, Flexibilität, Rabatten, Rentabilität, Liquidität, Lieferantenbeziehungen, Lieferantenvielfalt etc.

Insbesondere das Ziel der Wirtschaftlichkeit kann einen stark einschränkenden Handlungsspielraum für die Materialwirtschaft verursachen, zugleich aber die Lösung der Zielkonflikte strukturieren helfen, beispielsweise indem diesem Ziel Priorität eingeräumt wird.

Wesentliche **Ziel-, Kontroll- und Steuerungsgrößen** sind darüber hinaus über die in der Abb. 84 enthaltenen Kennzahlen charakterisiert.

Kennzahlen der Materialwirtschaft

Abb. 84 Wesentliche Kennzahlen der Materialwirtschaft

Lieferbereitschaftsgrad der Lagerhaltung:	Anforderungsbereitschaftsgrad: $\frac{\text{Anzahl der sofort ausgeführten Anforderungen x 100}}{\text{Anzahl der Anforderungen pro Jahr}}$ Mengenbereitschaftsgrad: $\frac{\text{Sofort ausgelieferte Menge x 100}}{\text{Gesamte angeforderte Menge}}$
Durchschnittlicher Lagerbestand:	$\frac{\text{Anfangsbestand + Endbestand}}{2}$ $\frac{\text{Anfangsbestand + 12 Monatsbestände}}{13}$
Lagerumschlags-geschwindigkeit:	$\frac{\text{Lagerhaltung pro Jahr}}{\text{durchschnittlicher Lagerbestand}}$
Durchschnittliche Lagerdauer (in Tagen):	$\frac{\text{Zahl der Tage pro Periode}}{\text{Lagerumschlagshäufigkeit}}$ $\frac{\text{Durchschnittlicher Lagerbestand pro Jahr x 360}}{\text{Lagerabgang pro Jahr}}$

Die wesentlichen **Entscheidungstatbestände** in der Materialwirtschaft verdeutlicht Abb. 85.

Entscheidungen in der Materialwirtschaft

Abb. 85 Entscheidungstatbestände in der Materialwirtschaft

Güterbeschaffung	Güterlagerung	Gütertransport
Beschaffungsprogramm ▸ Beschaffungsgüterart ▸ Beschaffungsqualität ▸ Bestellmenge ▸ Bestellzeitpunkt Beschaffungsmarketing ▸ -marktforschung ▸ -produktpolitik ▸ -methodenpolitik ▸ -konditionenpolitik ▸ -kommunikationspolitik	Lagerausstattung ▸ Lagerart ▸ Lagereinrichtungen ▸ Lagerkapazität ▸ Lagerstandort Lagerprogramm ▸ Gelagerte Güterarten ▸ Lagermengen ▸ Sicherheitsbestände ▸ Lagerorte Lagerprozess ▸ Güterannahme ▸ Qualitätsprüfung ▸ Einlagerung ▸ Auslagerung ▸ Lagerverwaltung	Transportmittel Transportmengen Verteilung der Transportmengen Transportwege

Quelle: in Anlehnung an Thommen et al. 2016, S. 143; dort nach Küpper 1993, S. 208

Drei Lagerstufen

Entlang des Materialflusses sind regelmäßig drei **Lagerstufen** erforderlich: das Eingangslager, das Zwischenlager und das Fertigwarenlager, in welchen die unterschiedlichen Wirtschaftsgüter ggf. zu unterschiedlichen Zeitpunkten während des Leistungserstellungsprozesses gelagert werden.

Selbsterstellung oder Fremdbezug

Eine häufige und bekannte Entscheidung in der Materialwirtschaft betrifft die **Make-or-Buy-Entscheidung** – die Frage danach, ob ein Produkt selbst hergestellt oder von Dritten hinzugekauft werden soll. „Make“ bezeichnet die Erbringung der Leistungen im Unternehmen (Eigenerstellung, -fertigung). „Buy“ steht für den Bezug von Leistungen auf dem Markt (Fremdbezug).

Begrifflichkeiten zum Nachschlagen

... damit sollten Sie umgehen können:

- Beschaffungsmanagement
- Materialwirtschaft
- Ziel- und Steuerungsgrößen der Materialwirtschaft
- Entscheidungstatbestände der Materialwirtschaft

Wiederholungsfragen

1. Erläutern Sie die Begriffe „Beschaffungsmanagement“ und „Materialwirtschaft“.
2. Erläutern Sie vier wesentliche Ziel- und Steuerungsgrößen der Materialwirtschaft.
3. Erläutern Sie die wesentlichen Entscheidungstatbestände innerhalb der Materialwirtschaft.

Literaturhinweise

Hartmann, H.: Materialwirtschaft. Organisation, Planung, Durchführung, Kontrolle. 9. Aufl., Gernsbach 2005.

Oeldorf, G./Olfert, K.: Materialwirtschaft. 13. Aufl., Herne 2013.

Thommen, J.-P.; Achleitner, A.-K.; Gilbert, D. U.; Hachmeister, D.; Kaiser, G.: Allgemeine Betriebswirtschaftslehre: Umfassende Einführung aus managementorientierter Sicht. 8. Aufl., Wiesbaden 2016.

Wöhe, G.; Döring, U.; Brösel, G.: Einführung in die Allgemeine Betriebswirtschaftslehre. 26. Aufl., München 2016.

2 Beschaffungsmarketing

Beschaffungsmarktorientierte Unternehmensführung

Unternehmen sind zunehmend gefordert, sich neben dem Absatzmarkt auch auf den Beschaffungsmarkt auszurichten und auf diesen einzuwirken. Auch hier sind als Entscheidungsgrundlage zunächst Informationen zu beschaffen, auf deren Basis Ziele zu formulieren sowie schließlich strategische und operative Maßnahmen festzulegen.

Man spricht hier analog zum Absatzmarketing von

Beschaffungs-Marketing-Instrumente

- Beschaffungsmarktforschung,
- Beschaffungszielen,
- Beschaffungsstrategien und
- Beschaffungspolitischen Instrumenten, d. h.
- Beschaffungsproduktpolitik,
- Beschaffungspreis-/-konditionenpolitik,
- Beschaffungsmethodenpolitik,
- Beschaffungskommunikationspolitik.

2.1 Beschaffungsmarktforschung

Bereitstellung von Informationen

Aufgabe der **Beschaffungsmarktforschung** ist die Erhebung, Systematisierung, Aufbereitung, Interpretation und Kommunikation von entscheidungsrelevanten Informationen in Bezug auf den Beschaffungsmarkt. Sie unterscheidet sich vom Absatzmarketing dadurch, dass im Vergleich dazu häufig

Besonderheiten

- eine geringere Anzahl Lieferanten als Abnehmer betrachtet werden müssen,
- ein intensiveres Interesse seitens der Lieferanten an einer Zusammenarbeit besteht,
- mit Institutionen und darin tätigen – häufig mehreren Personen – interagiert wird, nicht mit Einzelpersonen.

Rolle der Beschaffungsmarktforschung

Abb. 86 Rolle der Beschaffungsmarktforschung im Beschaffungsmarketing

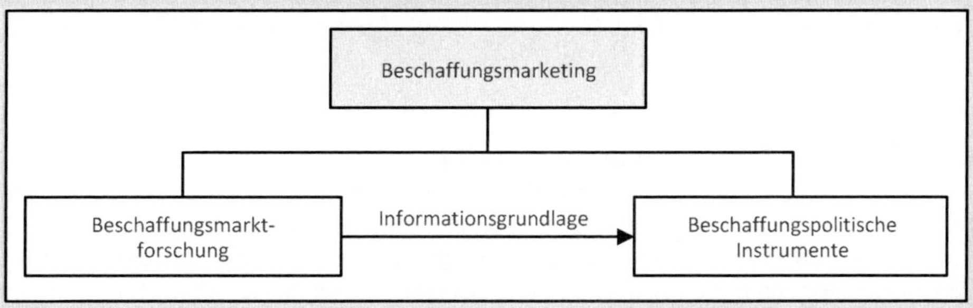

Analyse und Prognose der Marktgegebenheiten und der Lieferantenmerkmale

Die **Beschaffungsmarktforschung** beinhaltet die Analyse der Gegebenheiten auf dem Beschaffungsmarkt sowie der Merkmale der Lieferanten. Dabei stehen jeweils die aktuelle Situation sowie die zu erwartenden zukünftigen Entwicklungen im Fokus des Interesses.

Inhalte der Beschaffungsmarktforschung

Abb. 87 Inhalte der Beschaffungsmarktforschung

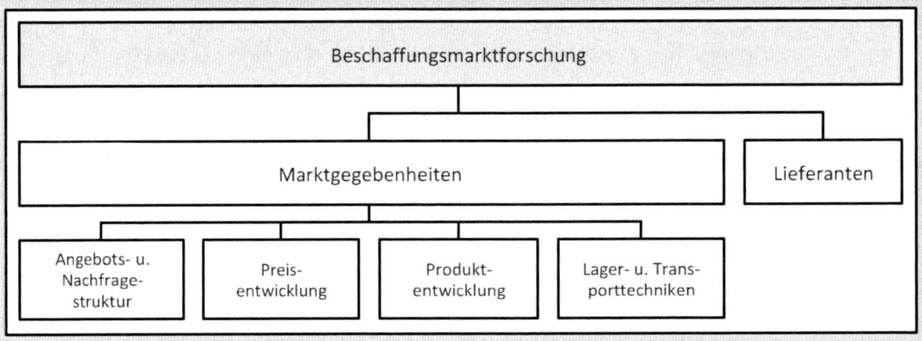

Hinsichtlich der **Marktgegebenheiten** sind Analysen und Prognosen in Bezug auf folgende Bereiche vorzunehmen (Thommen et al. 2016, S. 147):

Marktbezogene Erhebungsfelder

- **Angebots- und Nachfragestruktur**. D. h. Betrachtung der Anzahl und Größe der in Frage kommenden Lieferanten sowie der Anzahl und Größe der aktuellen und potentiellen Wettbewerber, welche die gleichen Lieferanten bevorzugen (könnten). Aus dem Verhältnis der Anzahl von Anbieter und Nachfrager für ein bestimmtes Produkt resultieren die jeweilige Marktform (Angebotspolypol, -oligopol, -monopol) und damit das Ausmaß der Notwendigkeit, professionelles Beschaffungsmarketing zu betreiben.
- **Preisentwicklung**. D. h. Ermittlung des gegenwärtigen Preisniveaus und Prognosen über zukünftige Preisentwicklungen, inklusive der Preiselastizitäten, möglicher Preisabsprachen, Preisbindungen etc.
- **Produktentwicklung**. D. h. Ausschau nach neuen technischen Verfahren und/oder neuen Materialien, die zu einer Verbesserung oder Substitution des bestehenden Produktes führen können.
- **Lager- und Transporttechniken**. D. h. vorhandene Lagerkapazitäten, Optionen und mögliche Kosten.

Die zu analysierenden **Lieferantenmerkmale** sind der Abb. 88 zu entnehmen.

Methoden und Quellen

Als **Methoden der Beschaffungsmarktforschung** stehen analog zur Absatzmarktforschung die Primär- und die Sekundärerhebung zur Verfügung. Wesentliche **Quellen** der **Primärerhebung** bestehen in Kontakten mit Lieferanten und Verkäufern, Besuchen von Messen und Ausstellungen sowie Einkaufsreisen und Betriebsbesichtigungen (Hartmann 1990, S. 139). Als **Quellen** der **Sekundärerhebung** bieten sich Markt- und Börsenberichte; Zeitschriften, Tageszeitungen; das Internet; Hauszeitschriften der Lieferanten, der Konkurrenz, der Wirtschaftsverbände, der Industrie- und Handelskammer; Angebote in Fachzeitschriften, Katalogen, Broschüren und Prospekten sowie Branchenadressbücher, Messekataloge und technische Handbücher an (Hartmann 1990, S. 140).

Lieferantenbezogene Erhebungsfelder

Abb. 88 Lieferantenmerkmale

Zuverlässigkeit	In Bezug auf ▸ gleich bleibende Qualität ▸ fristgerechte Lieferung der Güter (Termintreue) ▸ Einhaltung der Serviceversprechungen
Fertigungsmöglichkeiten	▸ Produktionskapazität ▸ Qualitätsniveau ▸ Flexibilität bei Sonderanfertigungen oder schwankenden Bestell- bzw. Beschaffungsmengen
Konditionen	▸ Güterpreis ▸ Liefer- und Zahlungsbedingungen ▸ Lieferfristen ▸ Garantieleistungen
Produkt	▸ Qualität ▸ Sortiment ▸ Kundendienst ▸ Produktentwicklung (Forschung und Entwicklung)
Geografische Lage	▸ Transportbedingungen ▸ Politische Sicherheit im Beschaffungsland ▸ Wechselkursstabilität
Allgemeine Situation und Merkmale des Lieferanten	▸ Marktstellung (Marktanteil) ▸ Belieferung der Konkurrenz ▸ Zugehörigkeit zu einem Unternehmenszusammenschluss (z. B. Konzern) ▸ Finanzielle Verhältnisse ▸ Qualität des Managements (insbesondere bezüglich Innovationen)

Quelle: in Anlehnung an Thommen et al. 2016, S. 147

2.2 Beschaffungspolitische Instrumente

Beschaffungspolitische (Sub-)Instrumente

Eine Übersicht über die beschaffungspolitischen Instrumente sowie deren Subinstrumente ist der nachfolgenden Abb. 89 zu entnehmen.

Abb. 89 Beschaffungspolitische Instrumente

Beschaffungs-produktpolitik	Beschaffungs-methodenpolitik	Beschaffungs-konditionenpolitik	Beschaffungs-kommunikations-politik
• Produkt-ausführung • Sortiment • Produkt-entwicklung	• Beschaffungs-weg • Beschaffungs-organe • Lieferanten-struktur	• Preis • Lieferzeiten • Zahlungs-bedingungen	• Beschaffungs-werbung • Lieferanten-förderung • Public Relations

Einflussnahme auf das Absatzprogramm des Lieferanten

Die **Beschaffungsproduktpolitik** zielt auf die Einflussnahme auf das Absatzprogramm eines Lieferanten. Je nach Markt- und Machtkonstellation sowie daraus resultierenden Zielsetzungen beider Unternehmen hat das beschaffende Unternehmen mehr oder weniger großen Einfluss auf den Lieferanten und die Gestaltung seiner Produkte. Zwischen den Extremen einer Vorgabe von Art und Qualität der Produkte einerseits und einer Anpassung an das bestehende Angebot andererseits sind zahlreiche Konstellationen denkbar.

Das beschaffende Unternehmen versucht ggf. Einfluss auf die Produktausführung, die Produktanzahl in Breite und Tiefe (Sortiment) sowie Neuentwicklungen zu nehmen. Die Einflussnahme kann sich z. B. auf die Qualität, die Komplexität, die verwendeten Materialien oder Technologien sowie die Individualität (Sonderanfertigungen) der Produkte richten.

Drei Entscheidungsbereiche

Innerhalb der **Beschaffungsmethodenpolitik** lassen sich in drei Entscheidungsbereiche unterscheiden:

- Hinsichtlich des **Beschaffungsweges** ist die Entscheidung zu fällen, ob direkt beim Hersteller oder indirekt über Handelsunternehmen beschafft werden soll. Für die indirekte Beschaffung sprechen häufig
  - Ein größeres Sortiment, mehr Auswahl in Breite und Tiefe und damit effizientere Abwicklung der Beschaffung.
  - Keine oder kleinere Mindestabnahmemengen.
  - Kürzere Lieferzeiten aufgrund besserer und zahlreicherer Standorte und damit geringere Lagerhaltungskosten.

Die direkte Beschaffung ist vor allem dann erforderlich, wenn es sich um sehr große Mengen oder Individual-/Sonderanfertigungen handelt.

- Mögliche **Beschaffungsorgane** sind die eigene Beschaffungsabteilung, Kommissionäre und Makler. Kommissionäre kaufen und verkaufen Ware in eigenem Namen und auf fremde Rechnung. Makler arbeiten auf eigene Rechnung und übernehmen vor allem eine Mittlerfunktion zwischen Verkäufer und Käufer. Darüber hinaus gibt es häufig Einkaufskooperationen, die von punktuellen gemeinsamen Aktivitäten (z. B. gemeinsame Angebotseinholung) bis zu Einkaufsorganisationen auf gesellschaftsrechtlicher Basis reichen.
- Die **Lieferantenstruktur** bestimmt sich aus der Anzahl (Marktstruktur) und der räumlichen Verteilung der Lieferanten. Dies hat Einfluss auf die Zuverlässigkeit, Beständigkeit, inhaltliche und zeitliche Flexibilität sowie Kosten und Qualität der zu beschaffenden Produkte.

Einflussnahme auf Beschaffungspreise und Konditionen

Die **Beschaffungskonditionenpolitik** zielt auf die Einflussnahme bzw. Gestaltung der Beschaffungspreise sowie der Liefer-, Transport-, Garantie-, Service- und Zahlungsbedingungen. Das Ausmaß der möglichen Einflussnahme durch das beschaffende Unternehmen hängt auch hier von der jeweiligen Markt- und Machtkonstellation zwischen beschaffendem und lieferndem Unternehmen ab.

Positive Beeinflussung der lieferantenseitigen Wahrnehmung

Die **Beschaffungskommunikationspolitik** ist darauf gerichtet, das Image des Unternehmens auf dem Beschaffungsmarkt positiv zu beeinflussen, ggf. Bekanntheit zu erzeugen, bestehende Lieferantenbeziehungen zu festigen und neue Lieferanten zu gewinnen. Dies ist abermals umso bedeutender, je geringer die Machtstellung des beschaffenden Unternehmens gegenüber den Lieferanten ist - beispielsweise aufgrund einer Verkäufermarktkonstellation. Es lassen sich drei wesentliche Subinstrumente unterscheiden: Beschaffungswerbung, Lieferantenförderung (Schulungen, persönliche Gespräche, Workshops, Erfahrungsaustausch) und Public Relations (analog zum Absatzmarketing).

Begrifflichkeiten zum Nachschlagen

... damit sollten Sie umgehen können:

- Beschaffungsmarketing
- Beschaffungsmarktforschung
  - Marktgegebenheiten
  - Lieferantenmerkmale
- Beschaffungspolitische Instrumente
  - Beschaffungsproduktpolitik
  - Beschaffungsmethodenpolitik
  - Beschaffungskonditionenpolitik
  - Beschaffungskommunikationspolitik

Wiederholungsfragen

1. Erläutern Sie die Begriffe „Beschaffungsmarketing“ und „Beschaffungsmarktforschung”.
2. Diskutieren Sie Inhalte und Relevanz der in der Beschaffungsmarktforschung zu analysierenden Marktgegebenheiten und Lieferantenmerkmale.
3. Skizzieren Sie die wesentlichen Ziele und Inhalte der Beschaffungspolitischen Instrumente.

Literaturhinweise

Hartmann, H.: Materialwirtschaft. Organisation, Planung, Durchführung, Kontrolle. 9. Aufl., Gernsbach 2005.

Oeldorf, G./Olfert, K.: Materialwirtschaft. 13. Aufl., Herne 2013.

Thommen, J.-P.; Achleitner, A.-K.; Gilbert, D. U.; Hachmeister, D.; Kaiser, G.: Allgemeine Betriebswirtschaftslehre: Umfassende Einführung aus managementorientierter Sicht. 8. Aufl., Wiesbaden 2016.

Wöhe, G.; Döring, U.; Brösel, G.: Einführung in die Allgemeine Betriebswirtschaftslehre. 26. Aufl., München 2016.

3 Beschaffungs- und Lagerplanung

Entscheidungsfelder

Im Rahmen der Beschaffungs- und Lagerplanung stellen sich folgende Entscheidungsprobleme:

- Die Wahl der Beschaffungsart.
- Die Auswahl und Nutzung von Planungs- und Entscheidungsinstrumenten.
- Die Ermittlung des Materialbedarfs.
- Die Durchführung der Bestellplanung.

3.1 Beschaffungsarten

Einflussfaktoren

Die Art der Beschaffung von Materialien hat grundlegenden Einfluss auf deren quantitative und zeitliche Verfügbarkeit. Die Entscheidung für eine Beschaffungsart ist abhängig von (Thommen et al. 2016, S. 149):

- der Menge des zu beschaffenden Materials,
- dem Wert der zu bestellenden Güter (Preisniveau, Preisschwankungen),
- dem zeitlichen Anfall des Materialbedarfs,
- den Eigenschaften des Materials (Lagerfähigkeit, Erhältlichkeit) sowie
- der Beurteilung der Lieferanten (Lieferbereitschaft, Zuverlässigkeit).

Drei Arten

Es lassen sich drei **Beschaffungsarten** unterscheiden (Thommen et al. 2016, S. 149):

- Prinzip der **fallweisen Beschaffung**
  Hier wird der Beschaffungsvorgang ausgelöst, wenn Bedarf entsteht oder wenn Material jederzeit beschaffbar oder nicht für längere Zeit planbar ist. Anwendungsbereiche sind im Wesentlichen die auftragsorientierte Einzelfertigung, ggf. auch die Fertigung von Spezialteilen.
- Prinzip der **fertigungssynchronen Beschaffung** (Just-in-time Beschaffung)
  Hierbei wird der Beschaffungsvorgang langfristig mit der Produktionsplanung synchronisiert. Die Art der Beschaffung bietet sich an, wenn die Sicherheit der Beschaffungsdaten groß und das Produktionsprogramm in Bezug auf Art, Menge und Zeitraum bestimmbar ist (deterministische Bedarfsstrukturen vorliegen). Die Vorteile liegen in der geringeren Lagerhaltung und damit verbunden niedrigeren Lagerkosten, dem Aufbau langfristiger Beziehungen zu den Lieferanten und damit verbunden einer zumeist höheren Qualität und/oder niedrigeren Preisen, der leichteren gemeinsamen Entwicklung von Teilen/Prozessen mit Lieferanten, der reduzierten Notwendigkeit, eigene Qualitätskontrollen durchzuführen.
- Prinzip der **Vorratsbeschaffung**
  Für verschiedene Materialien werden Eingangslager aufgebaut, wenn die Beschaffungsplanung nicht mehr unmittelbar oder exakt genug mit der Produktionsplanung abstimmbar ist und wenn es zufallsbedingte (stochastische) Bedarfsverläufe geben kann (z.B. bei Rohstoffen). Darüber hinaus lassen sich die Motive für eine Vorratslagerhaltung wie folgt systematisieren (vgl. Abb. 90):

3.2 Planungs- und Entscheidungsinstrumente

ABC-Analyse
= Schwerpunktanalyse zur Ressourceneinsatzoptimierung

Ein wesentliches Ziel der Beschaffungs- und Lagerplanung besteht in der effizienten Nutzung der Ressourcen. Um herauszufinden, welchen Materialien oder Lieferanten aus wertmäßiger Sicht eine besondere Bedeutung zukommt, bedient man sich häufig der **ABC-Analyse**. Dieses Verfahren beruht auf der Erkenntnis, dass meist ein relativ kleiner Teil der Materialien/Lieferanten einen großen Anteil am Gesamtwert der verbrauchten Materialien hat.

Es handelt sich also um ein Verfahren zur Schwerpunktanalyse, um den Ressourceneinsatz zu optimieren. Dabei wird die zu untersuchende Menge nach einem Kriterium (z. B. Umsatz, Rohertrag, Deckungsbeitrag) beurteilt und mittels definierter Grenzwerte im Zuge einer Dreiteilung (Gruppen A, B und C) klassifiziert. Die Gruppe A beinhaltet die „besten"; Gruppe C die „schlechtesten" Elemente.

Motive für Vorratslagerhaltung

Abb. 90 Motive für Vorratslagerhaltung

Motiv	Ursache	Ziel
Sicherheits- oder Reservelager	Bei Unsicherheit auf dem Beschaffungsmarkt	Ausgleich zwischen Beschaffung und Fertigung; Sicherstellung kontinuierlicher Produktion
Spekulative Lagerhaltung	Bei Preisschwankungen auf dem Beschaffungsmarkt	Kosten bzw. Verkaufspreis des Produktes konstant halten
Antizipative Lagerhaltung	Bei (saisonalen) Schwankungen in der Verfügbarkeit	Beschaffungssicherheit erhöhen
Lagerhaltung als Produktivfunktion	Bei erforderlichen Reifeprozessen	Qualitätsverbesserung, Reifung der Produkte
Rechtliche Vorschriften	Gesetzlich vorgeschriebene Pflichtlager	Überbrückung von Mangelsituationen

Das Ziel der Analyse besteht darin, die Ressourcen für eine intensive Analyse und Betreuung den **A-Gütern** zukommen zu lassen, da hier die größten Kosteneinsparungen zu erwarten sind. So ist es häufig sinnvoll, für diese Güter (Thommen et al. 2016, S. 156 f.)

Umgang mit A-Gütern

- eingehende Beschaffungsmarktanalysen vorzunehmen,
- die Instrumente des Beschaffungsmarketing gezielt einzusetzen,
- genaue Analysen der Kostenstrukturen vorzunehmen,
- die optimale Bestellmenge zu berechnen,
- eine umfassende Produktbewertung (Wertanalyse) vorzunehmen,
- den eisernen Lagerbestand (Sicherheitsbestand) und Meldebestand genau zu bestimmen.

Demgegenüber sollten für die **C-Güter** die Prozesse stärker standardisiert werden, indem (Thommen et al. 2016, S. 157)

Umgang mit C-Gütern

- die optimale Bestellmenge grob abgeschätzt wird oder die gesamte Beschaffungsmenge zu Beginn der Planperiode bestellt wird,
- ein höherer Sicherheitsbestand festgelegt und daher seltenere Bestandskontrollen erforderlich werden,
- das Beschaffungsmarketing kaum eingesetzt wird (eher passive Produkt- oder Preispolitik).

Für **B-Güter** ist je nach Kapazitäten und fallweise zu entscheiden, ob sie eher wie A-Güter oder wie C-Güter behandelt werden sollen.

Das **Vorgehen** im Rahmen der Materialbeurteilung gestaltet sich wie folgt: Nach Festlegung des Auswertungskriteriums (z. B. Einkaufswert) werden die Elemente in absteigender Rangfolge geordnet und die Einzelwerte schrittweise kumuliert. Die erste Grenze wird bei etwa 80% des Gesamtwertes (= Gruppe A) gezogen, die zweite Grenze bei ca. 90-95% (= Gruppe B). Der Rest bildet die Gruppe C. In Abb. 91 ist der Zusammenhang mit Hilfe der sogenannten Lorenzkurve veranschaulicht. Sie ist benannt nach Benannt nach M. C. Lorenz, der 1905 mit Hilfe solcher Darstellungen die Unterschiede in der Einkommensverteilung veranschaulichte.

Lorenzkurve

Abb. 91 Lorenzkurve

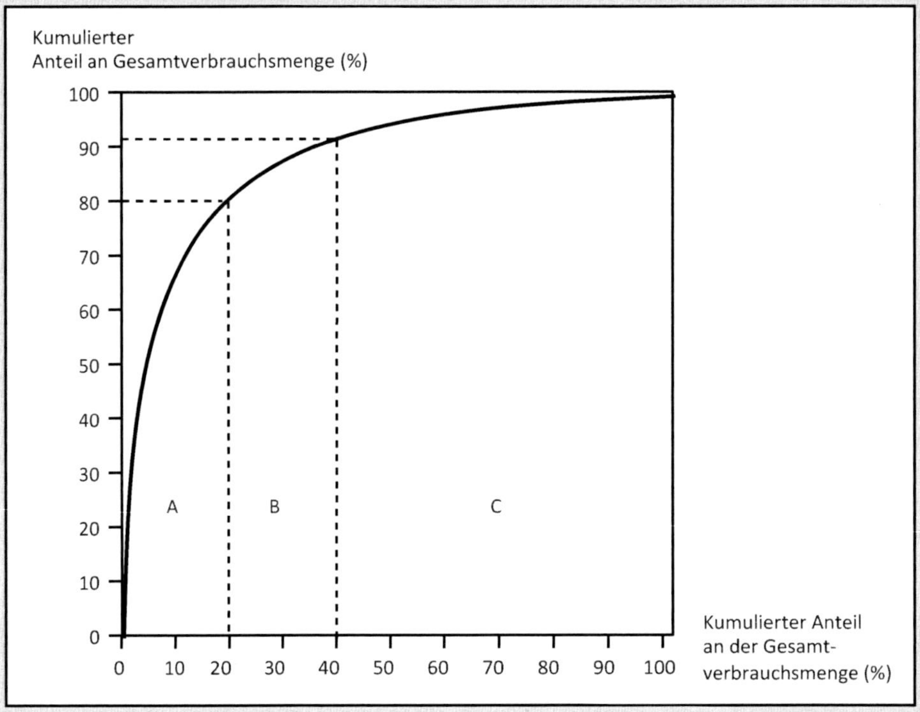

In Abb. 92 und Abb. 93 ist ein Beispiel für eine ABC-Analyse der Materialien eines beschaffenden Unternehmens dargestellt.

Beispiel

Abb. 92 Beispiel ABC-Analyse I

Material-art Nr.	Umsatzanteil		Preis je ME	Wert des Gesamtverbrauchs		Rang
	in ME	in %		in GE	in %	
1	*2*	*3*	*4*	*5*	*6*	*7*
1	1.500	11,8%	10,00 €	15.000,00 €	6,2%	**6**
2	2.050	16,1%	25,00 €	51.250,00 €	21,3%	**1**
3	3.150	24,7%	15,00 €	47.250,00 €	19,6%	**2**
4	2.150	16,9%	18,30 €	39.345,00 €	16,3%	**3**
5	850	6,7%	8,00 €	6.800,00 €	2,8%	**9**
6	700	5,5%	43,00 €	30.100,00 €	12,5%	**4**
7	650	5,1%	22,00 €	14.300,00 €	5,9%	**7**
8	1.000	7,8%	5,30 €	5.300,00 €	2,2%	**10**
9	200	1,6%	45,00 €	9.000,00 €	3,7%	**8**
10	500	3,9%	44,80 €	22.400,00 €	9,3%	**5**
	12.750	100,0%		240.745,00 €	100,0%	

Abb. 93 Beispiel ABC-Analyse II

Materialart Nr.	Jahresverbrauch		Kumulierter Mengenverbrauch	Preis je ME	Wert des Gesamtverbrauchs		Kumulierter Wertverbrauch	Rang	Wertverbrauch pro Klasse	Klasse
	in ME	in %			in GE	in %				
1	*2*	*3*	*3a*	*4*	*5*	*6*	*6a*	*7*	*7a*	*7b*
4	4.000	31,4%	31,4%	18,30 €	73.200,00 €	30,4%	30,4%	**1**	**63%**	**A**
6	1.000	7,8%	39,2%	43,00 €	43.000,00 €	17,9%	48,3%	**2**		
10	400	3,1%	42,4%	44,80 €	17.920,00 €	7,4%	55,7%	**3**		
7	800	6,3%	48,6%	22,00 €	17.600,00 €	7,3%	**63,0%**	**4**		
1	2.000	15,7%	64,3%	5,00 €	10.000,00 €	4,2%	67,2%	**5**	**8%**	**B**
3	1.800	14,1%	78,4%	2,40 €	4.320,00 €	1,8%	69,0%	**6**		
9	300	2,4%	80,8%	13,80 €	4.140,00 €	1,7%	**70,7%**	**7**		
5	500	3,9%	84,7%	8,00 €	4.000,00 €	1,7%	72,4%	**8**	**5%**	**C**
2	1.000	7,8%	92,5%	3,80 €	3.800,00 €	1,6%	73,9%	**9**		
8	700	5,5%	98,0%	5,30 €	3.710,00 €	1,5%	**75,5%**	**10**		

Alternative Bewertungskriterien

Neben der Betrachtung von Verbrauchsmengen und -werten können auch andere Größen für die Bewertung berücksichtigt werden. Beispielsweise die Lagerflächenbeanspruchung, die Lagerentnahmehäufigkeit, das Lagerverlustrisiko, die Bestellhäufigkeit und damit verbundene Kosten je Bestellung etc.

XYZ-Analyse

Die Ergänzung der verwendeten eher statischen Werte einer ABC-Analyse durch den Verbrauchsverlauf erfolgt in einer sogenannten **XYZ-Analyse**. Hierfür werden drei Güterklassen unterschieden:

- **X-Güter**: regelmäßiger Bedarf ohne Schwankungen; hohe Prognosegenauigkeit
  => Empfehlung: Fertigungssynchrone Beschaffung.
- **Y-Güter**: trendmäßig steigender/fallender Bedarf oder saisonale Schwankungen; mittlere Prognosegenauigkeit
  => Empfehlung: Vorratsbeschaffung.
- **Z-Güter**: äußerst unregelmäßiger Bedarfsverlauf; geringe Prognosegenauigkeit
  => Empfehlung: Fallweise Beschaffung.

Aus der Kombination von ABC- und XYZ-Analyse, wie sie in Abb. 94 verdeutlicht ist, lassen sich weitere Handlungsempfehlungen ableiten.

ABC-/XYZ-Analyse: Empfehlungen

Folgende generelle Empfehlungen lassen sich aus der ABC-/XYZ-Analyse ableiten:

- XA, XB, XC: Bestellung gemäß Plandaten
- ZA, ZB: Besondere Beachtung kurzer Lieferzeiten und hoher Zuverlässigkeit der Lieferanten
- XA, XB, YA: Einsatz aktiver Preispolitik

Außerhalb des Beschaffungsbereichs wird das Instrument der ABC-Analyse auch in anderen Funktionsbereichen eingesetzt, beispielsweise zur Erfolgsanalyse der abgesetzten Produkte oder zur Entscheidung bei Engpässen in der Produktion.

Kombination von ABC- und XYZ-Analyse

Abb. 94 Kombination von ABC- und XYZ-Analyse

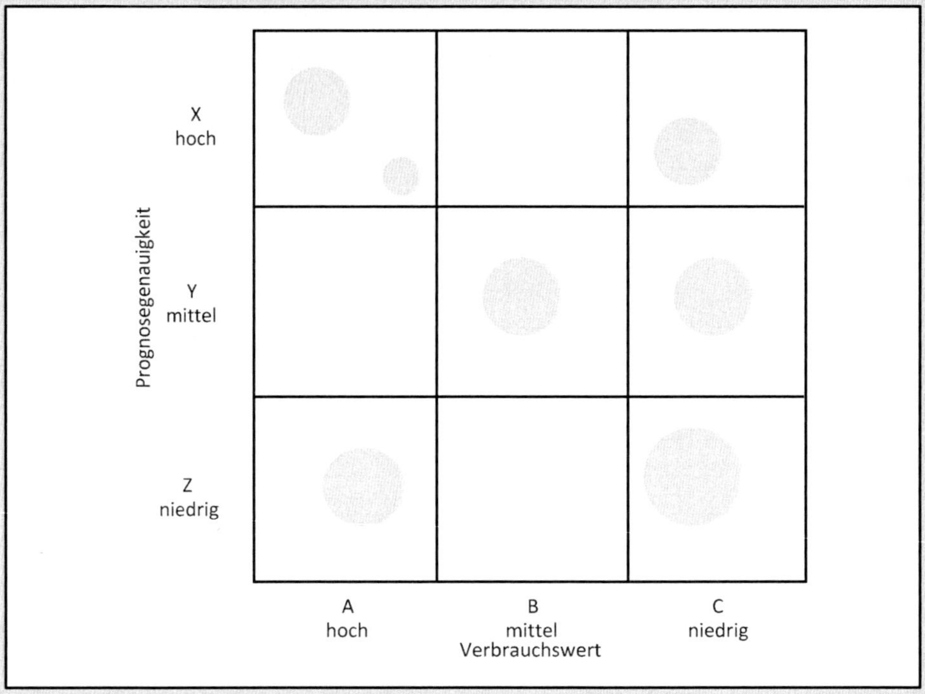

3.3 Ermittlung des Materialbedarfs

Ausgehend von der geplanten Fertigungsmenge ist die benötigte Menge an Materialien zu ermitteln und zu bestellen. In Abhängigkeit vom Lagerbestand sowie verschiedenen Formen der Bestandsveränderung ist die Beschaffungsmenge wie folgt zu ermitteln:

Ermittlung der Beschaffungsmenge

geplante Fertigungsmenge in der Planperiode

↓

Materialbedarf einer Materialart pro Planperiode (=Bruttobedarf)
(inkl. Ausschuss, Schwund, direkter Weiterverkauf)

+/- Lagerveränderungen

\- bestellte, aber noch nicht gelieferte Mengen

= Bestellmenge (= Nettobedarf)

Die Ermittlung und Festlegung des Bruttobedarfs kann über drei verschiedene Arten erfolgen:

Ermittlung des Bruttobedarfs

- **Subjektive Schätzungen** werden vorgenommen, wenn eine genaue Berechnung nicht sinnvoll ist oder keine geeigneten Informationen zur Anwendung mathematischer Prognosemethoden vorhanden sind.
- **Deterministische Bedarfsermittlung** aufgrund des Fertigungsprogramms, welches sich aus den Kundenaufträgen, den Produktionsplänen und/oder den Fertigungsvorschriften ergibt.
- **Stochastische Bedarfsermittlung** auf Grundlage des Verbrauchs in der Vergangenheit durch Anwendung der Methoden Mittelwertbildung (arithmetisch, gleitend), exponentiel-

le Glättung oder Regressionsanalyse. Ein Beispiel hierfür verdeutlicht die nachfolgende Tabelle.

3.4 Bestellplanung

Im Rahmen der **Bestellplanung** sind die Fragen nach

- der optimalen Bestellmenge,
- dem optimalen Lagerbestand sowie
- dem optimalen Bestellzeitpunkt

zu beantworten.

„Optimal" heißt hier i. d. R. **Minimierung** der entstehenden **Gesamtkosten**, die sich zusammensetzen aus:

Für die Bestellplanung relevante Kostenarten

- **Beschaffungskosten**, zusammengesetzt aus
  - den unmittelbaren Kosten, die aus der Menge der bestellten Materialien resultieren (Beschaffungsmenge x Einstandspreis), sowie
  - den mittelbaren Kosten, die innerhalb des beschaffenden Unternehmens im Vorfeld, Verlauf und Nachgang jeder Bestellung entstehen (z. B. Bedarfsmeldungen, Angebotseinholung/-prüfung, Bestellausführung, Lieferterminüberwachung, Warenannahme/-kontrolle, Einlagerung).
- **Lagerkosten**, zusammengesetzt aus
  - Raumkosten (Miete, Abschreibungen),
  - Unterhaltskosten (Manipulationen, Kontrollen),
  - Zinskosten für das im Lager gebundene Kapital,
  - Versicherungen,
  - Lagerrisiko (Wertminderung durch Schwund, Verderb).
- **Fehlmengenkosten** durch mangelnde Versorgung des Fertigungsprozesses mit den erforderlichen Materialien, resultierend aus Einbußen aufgrund von
  - Preisdifferenzen zwischen „Fehlmengenlieferung" und normaler Bestellung/Lieferung,
  - Konventionalstrafen bei Nichtlieferung,
  - Auftragsverlusten,
  - Image-/Goodwill-Verlusten,
  - Produktionsunterbrechungen/Stillstandszeiten.

Beschaffungszeit = Zeitdauer zwischen Feststellung und Stillung des Bedarfs

Neben den Kosten spielt die **Beschaffungszeit** eine Rolle bei der Optimierung der Bestellplanung. Diese umfasst die Zeitdauer zwischen dem Zeitpunkt der Feststellung des Bedarfs und dem Zeitpunkt, zu dem das Material für die Produktion zur Verfügung steht. Sie ist bei der Bestellplanung zu berücksichtigen und lässt sich wie folgt berechnen (vgl. Abb. 95).

Berechnung

Abb. 95 Berechnung der Beschaffungszeit

Zeiten	Erläuterung
Bedarfsermittlungszeit	Zeit zwischen Bedarfsfeststellung und Entscheidung über Bestellmenge
+ Bestellzeit	Zeit zwischen Entscheidung über Bestellmenge und Bestellerteilung
+ Lieferzeit	Zeit zwischen Bestellerteilung und Versand durch den Lieferanten
+ Transportzeit	Zeit zwischen Versand durch den Lieferanten und Eintreffen beim Besteller
+ Warenannahmezeit	Zeit zwischen Eintreffen beim Besteller und Verfügbarkeit für die Produktion
= Beschaffungszeit	

Quelle: in Anlehnung an Thommen et al. 2016, S. 160

Die Länge der jeweiligen Zeiten hängt von unterschiedlichen Faktoren innerhalb (Organisation, Prozesse, EDV-System etc.) und außerhalb des Unternehmens (Lieferfähigkeit, Organisation, Prozesse, EDV-System des Lieferanten, Logistik etc.) sowie von den Eigenschaften des Materials (Massenware, Einzelanfertigung etc.) ab.

Zielkonflikt zwischen Lager- und Bestellkosten

Grundsätzlich besteht vor dem Hintergrund des Ziels der Kostenminimierung in der Bestellplanung ein Zielkonflikt zwischen den Lagerkosten und den Bestellkosten: Geringe Lagerkosten gehen mit häufigen Bestellvorgängen und damit höheren Bestellkosten einher und umgekehrt.

Unter folgenden vereinfachenden Annahmen lassen sich die **optimale Bestellmenge** sowie optimale Lagerzeit und Bestellhäufigkeit ermitteln:

Ermittlung der optimalen Bestellmenge

- Die Beschaffungsmenge während einer Planungsperiode kann in gleich bleibende Bestellmengen aufgeteilt werden,
- die Lagerabgangsraten bleiben gleich,
- die Einstandspreise (pro Stück) sind von Bestellmenge und -zeitpunkt unabhängig und
- die fixen Kosten sowie der Zins- und Lagerkostensatz sind genau bestimmbar und bleiben während der Planungsperiode unverändert.

Unter diesen gegenüber der betrieblichen Realität stark vereinfachenden Annahmen lässt sich die Ermittlung der optimalen Bestellmenge grafisch wie in Abb. 96 darstellen.

Abb. 96 Optimale Bestellmenge

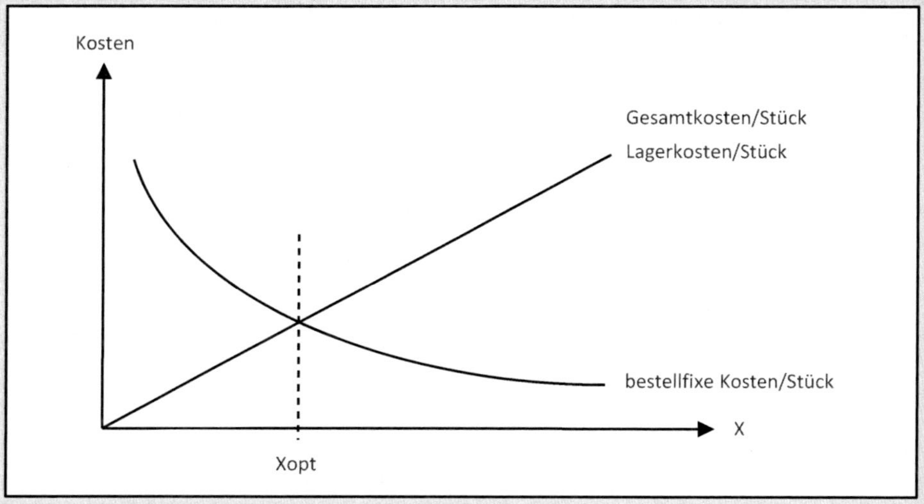

Quelle: in Anlehnung an Thommen et al. 2016, S. 161

Zwei Bestellsysteme

Für den **optimalen Bestellzeitpunkt** muss der Zeitpunkt gefunden werden, bei dem der Lagerbestand aus Kostengründen nicht zu hoch, aus Risikogründen nicht zu niedrig ist. Die folgenden zwei Bestellsysteme stehen zur Verfügung:

- **Bestellpunktsystem**: Die Bestellungen erfolgen dann, wenn die Vorräte einen bestimmten kritischen Lagerbestand erreichen. Man spricht hier auch von der Meldemenge. Es werden fixe Mengen geordert, die Zeitspanne zwischen den Bestellungen kann bei nicht gleichbleibender Lagerabgangsmenge variieren. Die Abb. 97 verdeutlicht dies.

Bestellpunktsystem

Abb. 97 Bestellpunktsystem

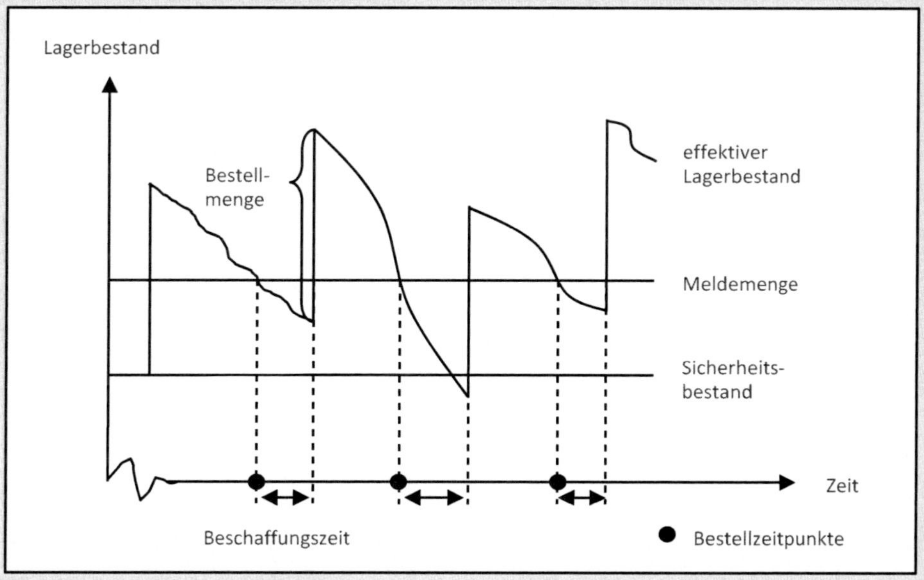

Quelle: in Anlehnung an Thommen et al. 2016, S. 161

- **Bestellrhythmussystem**: Die Bestellungen erfolgen zu bestimmten festgelegten Zeitpunkten. Es wird dann je nach Bedarf bestellt, um das Lager wieder aufzufüllen. Es können hierbei also die Mengen variieren. In der Abb. 98 ist dies verdeutlicht.

Bestellrhythmussystem

Abb. 98 Bestellrhythmussystem

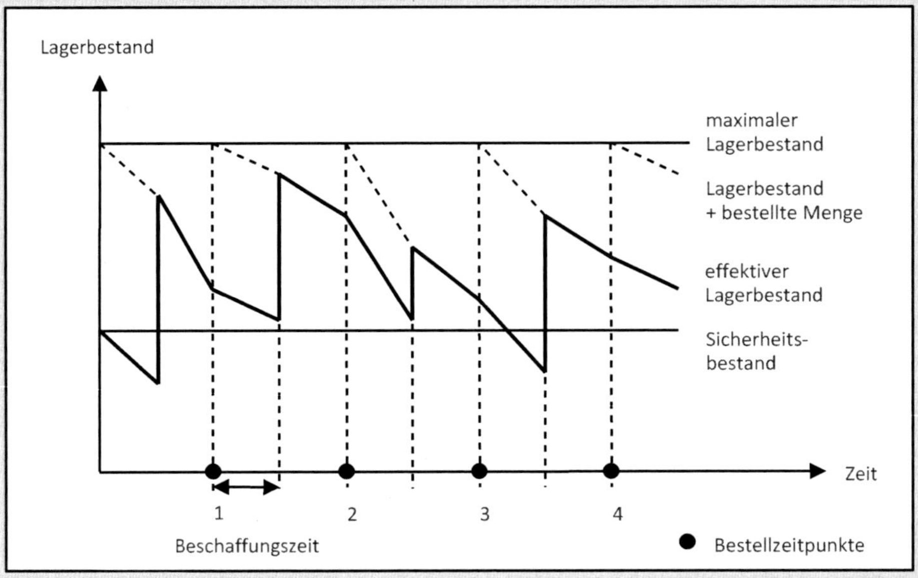

Quelle: in Anlehnung an Thommen et al. 2016, S. 161

Begrifflichkeiten zum Nachschlagen

... damit sollten Sie umgehen können:

- Beschaffungsarten
  - Vorratsbeschaffung
  - Fallweise Beschaffung
  - Fertigungssynchrone Beschaffung
- Planungs- und Entscheidungsinstrumente
  - ABC-Analyse
  - XYZ-Analyse
- Ermittlung des Materialbedarfs
- Bestellplanung
  - Optimale Bestellmenge
  - Optimaler Lagerbestand
  - Optimaler Bestellzeitpunkt

Wiederholungsfragen

1. Erläutern Sie die Ansätze der Beschaffungsarten „Vorratsbeschaffung", „Fallweise Beschaffung" und „Fertigungssynchrone Beschaffung".
2. Erläutern und skizzieren Sie Ziele und Anwendung der ABC- und der XYZ-Analyse.
   - Erläutern Sie die Begriffe „Optimale Bestellmenge", „Optimaler Lagerbestand" und „Optimaler Bestellzeitpunkt". Skizzieren Sie zwei ausgewählte Verfahren.

Literaturhinweise

Hartmann, H.: Materialwirtschaft. Organisation, Planung, Durchführung, Kontrolle. 9. Aufl., Gernsbach 2005.

Oeldorf, G./Olfert, K.: Materialwirtschaft. 13. Aufl., Herne 2013.

Thommen, J.-P.; Achleitner, A.-K.; Gilbert, D. U.; Hachmeister, D.; Kaiser, G.: Allgemeine Betriebswirtschaftslehre: Umfassende Einführung aus managementorientierter Sicht. 8. Aufl., Wiesbaden 2016.

Wöhe, G.; Döring, U.; Brösel, G.: Einführung in die Allgemeine Betriebswirtschaftslehre. 26. Aufl., München 2016.

Weiterführende Literaturhinweise

Ehrmann, H.: Logistik. 5. Aufl., Ludwigshafen (Rhein) 2005.

Gleißner, H.; Femerling, J. Ch.: Logistik. Grundlagen – Übungen - Fallbeispiele. Wiesbaden 2008.

Hartmann, H.: Materialwirtschaft. Organisation, Planung, Durchführung, Kontrolle. 8. Aufl., Gernsbach 2002.

Hässig, K.: Prozessmanagement. Erfolgreich durch effiziente Strukturen. Zürich 2000.

Hopfenbeck, W.: Allgemeine Betriebswirtschaftslehre und Managementlehre. 14. Aufl., Landsberg a. L. 2002.

Klaus, P.; Krieger, W. (Hrsg.): Gabler Lexikon Logistik. 3. Aufl., Wiesbaden 2004.

Large, R.: Strategisches Beschaffungsmanagement. Eine praxisorientierte Einführung. 5. Aufl., Wiesbaden 2013.

Schulte, Ch.: Logistik. Wege zur Optimierung der Supply Chain. 6. Aufl., München 2012.

Stölzle, W.; Heusler, K. F.; Karrer, M.: Erfolgsfaktor Bestandsmanagement. Zürich 2004.

VI Produktionsmanagement

Lernziele des Kapitels

Dieses Kapitel soll Sie vertraut machen mit den folgenden Themen:

Begriffe, Inhalte und Methoden der Produktionsplanung, insbesondere die Festlegung

- des Produktionsprogramms,
- der Produktionsmenge,
- des Fertigungstyps,
- des Fertigungsverfahrens.

1 Grundlagen

Begriffsabgrenzung Produktion

Setzt man sich mit dem Begriff der **Produktion** auseinander, so begegnen einem unterschiedliche Formen der Abgrenzung dieses Begriffes:

- Im allgemeinen Sprachgebrauch setzt man den Begriff Produktion gleich mit dem reinen Fertigungsprozess, also der Be- und Verarbeitung von Rohstoffen zu Halb- und Fertigfabrikaten. Hier stehen vor allem **technische Fragestellungen** im Mittelpunkt.
- In einer sehr weiten Fassung bezeichnet Produktion jede Kombination von Produktionsfaktoren zum Zwecke der Erstellung von Sach- und/oder Dienstleistungen. Nach dieser Betrachtungsweise gehört **jegliche Art der unternehmerischen Tätigkeit** zur Produktion, also auch die Beschaffung, die Logistik, der Absatz, die Investition, die Finanzierung, die Unternehmensführung etc. (Wöhe et al. 2016, S. 269).
- Die Betrachtung der Produktion als betrieblichen Funktionsbereich stellt die betriebswirtschaftlichen Entscheidungs- und Problemstellungen rund um den **betrieblichen Leistungserstellungsprozess** in den Mittelpunkt der Betrachtung. Dazu gehören die Festlegung (Thommen et al. 2016, S. 168) ...
  - ... des Produktionsprogramms – Was soll produziert werden?
  - ... der Produktionsmenge – Wie viel soll produziert werden?
  - ... des Fertigungstyps – Wie viel soll je Produktionsvorgang produziert werden?
  - ... des Fertigungsverfahrens – Wie sollen die Produktionsanlagen angeordnet werden? und
  - ... des gesamten produktionswirtschaftlichen Ablaufs – Welche Phasen der Produktion gibt es?

Auf diese Entscheidungsteilbereiche wird nachfolgend eingegangen. Zuvor sollen noch drei wesentliche **Begriffe** voneinander abgegrenzt werden (Thommen et al. 2016, S. 169, 188):

Produktions- -management, -planung und -steuerung

- Unter **Produktionsmanagement** (= Operations Management) versteht man Steuerung des Problemlösungsprozesses der Produktion zur Erreichung der übergeordneten Unternehmensziele. Hierzu gehören alle Schritte bzw. Steuerungsfunktionen des allgemeinen Problemlösungsprozesses: Planung (Analyse, Zielsetzung), Entscheidung, Aufgabenübertragung und Kontrolle.
- Die **Produktionsplanung** befasst sich mit der zeitgerechten Bereitstellung von Materialien und den Einsatz der verfügbaren Ressourcen, um die geplante Menge von Endprodukten rechtzeitig für den Vertrieb herstellen zu können.
- Die **Produktionssteuerung** beinhaltet die schrittweise Freigabe der für die Realisierung der Pläne notwendigen Aufträge für die Produktion, die laufende Überprüfung der Produktionsfortschritte und bei Planabweichungen die Einleitung von Korrekturmaßnahmen.

1.1 Festlegung des Produktionsprogramms

Alle vom Unternehmen hergestellten Leistungen

Das **Produktionsprogramm** eines Unternehmens beinhaltet alle von dem Unternehmen hergestellten Leistungen. Es kann inhaltlich von dem Absatzprogramm abweichen, unter dem die Gesamtheit aller von einem Unternehmen angebotenen Leistungen zu verstehen ist.

Es sind drei **Varianten** zu unterscheiden:

Verhältnis Produktions- vs. Absatzprogramm

- **Produktionsprogramm = Absatzprogramm**
  Dies ist in der unternehmerischen Praxis eher selten anzutreffen.
- **Produktionsprogramm > Absatzprogramm**
  Findet sich bei Unternehmen, die einen Teil des Produktionsprogramms für den Eigenverbrauch herstellen.
- **Produktionsprogramm < Absatzprogramm**
  Unternehmen beauftragen mitunter andere Unternehmen mit der Produktion eines Teils ihres Absatzprogramms oder kaufen zur Vervollständigung des Absatzprogramms Handelsware zu.

Make-or-buy-Entscheidung

Vielfach ist in diesem Zusammenhang die Entscheidung zwischen Selbsterstellung und Fremdbezug zu fällen. Man spricht in diesem Fall von **Make-or-buy-Entscheidungen**. „Make" bezeichnet die Erbringung der Leistungen im Unternehmen (Eigenerstellung, -fertigung). „Buy" steht für den Bezug von Leistungen auf dem Markt (Fremdbezug).

Wurden Leistungen bisher selbst erstellt und werden aus dem Unternehmen ausgelagert, spricht man von **Outsourcing**. Dieses Kunstwort setzt sich aus den englischen Begriffen Outside, Ressource und Using zusammen. Beim Outsourcing werden einzelne Unternehmensprozesse von externen Dienstleistern erbracht, wobei im Unterschied zum Sourcing auch ein Verantwortungsübergang auf die Dienstleister stattfindet.

Um die Make-or-buy-Entscheidung zu fällen, können verschiedene **Kriterien** herangezogen werden, die der folgenden Abbildung entnommen werden können.

Kriterien einer Make-or-buy-Entscheidung

Abb. 99 Make-or-buy-Entscheidung

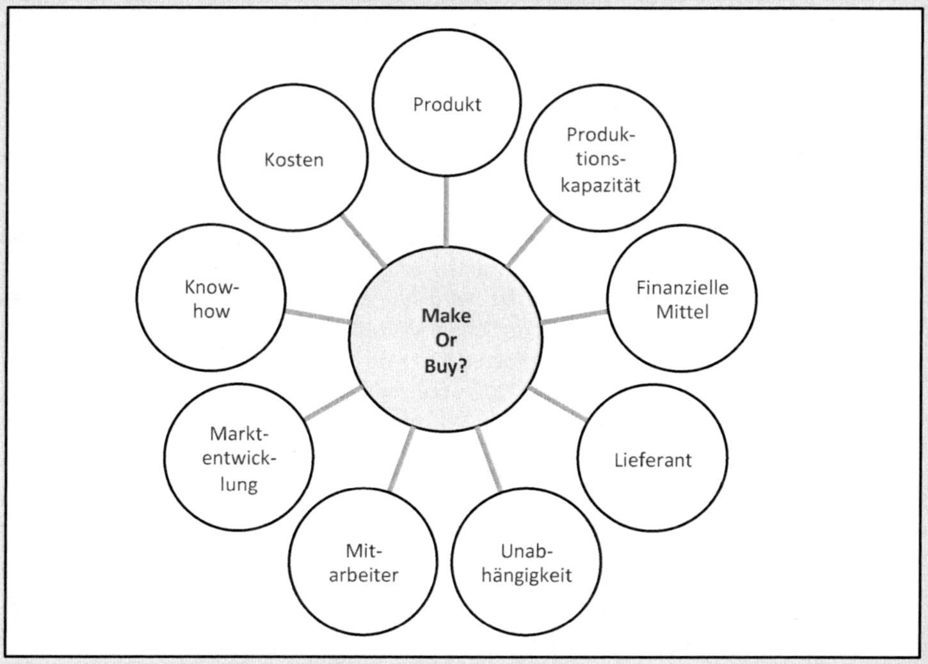

1.2 Festlegung der Produktionsmenge

Wie viel soll wann produziert werden?

Die Festlegung der Produktionsmenge beinhaltet die Entscheidung über die herzustellende Menge für eine Planperiode und die zeitliche Verteilung dieser Menge auf die Planperiode.

Die **herzustellende Menge** in einer Planperiode ergibt sich aus dem Absatzplan des Unternehmens. Dieser unterliegt jedoch mitunter kurzfristigen Schwankungen in der Nachfrage, weshalb Anpassungen der Herstellungsmengen erforderlich werden können.

Unter Umständen kann sich ein Unternehmen nicht an erforderliche Mehrproduktionsmengen anpassen oder es stehen mehrere alternative Aufträge an. In diesem Fall muss entschieden werden, welche Aufträge dem Unternehmen den größten Nutzen bringen. Die Produktion ist dann entsprechend darauf auszurichten. Wesentliches Entscheidungskriterium sollte hier der jeweils realisierbare Gewinn oder Deckungsbeitrag darstellen. Der **Deckungsbeitrag** beinhaltet die Differenz zwischen den erzielbaren Verkaufspreisen und den variablen (= direkt mengenabhängigen) Kosten einer Verkaufseinheit. Es ist also der Auftrag auszuwählen, der unter Berücksichtigung der Stück-Deckungsbeiträge die gewinnmaximale Mengenkombination beinhaltet.

Auftrags- vs. Vorratsfertigung

In Bezug auf die **zeitliche Verteilung** der herzustellenden Menge ist im Wesentlichen zu unterscheiden zwischen

- **Auftragsbezogene Fertigung**: Es wird genau die Menge hergestellt, für die Bestellungen vorliegen.
- **Vorratsbezogene Fertigung**: Es wird auf Basis prognostizierter Absatzmengen auf Vorrat produziert.

Ziele der Produktionsplanung

Insbesondere vor dem Hintergrund der zeitlichen Verteilung der herzustellenden Menge unterliegt die Produktionsplanung folgenden **Zielsetzungen**, die eine Reihe von Konflikten enthalten:

- **Auslastung der Produktionskapazitäten** – Die Fertigung sollte gut ausgelastet auf möglichst konstantem Niveau erfolgen.
- **Minimierung der Lagerkosten** – Die Mengen in den Zwischen- und Endlagerstufen sollten möglichst klein gehalten werden, um die Flächenkosten sowie die Kapitalbindungskosten möglichst gering zu halten.
- **Vermeidung von Fehlmengen** – Lieferengpässe oder Fehlmengen können zu Einbußen bei Gewinn, Image, Marktanteilen sowie im schlimmsten Fall zu Konventionalstrafen führen.

Umgang mit saisonalen Schwankungen

Zur **Berücksichtigung saisonaler Schwankungen** in der Nachfrage haben sich folgende Arten der Produktionsplanung etabliert:

- **Synchronisation** – Die Fertigung wird an die Nachfrage-/ Absatzschwankungen angepasst. Vorteil: geringe Lagerkosten. Nachteil: starke Auslastungsschwankungen der Produktion.
- **Emanzipation** – Die Produktionsmenge wird konstant gehalten und die schwankende Nachfrage über die Lagerstufen ausgeglichen. Vorteil: geringe Auslastungsschwankungen der Produktion. Nachteil: hohe Lagerkosten.
- **Eskalation** –Synchronisation und Emanzipation werden in Form einer treppenförmigen Anpassung kombiniert, mit dem Ziel, die Kosten der Lagerhaltung und der Auslastungsschwankungen möglichst gering zu halten.

Abb. 100 Synchronisation, Emanzipation und Eskalation

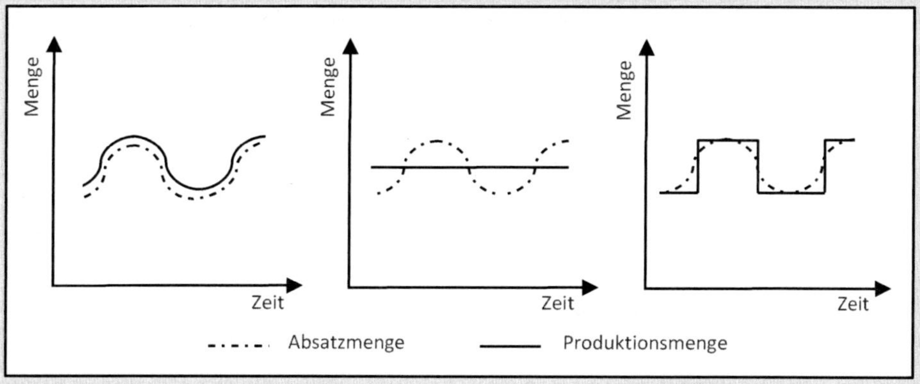

Quelle: Thommen et al. 2016, S. 154

Synchronisation, Emanzipation und Eskalation

1.3 Festlegung des Fertigungstyps

Entscheidung über Aufteilung der Produktionsmenge in Fertigungseinheiten

Die Festlegung des **Fertigungstyps** beinhaltet die Entscheidung hinsichtlich der Aufteilung der Produktionsmenge in einzelne Fertigungseinheiten, die in einem nicht unterbrochenen Produktionsprozess gefertigt werden.

Bei der **Einzelfertigung** wird von einem Produkt nur eine einzige Einheit angefertigt. Dieses kann einmalig geschehen (z. B. die Herstellung eines Unikates) oder wiederholt erfolgen. Bei der **Mehrfachfertigung** werden von einem Produkt mehrere Einheiten hergestellt. Die Mehrfachfertigung unterscheidet des Weiteren in die **Sortenfertigung** (Herstellung mehrerer ähnlicher Produkte in jeweils einer begrenzten Stückzahl auf Basis eines einheitlichen Ausgangsmaterials), die **Serienfertigung** (Herstellung einer größeren Anzahl identischer Produkte, die untereinander größere Unterschiede aufweisen) und die **Massenfertigung** (Herstellung großer Stückzahlen eines Produktes).

Abb. 101 Fertigungstypen

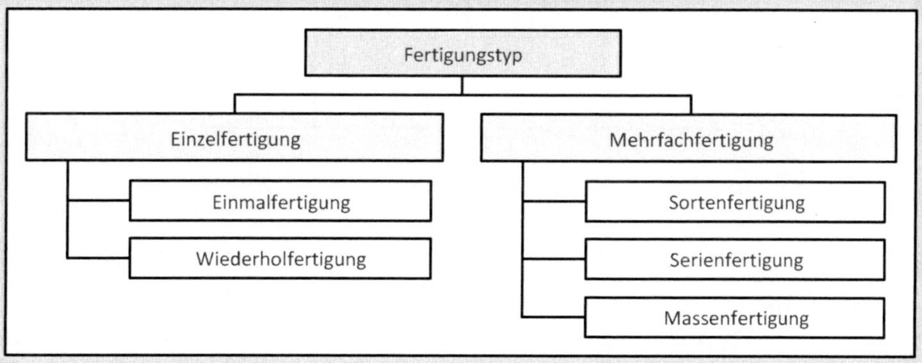

Einzel- vs. Mehrfachfertigung

1.4 Festlegung des Fertigungsprinzips

Gestaltung der Bearbeitungsreihenfolge

Die Festlegung des **Fertigungsprinzips** ist gleichzusetzen mit der innerbetrieblichen Standortwahl in Form der organisatorischen Gestaltung der Bearbeitungsreihenfolge der Erzeugnisse und der Zuordnung der Aufgaben zu den Arbeitsplätzen. Es lassen sich die Punkt-, Werkstatt-, Gruppen- und Fließfertigung unterscheiden.

Abb. 102 Fertigungsprinzip

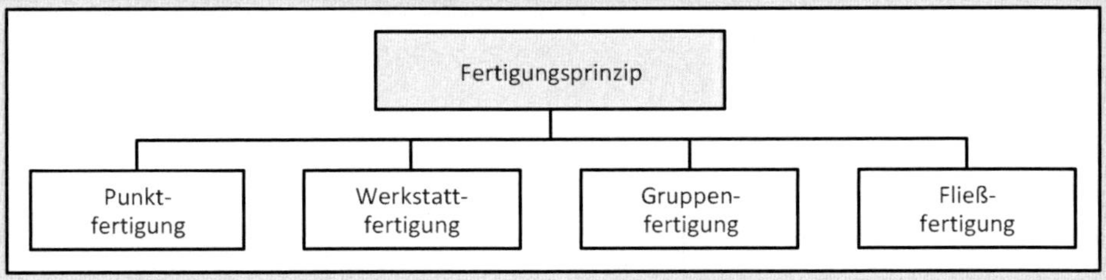

Punktfertigung
- alle Arbeitsvorgänge an einer Stelle

Typisches Merkmal der **Punktfertigung** ist der Vollzug aller Arbeitsvorgänge an einer Stelle. Dies ist beispielsweise bei der Baustellenfertigung oder Kolonnenfertigung zu finden.

Werkstattfertigung
- Gestaltung fertigungstechnischer Einheiten

Bei der **Werkstattfertigung** werden alle Maschinen und Arbeitsplätze mit gleichartigen Arbeitsverrichtungen zu einer fertigungstechnischen Einheit (Werkstatt) zusammengefasst (z. B. Dreherei, Sägerei, Fräserei). Wesentliche Vorteile der Werkstattfertigung sind in der hohen qualitativen und quantitativen Flexibilität sowie dem hohen realisierbaren Qualitätsniveau zu sehen. Die Nachteile bestehen in z. T. langen Transportwegen und –kosten, großen Zwischenlägern und der häufigen Nichtauslastung der Kapazitäten. Insbesondere die Flexibilität der Anordnung von Arbeitsschritten ist in der folgenden Abbildung in Bezug auf die Erzeugnisse A, B, C veranschaulicht.

Beispiel

Abb. 103 Beispiel Werkstattfertigung

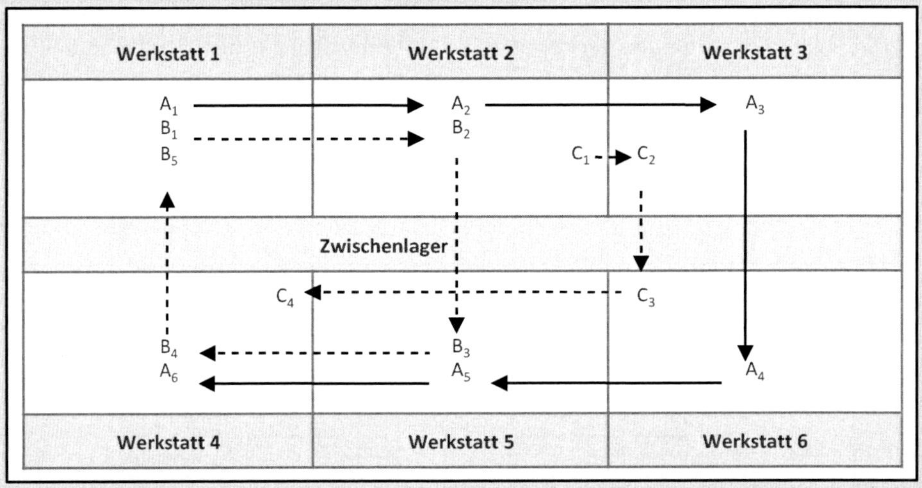

Quelle: in Anlehnung an Thommen et al. 2016, S. 182

Fließfertigung
- Anordnung entlang der zu verrichtenden Tätigkeiten

Bei der **Fließfertigung** sind die Arbeitsplätze und Anlagen in der Reihenfolge der am Produkt durchzuführenden Tätigkeiten angeordnet. Sie kommt vor allem zum Einsatz bei der Produktion großer gleichartiger Stückzahlen (Massen- oder Großserienfertigung), die für längere Zeit, ohne größere Modifikation hergestellt werden. Es gibt **zwei Arten** der Fließfertigung: Die **ungetaktete Straßenfertigung** ohne feste Taktzeiten. Hier besteht kein exakter Zeitzwang für die Ausübungen der einzelnen Verrichtungen. Die **Taktfertigung** mit festen Zeittakten unterliegt einer vollständigen zeitlichen Abstimmung zwischen den einzelnen Verrichtungen des Produktionsprozesses.

Vorteile der Fließfertigung sind vor allem zu sehen in kurzen Transportwegen und Durchlaufzeiten, geringen Zwischenlägern sowie übersichtlichen Produktionsprozessen. Nachteile bestehen in der mitunter wiederholten Durchführung gleicher Verrichtungen, dem hohen Kapitalbedarf und hohen Fixkosten für die erforderlichen Maschinen, der hohen Störungsanfälligkeit sowie der Monotonie der auszuführenden Tätigkeiten für die Mitarbeiter.

Abb. 104 Beispiel Fließfertigung

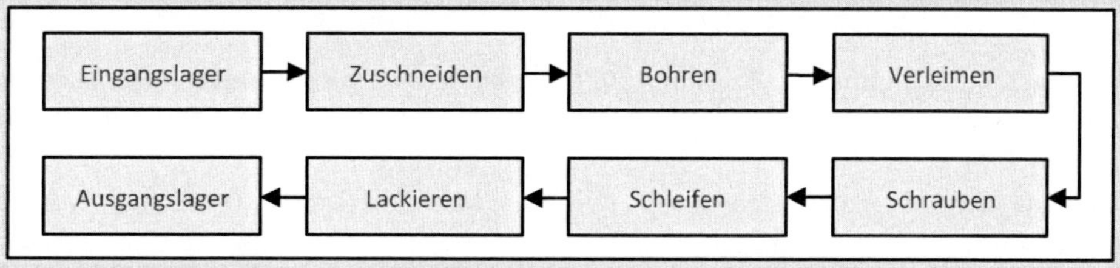

Quelle: in Anlehnung an Thommen et al. 2016, S. 182

Beispiel

Die **Gruppenfertigung** stellt eine Kombination von Werkstatt- und Fließfertigung (Fertigungsinsel, Fertigungszelle) dar. Die Produktion wird hierbei in fertigungstechnische Einheiten unterteilt, die eine sogenannte Funktionsgruppe bilden. Innerhalb einer Funktionsgruppe wird jeweils das Fließprinzip angewendet.

Gruppenfertigung
- Kombination von Werkstatt- und Fließfertigung

Abb. 105 Beispiel Gruppenfertigung

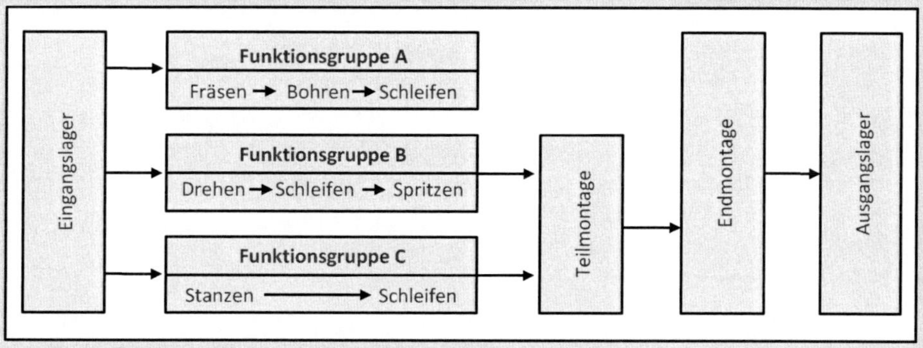

Quelle: in Anlehnung an Thommen et al. 2016, S. 185

Beispiel

Begrifflichkeiten zum Nachschlagen

... damit sollten Sie umgehen können:

- Produktion
- Produktionsmanagement
- Produktionsplanung
  - Produktions- und Absatzprogramm
  - Make-or-buy-Entscheidung
  - Outsourcing
- Produktionssteuerung
- Produktionsprogramm
- Produktionsmenge
- Fertigungstyp
- Fertigungsverfahren

Wiederholungsfragen

1. Erläutern Sie die Begriffe „Produktion“, „Produktionsmanagement“ und „Produktionsplanung“.
2. Erläutern Sie die Begriffe „Make-or-buy-Entscheidung“ und „Outsourcing“.
3. Skizzieren Sie die Ansätze zur Ausrichtung der Produktion auf saisonale Schwankungen.
4. Skizzieren und erläutern Sie die Fertigungstypen.
5. Skizzieren und erläutern Sie die Fertigungsprinzipien.

Literaturhinweise

Haasig, H.-D.: Produktions- und Logistikmanagement. Gestaltung und Planung der Wertschöpfungsprozesse. Wiesbaden 2007.

Syska, A.: Produktionsmanagement, Das A-Z wichtiger Methoden und Konzepte für die Produktion von heute. Wiesbaden 2006.

Thommen, J.-P.; Achleitner, A.-K.; Gilbert, D. U.; Hachmeister, D.; Kaiser, G.: Allgemeine Betriebswirtschaftslehre: Umfassende Einführung aus managementorientierter Sicht. 8. Aufl., Wiesbaden 2016.

Thonemann, U.: Operations Management. Konzepte, Methoden und Anwendungen. München u.a. 2005.

Wöhe, G.; Döring, U.; Brösel, G.: Einführung in die Allgemeine Betriebswirtschaftslehre. 26. Aufl., München 2016.

2 Planung und Kontrolle des Produktionsablaufs

Die Planung und Kontrolle des **Produktionsablaufs** soll nachfolgend in Anlehnung an den Fall eines Kundenauftrags für ein Industrieunternehmen betrachtet werden. Die Situation eines solchen Auftrages sowie die daraus folgenden Aktivitäten sind in der folgenden Abbildung im Überblick dargestellt.

Schema für einen Produktionsablauf

Abb. 106 Produktionsablauf

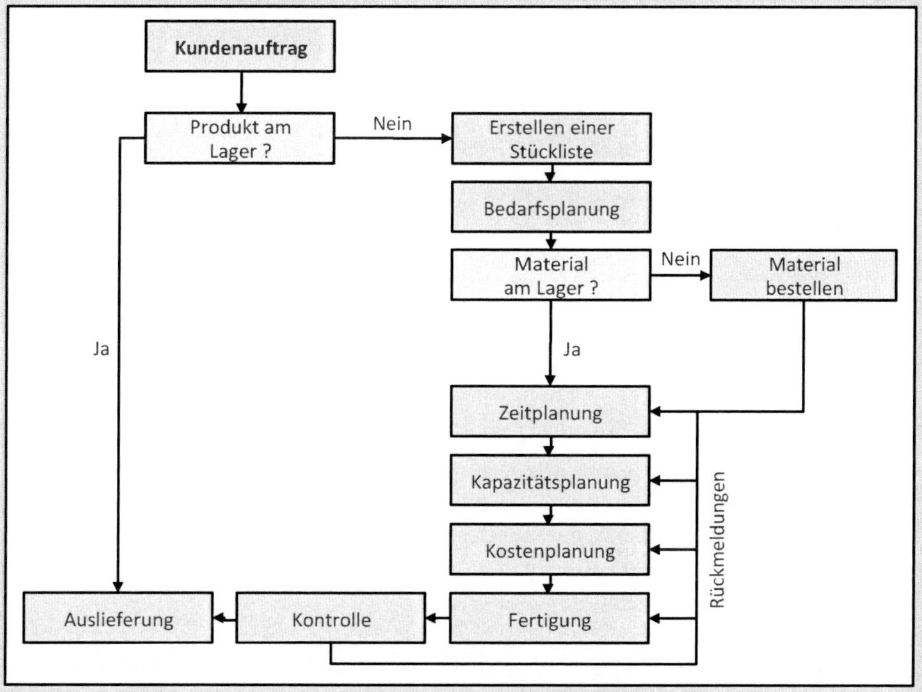

Quelle: in Anlehnung an Thommen et al. 2016, S. 189

Die einzelnen Aktivitäten sowie in Verbindung damit einzusetzende Techniken werden nachfolgend betrachtet.

2.1 Erstellen einer Stückliste

Stückliste
- Art- und mengenmäßige Zusammensetzung des Erzeugnisses

Nach Eingang des Kundenauftrags ist – sofern das Endprodukt aus mehreren Teilen zusammengesetzt ist – eine sogenannte **Stückliste** zu erstellen. Diese beinhaltet in tabellarischer Form die art- und mengenmäßige Zusammensetzung eines Erzeugnisses. Ihr kann entnommen werden, aus welchen Materialien, Rohstoffen, Teilen oder Baugruppen sich das Endprodukt zusammensetzt.

Darstellung des Produktionsablaufs nach Fertigungsstufen

Die genaue Zusammensetzung und Struktur der einzelnen Bestandteile eines Erzeugnisses wird in der sogenannten **Erzeugnisstruktur** festgehalten. Dies kann rein tabellarisch oder in grafischer Form erfolgen. Als strukturgebendes Element werden üblicherweise die Fertigungsstufen oder die Dispositionsstufen herangezogen:

- Bei der Darstellung nach **Fertigungsstufen** bildet die Montage des Endproduktes die Fertigungsstufe 0. Darunter werden die einzelnen vorgelagerten Fertigungsstufen abgebildet und jene Teile bzw. Baugruppen festgehalten, die in die nächste Fertigungsstufe eingehen. Diese sehr übersichtliche Darstellung ist vor allem vorteilhaft, wenn mehrere Endprodukte mit gleichen Teilen vorliegen.

Beispiel

Abb. 107 Beispiel Produktionsablauf nach Fertigungsstufen

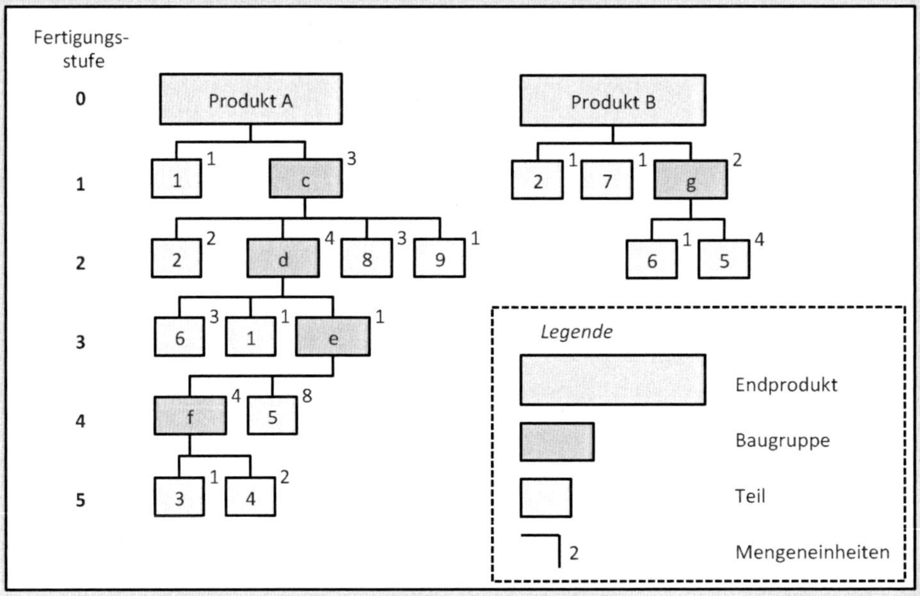

Quelle: in Anlehnung an Thommen et al. 2016, S. 153

Darstellung des Produktionsablaufs nach Dispositionsstufen

- Die Darstellung nach **Dispositionsstufen** (= tiefste Fertigungsstufen zur Ermittlung von Sekundärbedarfen, Bedarfsterminen und Losgrößen) findet ihren Einsatz, wenn die gleichen Teile oder Baugruppen auf unterschiedlichen Fertigungsstufen für verschiedene Endprodukte verwendet werden. Die Darstellung erfolgt mit Hilfe eines sogenannten **Gozinto-Graphen** (vgl. Abb. 108**)**.

Beispiel

Abb. 108 Beispiel Produktionsablauf nach Dispositionsstufen

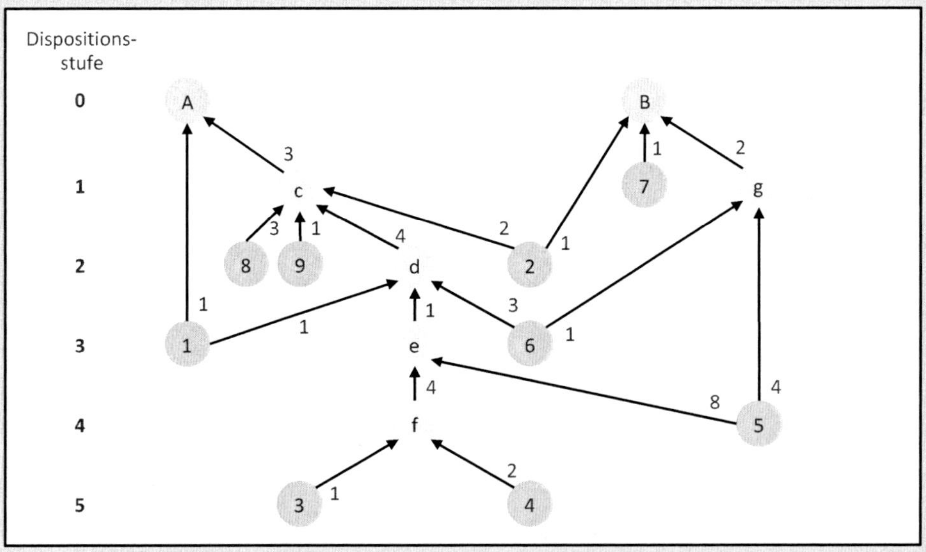

Quelle: in Anlehnung an Thommen/Achleitner 2009, S. 389

2.2 Zeitplanung

Terminieren des Fertigungsablaufs

Sind die Stücklisten erstellt, ist unter Berücksichtigung der verfügbaren Maschinen und Mitarbeiter der Fertigungsablauf zu terminieren. Ziel ist es, die Anfangs- und Endtermine der einzelnen Arbeitsschritte so aufeinander abzustimmen, dass der Kundenauftrag fristgerecht erledigt werden kann.

Auftragszeit
- Rüst- vs. Ausführungszeiten

Die **Auftragszeit** wird dabei unterteilt in Rüst- und Ausführungszeiten. **Rüstzeiten** sind Zeiten zur Vor- und Nachbereitung der Maschine, um die eigentliche Ausführung sicherzustellen. Die Rüstzeit lässt sich weiter unterteilen in:

- Rüstgrundzeiten = Sollzeiten (Bearbeitung, Warte- und Transportzeiten) zur Durchführung der Arbeiten.
- Rüsterholungszeiten = Ruhezeiten für Mensch und Maschine.
- Rüstverteilzeiten = regelmäßig und unvorhersehbar anfallende Zeiten (z. B. Störungen der Maschine, Krankheit von Mitarbeitern etc.).

Die **Ausführungszeiten** sind im Unterschied zu den Rüstzeiten, die nur einmal je Auftrag anfallen, direkt mengenabhängig. Ausnahme ist die Verteilzeit, die mengenunabhängig ist und auch hier en block zugerechnet wird.

Zusammensetzung der Auftragszeit

Abb. 109 Auftragszeit

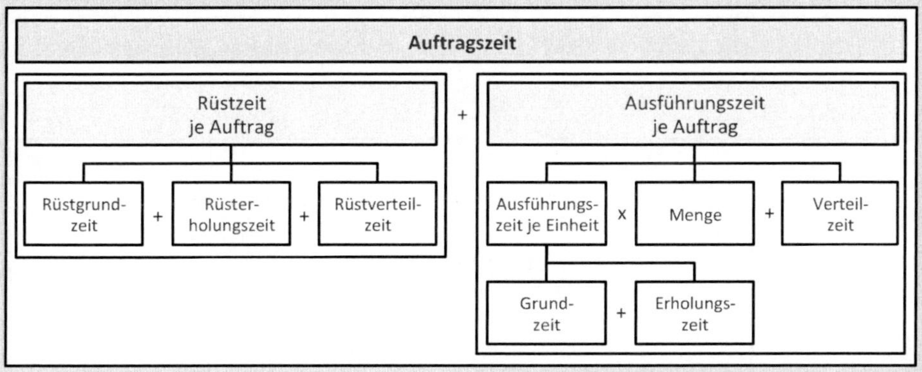

Quelle: in Anlehnung an Thommen et al. 2016, S. 190

Auf Basis der bekannten Ausführungs- und Rüstzeiten kann der gesamte Zeitaufwand für die Erstellung eines Teils berechnet werden. In Kombination mit der Stückzahl ergibt sich die gesamte Auftragszeit.

In Kombination mit den Stücklisten lässt sich so der Start- und Endtermin des gesamten Auftrags oder der einzelnen Arbeitsgänge berechnen. Ein einfaches Instrument dafür stellt das **Balkendiagramm** (Balkenplan) dar. Die einzelnen Bearbeitungsschritte werden hier in eine zeitliche Reihenfolge gebracht und ggf. mit Überlappungen versehen. Auf der Abszisse findet sich die Zeiteinteilung in Tagen, Wochen oder Monaten, auf der Ordinate werden die einzelnen Arbeitsschritte untereinander gereiht. Je nachdem ob man bei der Berechnung vom ersten oder letzten Teilschritt ausgeht spricht man von **progressiver** oder **retrograder Terminierung** (vgl. Abb. 111).

Informationsgrundlagen der Zeitplanung

Abb. 110 Beispiel Informationsgrundlagen der Zeitplanung

Sachnummer	Rüstzeit in Std.	Ausführungszeit in Std.	Stückzahl	Auftragszeit in Std.	Tage (zu 8 Arbeitsstunden)	Tage (zu 16 Arbeitsstunden)
A	7	25	1	32	4	2
B	6	1	10	16	2	1
c	5	25	3	80	10	5
d	4	5	12	64	8	4
e	12	3	12	48	6	3
f	24	0,5	48	48	6	3
g	2	1,5	20	32	4	2
1	3	1	13	16	2	1
2	4	1	16	20	2	1
3	4	0,25	48	16	2,5	1,25
4	8	0,25	96	32	4	2
5	12,8	0,2	176	48	6	3
6	20	0,5	56	48	6	3
7	6	1	10	16	2	1
8	7,5	4,5	9	48	6	3
9	4	4	3	16	2	1

Quelle: in Anlehnung an Thommen et al. 2016, S. 191

Beispiel Balkenplan

Abb. 111 Progressive vs. retrograde Terminierung

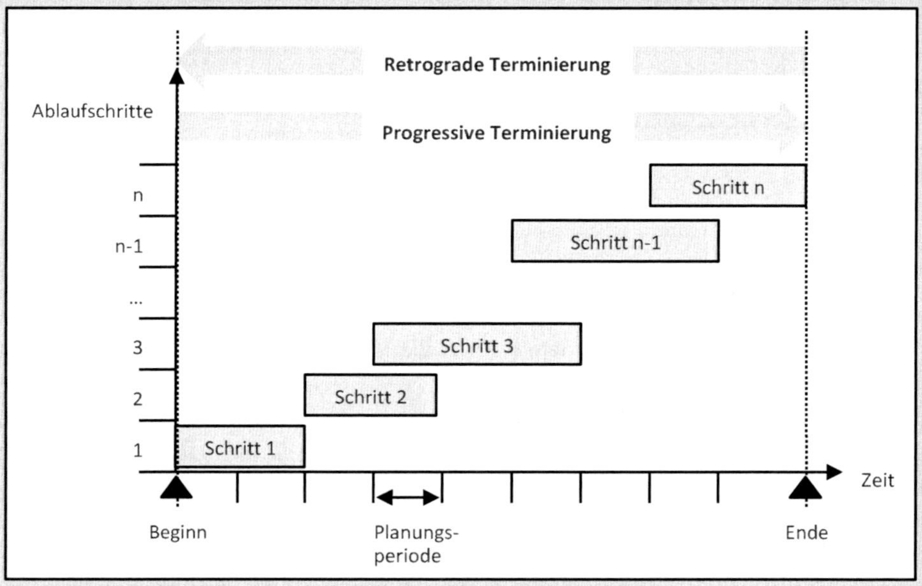

Netzplantechnik für komplexere Planungen

Wird die Planung komplexer, reicht ggf. ein einfacher Balkenplan dieser Art zur Darstellung der zeitlichen Verknüpfung nicht mehr aus. Man greift dann auf die sogenannte **Netzplantechnik** zurück. Dabei werden die zur Verwirklichung des Auftrags zentralen Bearbeitungsschritte und Ereignisse sowie deren logische und zeitliche Verknüpfungen visualisiert.

2.3 Kapazitätsplanung

Im Anschluss an die Berechnung der Durchlaufzeiten sind die erforderlichen Kapazitäten zu ermitteln. Ziel der **Kapazitätsplanung** ist es, zu überprüfen, ob ausreichende Kapazitäten vorhanden sind und sicherzustellen, dass diese optimal ausgenutzt werden, um möglichst wenige Leerzeiten entstehen zu lassen.

Kapazitätsplanung
- Sicherstellen von Kapazitätsbedarf und -auslastung

Auch hierfür bietet sich die Verwendung eines Balkendiagramms an, in welchem ergänzend zum Zeitbedarf der einzelnen Arbeitsschritte die Belegungszeiten von Maschinen/Personal eingetragen werden.

Wenn alternative Anlagen für die Fertigung eines Produkts bzw. Teils zur Verfügung stehen oder die Reihenfolge der Bearbeitung für die Fertigungsaufträge festgelegt werden muss, wird ergänzend die Erstellung eines sogenannten **Maschinenbelegungsplans** erforderlich. Darin erfolgt die Zuordnung von Fertigungsaufträgen zu den Maschinen oder Anlagen. Dies ist vor allem dann notwendig, wenn alternative Anlagen für die Fertigung eines Produkts bzw. Teils zur Verfügung stehen oder die Reihenfolge der Bearbeitung für die Fertigungsaufträge festgelegt werden muss.

Maschinenbelegungsplan
- Zuordnung von Fertigungsaufträgen zu Maschinen oder Anlagen

Sollten die vorhandenen Kapazitäten kleiner sein, als die zur fristgerechten Erfüllung des Auftrages erforderlichen, sind Alternativen zu prüfen. Dazu gehören:

- Fremdvergabe (eines Teils) des Auftrags,
- Erhöhung der Intensität (Sonderschichten),
- Aushandlung einer Terminverschiebung/-verlängerung,
- Erhöhung der Kapazität (Ausbau der Anlagen).

Umgang mit Kapazitätsengpässen

2.4 Kostenplanung

Im Rahmen der Kostenplanung sind die Gesamtkosten eines Auftrages zu erfassen. Diese stehen häufig im Konflikt mit der Ablauf- und Kapazitätsplanung. Es gilt daher, den kritischen Weg einer effizienten Nutzung der Ressourcen aus Zeit- und Kostengesichtspunkten zu ermitteln.

Erfassen der Gesamtkosten des Auftrages

2.5 Fertigung

Im Anschluss an die Zeit-, Kapazitäts- und Kostenplanung erfolgt die Umsetzung des Auftrages, also die Fertigung der Produkte. Mit Hilfe des Ablaufplans, der Ablaufkarte und des Arbeitsplans (Werkstattpapier) wird den Mitarbeitern eine Anordnung hinsichtlich der Aufgaben und Arbeitsabläufe an die Hand gegeben.

Der **Ablaufplan** beinhaltet die Art und Reihenfolge der Stellen, die an der Erfüllung einer bestimmten Aufgabe beteiligt sind (vgl. Abb. 112).

Auftragsumsetzung mittels
- Ablaufplan,
- Ablaufkarte und
- Arbeitsplan

Die **Ablaufkarte** ist eine spezielle Form des Ablaufplans. Sie dient vor allem im Fertigungs- oder Montagebereich zur Transparentmachung des Arbeitsablaufs. Es sind darin die verschiedenen Arbeitsgänge (Ablaufstufen), die Art der Verrichtung sowie die an der betrachteten Arbeit beteiligten Stellen abzulesen. Es ist ein sehr einfaches und leicht verständliches Instrument, eignet sich jedoch vor allem bei weniger komplexen oder stark verzweigten Arbeitsprozessen, wie z. B. der Serienfertigung (vgl. Abb. 113).

Der **Arbeitsplan** (Werkstattpapier) beinhaltet die erforderlichen Informationen, die der Mitarbeiter zur Herstellung der Produkte braucht. Dazu gehören die erforderlichen Maschinen und Arbeitsplätze, die benötigten Werkzeuge und Materialien, die Reihenfolge der verschiedenen Arbeitsgänge und die dafür vorgesehenen Zeiten und Kosten. Da der Aufwand zur Erstellung relativ groß ist, finden sie ihren Einsatz vor allem bei der Serienfertigung (vgl. Abb. 114).

Beispiel

Abb. 112 Beispiel Ablaufplan

Stellen					Arbeitsablauf: Betriebsmaterial IST		
Dir	Pr	Ei	V	A	Nr.	Aufgaben, Tätigkeiten	Bemerkungen
					1	• Wöchentliche Bestandskontrolle • Festlegung der zu bestellenden Artikel und Mengen • Ausstellung einer Bedarfsanforderung	Lieferanten-kartei beim Einkauf
					2	• Ergänzt Bedarfsanforderung mit Preisen, Liefer-bedingungen • Eintrag der Kostenstellen-Nummer • Schreiben der Bestellung	Produktion
					3	• Kontrolle der Bestellung, Unterschrift • Eintrag der bestellten Menge in Lagerkartei • Weiterleitung an Administration	Lagerkartei könnte vom Einkauf geführt werden
					4	• Kenntnisnahme und Kontrolle • Versand, Verteilung der Bestellkopien	Weshalb nicht Einkauf
					5	• Eingang der Auftragsbestätigung • Kenntnisnahme, Weiterleitung	
					6	• Kontrolle der Daten • Eintragung der Liefertermine • Meldung an Produktion	
					7	• Kontrolle der Daten • Eintragung der Liefertermine	Doppelspurig-keit
					8	• Eingang der Ware • Überprüfung der gelieferten Ware mit Auftrags-bestätigung • Ausstellung Wareneingangsschein • Eintragung in Lagerkartei • Weiterleitung der Kopien	

Quelle: Thommen/Achleitner 2009, S. 402; dort aus Nauer 1993, S. 211

Beispiel

Abb. 113 Beispiel Ablaufkarte

Arbeitsablauf		Inhalt Abteilung/Bereich
Aufgenommen von		Geprüft von
am		am

Lfd Nr.	Ablaufstufen	Verrichtung: Objektbearbeitung	Inspektion	Transport	Stillstand	beteiligte Stellen: Planungsabteilung	Fertigungsleiter	Lager für Einsatz-material	Einkauf	Sägerei	Hobeln	Schleiferei	Montage	Lackiererei	Trockenraum	Beschlaganbringung	Kontrolle	Absatzlager
1	Fertigungsauftrag			x		1												
2	Auftragsbearbeitung durch den Fertigungsleiter	x					2											
3	Materialbereitstellung			x				3										
4	Einkauf der Beschläge	x							4									
5	Zuschnitt der Rohteile	x								5								
6	Hobeln der Rohteile	x									6							
7	Schleifen und Vorbereiten zum Lackieren	x										7						
8	Montage	x											8					
9	Lackieren des Rahmens	x												9				
10	Trocknen				x										10			
11	Eingang der bestellten Beschläge			x												11		
12	Beschläge anbringen	x														12		
13	Kontrolle		x														13	
14	Lagerung				x													14

Quelle: Thommen/Achleitner 2009, S. 403; dort aus Küpper 1981, S. 63

Beispiel

Abb. 114 Beispiel Werkstattpapier

Arbeitsplan		Benennung: Antriebswelle			Zeichnung: 63.213.71		Stückzahl: 30		
Werkstoff: St 70		Rohlingsabmessung: ø 120 x 248 lang				Rohlingsgewicht: 22 kg/Stück			
Auftrags Nr.: 47/197		Termin: 14.5.01			Ausstellungstag: 25.3.01				
Nr.	Arbeitsgang	Maschine	Rüstzeit t_r in Minuten	Zeit je Einheit t_e in Minuten	Werkzeugkurzbezeichnung	Lohngruppe	Kostenstelle Arbeitsplatz	Vergleichswert tatsächlich verbrauchte Zeit	
								Rüsten	Fertigen
1	absägen 246 lang	Sgk 400	10	1,5		3		12	1,6
2	plandrehen, zentrieren	DZ 500	12	1,15	D1/B1	5		12	1,2
3	2. Seite plandrehen 244 lang	DZ 500	8	1,15	D1	5		8	1,1
4	3 Ansätze zwischen den Spitzen langdrehen	DZ 500	12	4,7	D3/4	5		10	4,5
5	Vierkant fräsen	UF 600 x 300	22	2,2	Fräsvorrichtung	4		22	2,3
6	entgraten	von Hand	-	0,35		3		-	0,4
7	bohren 2 x ø 8 und senken	BS 30	13	2,30	B2/8	3		12	2,2

Quelle: Thommen/Achleitner 2009, S. 404; dort aus Tschätsch 1983, S. 71

2.6 Kontrolle

Überwachen des Terminplans

Die Kontrolle des Produktionsablaufs erfolgt permanent und es werden die dabei gewonnenen Informationen fortlaufend rückgemeldet. Ziel ist es, den Terminplan zu überwachen und vor allem bei auftretenden Problemen bzw. Abweichungen die Zeit-, Kapazitäts-, Kosten- und Ablaufplanung anzupassen.

Begrifflichkeiten zum Nachschlagen

... damit sollten Sie umgehen können:

- Produktionsablauf
- Stückliste
- Auftragszeit
  - Rüstzeiten
  - Ausführungszeiten
- Kapazitätsplanung
- Maschinenbelegungsplan
- Ablaufplan
- Ablaufkarte
- Arbeitsplan

Wiederholungsfragen

1. Skizzieren und erläutern Sie einen typischen Produktionsablauf.
2. Erläutern Sie die Begriffe „Stückliste“, „Auftragszeit“, „Rüstzeiten“, „Ausführungszeiten“, „Kapazitätsplanung“, „Maschinenbelegungsplan“.
3. Erläutern und skizzieren Sie die Begriffe „Ablaufplan“, „Ablaufkarte“ und „Arbeitsplan“.

Literaturhinweise

Haasig, H.-D.: Produktions- und Logistikmanagement. Gestaltung und Planung der Wertschöpfungsprozesse. Wiesbaden 2007.

Syska, A.: Produktionsmanagement, Das A-Z wichtiger Methoden und Konzepte für die Produktion von heute. Wiesbaden 2006.

Thommen, J.-P.; Achleitner, A.-K.; Gilbert, D. U.; Hachmeister, D.; Kaiser, G.: Allgemeine Betriebswirtschaftslehre: Umfassende Einführung aus managementorientierter Sicht. 8. Aufl., Wiesbaden 2016.

Thonemann, U.: Operations Management. Konzepte, Methoden und Anwendungen. München u.a. 2005.

Wöhe, G.; Döring, U.; Brösel, G.: Einführung in die Allgemeine Betriebswirtschaftslehre. 26. Aufl., München 2016.

Weiterführende Literaturhinweise

Blohm, H.; Beer, Th.; Seidenberg, U.; Silber, H.: Produktionswirtschaft. 5. Aufl., Bochum 2016.

Ebel, B.: Produktionswirtschaft. 9. Aufl., Herne 2009.

Hässig, K.: Prozessmanagement. Erfolgreich durch effiziente Strukturen. Zürich 2000.

Kummer, S.; Grün, O.; Jammernegg, W. (Hrsg.): Grundzüge der Beschaffung, Produktion und Logistik. München u.a. 2006.

Syska, A.: Produktionsmanagement, Das A-Z wichtiger Methoden und Konzepte für die Produktion von heute. Wiesbaden 2006.

VII Rechnungswesen und Controlling

Lernziele des Kapitels

Dieses Kapitel soll Sie vertraut machen mit den folgenden Themen:

Begriffe, Inhalte und Methoden des externen Rechnungswesens, insbesondere Jahresabschluss (Bilanz, GuV, Anhang und Lagebericht), Konzernabschluss, internationale Rechnungslegung.

Begriffe, Inhalte und Methoden des internen Rechnungswesens, insbesondere Kosten- und Leistungsrechnung (Kostenarten-, Kostenstellen-, Kostenträgerrechnung), Kostenrechnungssysteme.

1 Grundlagen

Erfassen der betrieblichen Leistungserstellung

Im **betrieblichen Rechnungswesen** werden sämtliche mengen- und wertmäßige Zustände und Vorgänge (Geld- und Leistungsströme) der betrieblichen Leistungserstellung erfasst, verarbeitet, abgebildet und überwacht. Es lassen sich das externe und das interne Rechnungswesen unterscheiden.

Externes Rechnungswesen
- Rechenschaftslegung und Informationsbereitstellung nach außen

Das **externe Rechnungswesen** dient der Rechenschaftslegung und Informationsbereitstellung über die Vermögens-, Finanz- und Ertragslage des Unternehmens gegenüber den Eigen- und Fremdkapitalgebern, den Mitarbeitern sowie der interessierten Öffentlichkeit. Es wird durch das deutsche Handelsrecht (HGB) und Steuerrecht (EstG, KStG) sowie zum Teil internationale Standards (IFRS, US-GAAP) bestimmt. Wesentliche Bestandteile des externen Rechnungswesens sind der Jahres- und Konzernabschluss, die Steuerbilanz sowie Sonderbilanzen, die bei besonderen Finanzierungsanlässen (Gesellschaftsgründungen, -umwandlungen, -fusionen, -sanierungen, -konkurse und -vergleiche) aufgestellt und publiziert werden müssen.

Internes Rechnungswesen:
- Dokumentation, Überwachung und Steuerung nach innen

Das **interne Rechnungswesen** dient der Dokumentation, Überwachung und Steuerung aller im Unternehmen stattfindenden Geld- und Leistungsströme sowie der damit zusammenhängenden Ressourcen. Es ist weitgehend unternehmensindividuell gestaltet und kann in die zwei Hauptbereiche der Kosten- und Leistungsrechnung und des Controlling unterteilt werden. Sonstige Bereiche sind z. B. die Kapitalflussrechnung, Betriebsanalysen, Statistiken etc.

Ein Vergleich zwischen externem und internem Rechnungswesen ist der Abb. 115 zu entnehmen.

Finanzbuchhaltung:
- Chronologische Erfassung des laufenden Geschäftsverkehrs

Wesentliche Grundlage für das externe und interne Rechnungswesen stellt die **Finanzbuchhaltung** dar. Sie hat die Aufgabe der chronologischen und systematischen Erfassung des laufenden Geschäftsverkehrs und erfasst alle wirtschaftlich relevanten Geschäftsvorfälle, die sich auf den Wert und die Zusammensetzung des Vermögens, des Kapitals und des Erfolges eines Unternehmens auswirken.

Abb. 115 Betriebliches Rechnungswesen

Betriebliches Rechnungswesen		
	Externes Rechnungswesen	**Internes Rechnungswesen**
Ziele	• Rechenschaftslegung • Information	• Dokumentation • Kontrolle • Steuerung
Vorschriften	• Handelsrecht (HGB) • Steuerrecht (EstG, KStG) • IFRS, US-GAAP	• Weitgehend unternehmensspezifische Ausgestaltung
Rechnungsgrößen	• Aufwand und Ertrag (Erfolgsgrößen, die für externe Erfolgsnachweise dienen)	• Kosten und Leistungen (Rechnungsgrößen, die für interne Analyse- u. Entscheidungsanlässe betrachtet werden)
Bestandteile	Jahresabschluss; Konzernabschluss; Steuerbilanz; Sonderbilanzen	Kosten- und Leistungsrechnung; Controlling; Sonstige Bereiche

Für die systematische Erfassung dienen die **Konten der Buchhaltung**. Hier werden Bestandskonten und Erfolgskonten unterschieden (vgl. Abb. 116).

Bestandskonten vs. Erfolgskonten

- In den **Bestandskonten** werden sämtliche Anfangsbestände sowie Zu- und Abgänge der Vermögens- und Kapitalpositionen erfasst. Der Saldo daraus, die Endbestände, werden im Rahmen des Jahresabschlusses in der Bilanz ausgewiesen.
- In den **Erfolgskonten** werden sämtliche in einer Periode angefallenen Aufwendungen und Erträge erfasst. Der Saldo der Aufwands- und Ertragspositionen wird im Rahmen des Jahresabschlusses in der Gewinn- und Verlustrechnung (GuV) ausgewiesen.

Jedem Konto werden ganz bestimmte Geschäftsvorgänge zugewiesen (z. B. alle Vorgänge, die die Roh-, Hilfs- und Betriebsstoffe betreffen). Je nach Anzahl der Konten werden diese in Klassen und Gruppen zusammengefasst (z. B. Anlagevermögen und langfristiges Kapital). Die daraus resultierende Systematik wird als **Kontenplan** bezeichnet. Ist ein solcher für eine Gruppe gleichartiger Unternehmen (z. B. einer Branche) aufgestellt, bezeichnet man diesen als **Kontenrahmen** (z. B. Industriekontenrahmen).

Begrifflichkeiten ...

Zur Erfassung der verschiedenen Zahlungs- und Leistungsvorgänge im Unternehmen werden die folgenden **grundlegenden Begrifflichkeiten des betrieblichen Rechnungswesens** verwendet:

... Auszahlungen und Einzahlungen

- **Auszahlungen** und **Einzahlungen** beinhalten Veränderungen des Geldbestandes (Kassenbestand + Bankguthaben).
  - Eine **Auszahlung** beinhaltet die Verminderung des Zahlungsmittelbestandes (Kasse, Bankkonto) durch einen baren oder bargeldlosen Zahlungsvorgang – also den Abfluss liquider Mittel.
  - Umgekehrt bedeutet eine **Einzahlung** die Erhöhung des Zahlungsmittelbestandes (Kasse, Bankkonto) durch einen baren oder bargeldlosen Zahlungsvorgang (Finanzmittelzugang) – also den Zufluss liquider Mittel.

... Ausgaben und Einnahmen

- **Ausgaben** und **Einnahmen** beinhalten Veränderungen des Geldvermögens (Zahlungsmittelbestand + Forderungen – Verbindlichkeiten).
  - Bei einer **Ausgabe** entsteht eine Verbindlichkeit (= Forderung eines Dritten) gegen das Unternehmen (= Erhöhung des Schuldenstands oder eine Verminderung von Forderungen).
  - Umgekehrt entsteht bei einer **Einnahme** für das Unternehmen eine Forderung gegenüber einem Dritten (oder Verringerung von Schulden).

Abb. 116 Schematische Darstellung der Finanzbuchhaltung

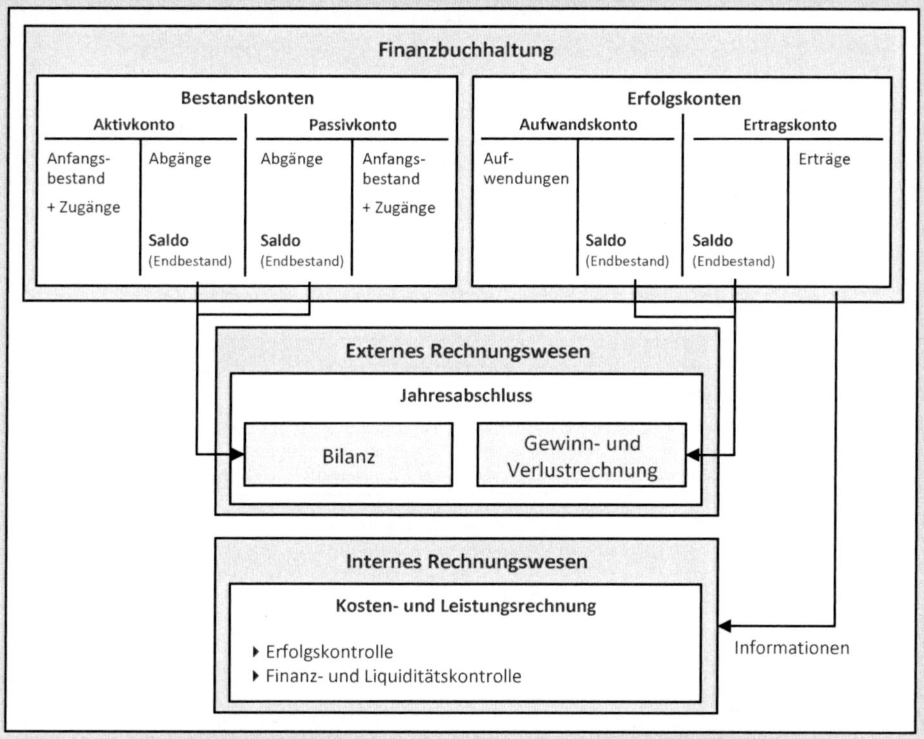

Quelle: in Anlehnung an Thommen et al. 2016, S. 202

Schematische Darstellung der Finanzbuchhaltung

... Aufwand und Ertrag

- **Aufwand und Ertrag** beinhalten (alle) Veränderungen im Reinvermögen (Geldvermögen + Sachvermögen) eines Unternehmens.
  - Umgekehrt resultiert ein **Ertrag** aus der Zunahme des Reinvermögens durch Einnahmen oder Wertzuwachs im Sachvermögen.
  - Ein **Aufwand** beinhaltet die Verringerung des Reinvermögens durch Ausgaben oder Wertverringerung im Sachvermögen.

... Kosten und Erlöse

- **Kosten und Erlöse** beinhalten betriebszweckbezogene Wertveränderungen.
  - **Kosten** sind der bewertete Verzehr von Gütern und Dienstleistungen im betrieblichen Leistungserstellungsprozess einer Periode.
  - **Erlöse** beinhalten den Wert aller erbrachten Leistungen im Rahmen der typischen betrieblichen Tätigkeit.

Die Beispiele in Abb. 117 mögen die Begrifflichkeiten verständlicher machen.

Beispiele

Abb. 117 Beispiele für Begrifflichkeiten des betrieblichen Rechnungswesens

Fall 1	Kunde bezahlt in t = 1 bar eine Ware des Unternehmens in Höhe von 1.000 € **Einzahlung in t = 1**
Fall 2	Kunde bekommt eine Ware des Unternehmens geliefert (t = 1), es wird ein Zahlungsziel von 30 Tagen vereinbart (t = 2) **Einnahme** in t = 1; Entstehen einer Forderung gegenüber dem Kunden **Einzahlung** in t = 2; gleichzeitig erlischt damit die Forderung an dem Kunden
Fall 3	Unternehmen bezahlt am Monatsende (t = 1) den Lohn der Mitarbeiter **Auszahlung in t = 1**
Fall 4	Unternehmen erhält Werkstoffe von einem Zulieferer (t = 1), der ein Zahlungsziel von 30 Tagen gewährt (t = 2) **Ausgabe** in t = 1: Entstehen einer Verbindlichkeit gegenüber dem Zulieferer **Auszahlung** in t = 2: gleichzeitig erlischt damit die Verbindlichkeit

Begrifflichkeiten zum Nachschlagen

... damit sollten Sie umgehen können:

- Rechnungswesen
  - Internes Rechnungswesen
  - Externes Rechnungswesen
- Auszahlungen und Einzahlungen
- Ausgaben und Einnahmen
- Aufwand und Ertrag
- Kosten und Erlöse

Wiederholungsfragen

1. Erläutern Sie Begriff und Inhalte des Rechnungswesens.
2. Grenzen Sie Aufgaben und Inhalte des Internen und Externen Rechnungswesens voneinander ab.
3. Skizzieren und erläutern Sie einen typischen Produktionsablauf.
4. Grenzen Sie die Begriffe „Auszahlungen und Einzahlungen“, „Ausgaben und Einnahmen“, „Aufwand und Ertrag“ sowie „Kosten und Erlöse“ voneinander ab.

Literaturhinweise

Thommen, J.-P.; Achleitner, A.-K.; Gilbert, D. U.; Hachmeister, D.; Kaiser, G.: Allgemeine Betriebswirtschaftslehre: Umfassende Einführung aus managementorientierter Sicht. 8. Aufl., Wiesbaden 2016.

Wöhe, G.; Döring, U.; Brösel, G.: Einführung in die Allgemeine Betriebswirtschaftslehre. 26. Aufl., München 2016.

2 Externes Rechnungswesen

2.1 Jahresabschluss

Einem Unternehmen stehen verschiedene Anspruchsgruppen gegenüber. Zum Schutz der direkt und finanziell am Unternehmen Beteiligten (Gläubiger-, Gesellschafterschutz), zur Information (Informationsfunktion) der Öffentlichkeit sowie zur Zahlungsbemessung für die Anteilseigner (Ausschüttungsbemessung) und für den Staat (Steuerzahlung) hat der Gesetzgeber eine gesetzliche Grundlage geschaffen. Danach sind alle Unternehmen verpflichtet, zum Ende eines jeden Jahres einen Jahresabschluss zu erstellen. Der darin zu findende Umfang an Informationen hängt von der Rechtsform und ggf. der Kapitalmarktorientierung ab:

- **Personengesellschaften** müssen einen einfachen Jahresabschluss erstellen (§ 242 Abs. 3 HGB). Dieser enthält die **Bilanz** und die **Gewinn- und Verlustrechnung (GuV)**.
- **Kapitalgesellschaften** müssen den Jahresabschluss um einen **Anhang** erweitern (§ 264 Abs. 1 Satz 1) erstellen. Wenn es sich um nicht kleine Kapitalgesellschaften im Sinne des § 267 Abs. 1 HGB handelt müssen diese zusätzlich einen **Lagebericht** aufstellen (§ 264 Abs. 1 Satz 1 i.V.m. Satz 4 HGB). Dieser ist jedoch kein Bestandteil des Jahresabschlusses, sondern ein eigenes Instrument der Berichterstattung.
- **Kapitalmarktorientierte Kapitalgesellschaften**, die nicht zur Aufstellung eines Konzernabschlusses verpflichtet sind, müssen den Jahresabschluss darüber hinaus um eine **Kapitalflussrechnung** sowie einen **Eigenkapitalspiegel** erweitern (§ 264 Abs. 1 Satz 2 HGB). Außerdem können sie den Jahresabschluss um eine **Segmentberichterstattung** erweitern.

Die Zusammensetzung der verschiedenen Formen von Jahresberichten kann der folgenden Abbildung entnommen werden.

Abb. 118 Umfang des Jahresabschlusses in Abhängigkeit von Rechtsform und Kapitalmarktorientierung

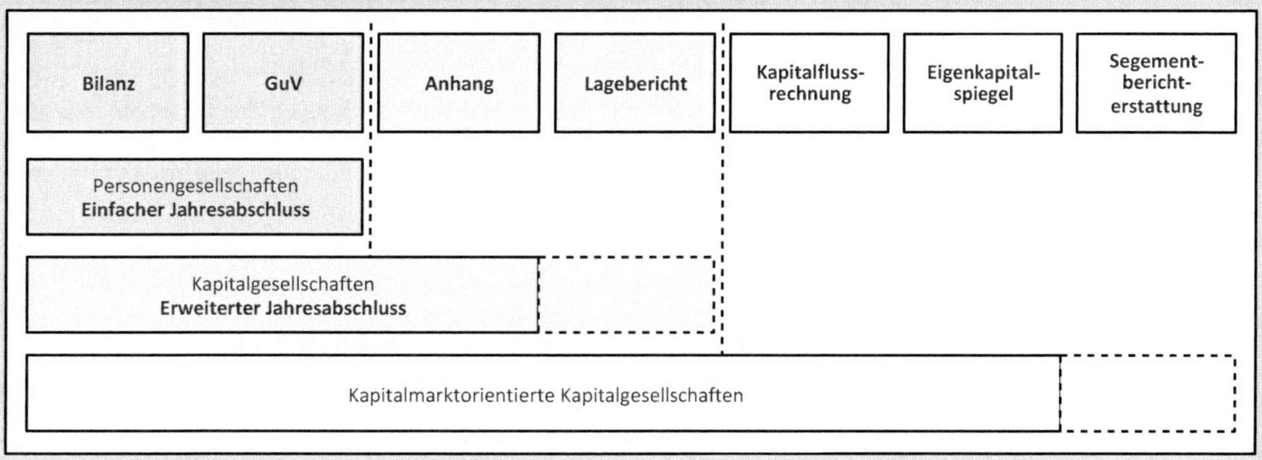

2.1.1 Bilanz

Aufstellung des Inventars

Jeder Kaufmann ist nach § 240 HGB verpflichtet, zu Beginn seines Handelsgewerbes und zu jedem folgenden Bilanzstichtag eine Aufstellung seines Inventars zu erstellen. Darin sind die einzelnen Vermögensgegenstände mengen-, art- und wertmäßig sowie die Schulden art- und wertmäßig zu verzeichnen. Aus dem Inventar wird die Bilanz abgeleitet.

Bilanz
= zeitpunktbezogene, betragsmäßig ausgewogene Gegenüberstellung der real vorhandenen Werte (Vermögen) mit den auf sie bezogenen Verpflichtungen gegenüber Dritten (Fremdkapital) und dem als Restgröße verbleibenden Anteil der Eigentümer

„Die **Bilanz** ist eine zeitpunktbezogene, betragsmäßig ausgewogene Gegenüberstellung der real vorhandenen Werte (Vermögen) mit den auf sie bezogenen Verpflichtungen gegenüber Dritten (Fremdkapital) und dem als Restgröße verbleibenden Anteil der Eigentümer (Eigenkapital)." (Wedell 2006, S. 23).

Ziel der Aufstellung der Bilanz ist es, die Vermögens- und Finanzlage des Unternehmens in übersichtlicher Form bereitzustellen. Der **Aufbau** der Bilanz richtet sich nach § 266 HGB. Er ist in Abb. 119 veranschaulicht.

Abb. 119 Aufbau einer Bilanz

	Aktiva	Passiva	
Gegliedert nach zeitlicher Bindung im Leistungs-Prozess ↓	A. Anlagevermögen I. Immaterielle Vermögensgegenstände II. Sachanlagen III. Finanzanlagen B. Umlaufvermögen I. Vorräte II. Forderungen u. sonst. Vermögensgegenstände III. Wertpapiere IV. Liquide Mittel C. Rechnungsabgrenzungsposten D. Aktive Latente Steuern E. Aktiver Unterschiedsbetrag aus der Vermögensrechnung	A. Eigenkapital I. Gezeichnetes Kapital II. Kapitalrücklagen III. Gewinnrücklagen IV. Gewinn-/Verlustvortrag V. Jahresüberschuss/-fehlbetrag B. Rückstellungen C. Verbindlichkeiten D. Rechnungsabgrenzungsposten E. Passive Latente Steuern	Gegliedert nach Fälligkeit ↓
	Bilanzsumme	Bilanzsumme	

Die beiden Seiten einer Bilanz müssen immer ausgeglichen sein.

Aktivseite:
Mittelverwendung

Die **Aktivseite** (Aktiva) weist das Anlage- und Umlaufvermögen des Unternehmens aus und gibt somit Auskunft über die Verwendung der in das Unternehmen eingebrachten Mittel (**Mittelverwendung**). Die Gliederung der einzelnen Posten auf der Aktivseite erfolgt nach der Dauer der Bindung.

- Das **Anlagevermögen** beinhaltet Güter, die über längere Zeit dem Unternehmenszweck dienen. Hierzu zählen immaterielle Vermögensgegenstände (Patente, Lizenzen, Geschäfts- oder Firmenwerte etc.), Sachanlagen (Grundstücke, Gebäude, Maschinen, Anlagen etc.) sowie Finanzanlagen (Wertpapiere, Beteiligungen etc.).
- Das **Umlaufvermögen** beinhaltet Güter, die zum Verkauf oder zur Weiterverarbeitung im Leistungsprozess bestimmt sind (Roh-, Hilfs- und Betriebsstoffe, Handelsware, halbfertige und fertige Erzeugnisse etc.), Forderungen, Wertpapiere (die nicht Beteiligungen sind) und Zahlungsmittel (Schecks, Kassenbestand, Bankguthaben etc.).
- **Rechnungsabgrenzungsposten** dienen der Periodisierung von Vermögensänderungen, d. h. Aufwand/Ertrag, die in einer anderen Periode zu Auszahlungen/Einzahlungen führen. Auf der Aktivseite stellen sie Auszahlungen dar, die bereits erfolgt sind (z. B. im Voraus gezahlte Miete für Januar des Folgejahres), aber einen Aufwand in der Folgeperiode beinhalten, oder einen Ertrag, der erst in der Folgeperiode zu einer Einzahlung führt (z. B. noch nicht erhaltene Mietzahlungen für Dezember).

Passivseite:
Mittelherkunft

Die **Passivseite** (Passiva) weist das Eigen- und Fremdkapital aus und gibt somit Auskunft über die Herkunft der im Unternehmen vorhandenen Mittel (**Mittelherkunft**). Die Gliederung der einzelnen Posten auf der Passivseite erfolgt nach der Fälligkeit.

- Das **Eigenkapital** beinhaltet das im Unternehmen vorhandene risikotragende Kapital. Es stellt die zeitpunktbezogene Differenz zwischen Vermögen und Fremdkapital dar. Zum bilanziellen Eigenkapital der Kapitalgesellschaft zählen neben das **gezeichnete Kapital** (Grund- bzw. Stammkapital), die **Kapitalrücklage**, die **Gewinnrücklage**, der **Gewinn-/Verlustvortrag** sowie der **Jahresüberschuss/-fehlbetrag**. Bei der Personengesellschaft bestimmen Entnahmen und Einlagen zusätzlich das Eigenkapital des Unternehmens.
- **Rückstellungen** beinhalten Aufwendungen oder Verluste, die am Bilanzstichtag dem Grunde nach bekannt sind, deren Höhe aber nicht feststeht, sowie Zahlungsverpflichtungen, die am Bilanzstichtag bereits feststehen, deren tatsächliche Fälligkeit und Höhe aber nicht genau zu bestimmen ist (z. B. Garantieverpflichtungen, Betriebsrenten an Mitarbeiter).
- Die **Verbindlichkeiten** beinhalten rechtlich festliegende sowie wirtschaftlich erwartete schuldrechtliche Zahlungs- bzw. Leistungsverpflichtungen.
- **Rechnungsabgrenzungsposten** bertreffen z. B. Aufwendungen die bereits angefallen sind, aber erst in der Folgeperiode zu Auszahlungen führen (z. B. noch zu zahlende Miete für Dezember), oder Einzahlungen, deren Ertrag der Folgeperiode zuzurechnen ist (z. B. im Voraus erhaltene Miete für Januar).

2.1.2 Gewinn- und Verlustrechnung (GuV)

Die **Gewinn- und Verlustrechnung (GuV)** beinhaltet die Gegenüberstellung der Ertrags- und Aufwandspositionen eines Unternehmens im abgelaufenen Geschäftsjahr und gewährt so einen differenzierten Einblick in die Ertragslage des Unternehmens.

GuV
= Gegenüberstellung der Ertrags- und Aufwandspositionen

Die Gliederung der GuV kann in Kontoform (Gegenüberstellung von Ertrag und Aufwand) oder Staffelform (Untereinanderschreiben von Ertrag und Aufwand) erfolgen. Für Kapitalgesellschaften ist die Staffelform vorgeschrieben (§ 275 HGB). Es gibt zwei **Arten** der Erstellung einer GuV:

Gesamt- vs. Umsatzkostenverfahren

- Beim **Gesamtkostenverfahren** werden die produzierten Leistungen einer Periode (Umsatzerlöse und Bestandsmehrungen) den gesamten Kosten, die in der Abrechnungsperiode angefallen sind, gegenüber gestellt.
- Beim **Umsatzkostenverfahren** werden die umgesetzten Leistungen (ohne Bestandsmehrungen) in einer Periode den mit dem Umsatz verbundenen Kosten gegenüber gestellt.

In Abb. 120 sind die beiden Verfahren veranschaulicht.

Aufbau GuV

Abb. 120 Aufbau einer Gewinn- und Verlustrechnung (GuV)

Gewinn- und Verlustrechnung (GuV)			
Gesamtkostenverfahren		**Umsatzkostenverfahren**	
Umsatzerlöse (abgesetzte Teile)	1.500	Umsatzerlöse (abgesetzte Teile)	1.500
+ Bestandsmehrung (produzierte Teile - abgesetzte Teile)	+ 500	- Umsatzaufwand (abgesetzte Teile)	- 1.000
= Gesamtleistung (produzierte Teile)	2.000		
- Gesamtaufwand (produzierte Teile)	- 1.500		
= Periodenerfolg	500	= Periodenerfolg	500

2.1.3 Anhang und Lagebericht

Erweiterung und Ergänzung des Jahresabschlusses um ...

Bei **Kapitalgesellschaften** (AG, GmbH, KGaA) sowie allen Personengesellschaften, bei denen nicht mindestens eine natürliche Person mit dem Privatvermögen unbeschränkt für Verbindlichkeiten der Gesellschaft haftet (z. B. GmbH & Co. KG), ist der Jahresabschluss um einen Anhang zu erweitern und um einen Lagebericht zu ergänzen (§§ 264 Abs. 1 und 264a HGB).

Eine Ausnahme von dieser Regel gilt für kleine Kapitalgesellschaften (§ 264 Abs. 1 Satz 4 HGB) (vgl. auch Abb. 27). Diese brauchen einen Lagebericht nicht aufzustellen. Als „klein" gilt eine Kapitalgesellschaft nach § 267 Abs. 1 HGB, wenn die Bilanzsumme 6.000.000€, der Jahresumsatz 12.000.000€ und die Zahl der Arbeitnehmer im Jahresdurchschnitt 50 Mitarbeiter nicht übersteigen. Sobald zwei dieser Merkmale überschritten werden, wird die Kapitalgesellschaft in eine größere Form der Kapitalgesellschaft eingestuft. Als „mittelgroß" gilt eine Kapitalgesellschaft nach § 267 Abs. 2 HGB, wenn die Bilanzsumme 20.000.000€, der Jahresumsatz 40.000.000€ und die Zahl der Arbeitnehmer im Jahresdurchschnitt 250 Mitarbeiter nicht übersteigen. Auch hier gilt die Maßgabe, dass eines dieser Merkmale überschritten werden darf. Werden zwei dieser Merkmale überschritten werden, wird die Kapitalgesellschaft automatisch nach § 267 Abs. 3 HGB als „groß" eingestuft. (vgl. dazu Abb. 22). Anhang und Lagebericht haben die Aufgabe, die Aussagekraft des Jahresabschlusses für externe Leser zu erhöhen.

... allgemeine Angaben zur Vermögens-, Liquiditäts- und Ertragslage

Der **Anhang** enthält allgemeine Angaben zur Vermögens-, Liquiditäts- und Ertragslage, soweit sie sich nicht bereits aus Bilanz und GuV ergeben. Darüber hinaus enthält er spezielle Erläuterungen zur Bilanz, zur Gewinn- und Verlustrechnung sowie sonstige Angaben (§ 285 HGB). Der Umfang der in den Anhang aufzunehmenden Angaben hängt von der Größe der Gesellschaft ab (§ 288 HGB).

... verbale Zusammenfassung und ergänzende Informationen

Der **Lagebericht**, der streng genommen kein Bestandteil, sondern eine Ergänzung des Jahresabschlusses darstellt, hat die Funktion, das umfangreiche Zahlenmaterial des Jahresabschlusses verbal zusammenzufassen und um ergänzende Informationen zu erweitern. Ziel ist es, den Bilanzlesern eine Beurteilung der wirtschaftlichen Lage zu erleichtern. Der Lagebericht muss den Geschäftsverlauf und die wirtschaftliche Lage des Betriebes wahrheitsgemäß und klar darstellen, wobei auch auf bedeutende Vorgänge zwischen Bilanzstichtag und Jahresabschlusserstellung, auf die voraussichtliche Entwicklung, auf künftige Risiken, auf die Forschungs- und Entwicklungsaktivitäten und auf die Zweigniederlassungen der Gesellschaft einzugehen ist (§ 289 HGB).

Die wesentlichen Funktionen von Anhang und Lagebericht sind der Abb. 121 zu entnehmen.

Funktionen von Anhang und Lagebericht

Abb. 121 Wesentliche Funktionen von Anhang und Lagebericht

Anhang	**Lagebericht**
▸ Erläuterung (z. B. über verwendete Bilanzierungs- und Bewertungsmethoden) ▸ Entlastung/Transparenz ▸ Korrektur ▸ Ergänzung	▸ Analyse ▸ Ausblick ▸ Zukunftsorientierung ▸ Ergänzung/Erweiterung des Blickwinkels (Branche, Geschäftsumfeld etc.)

2.2 Konzernabschluss

Die Verbindung rechtlich selbstständiger Unternehmen zu einer wirtschaftlichen Einheit lässt einen **Konzern** entstehen. Zur Beurteilung der Vermögens-, Finanz- und Ertragslage des Konzerns ist es wenig hilfreich, die Jahresabschlüsse der einzelnen Gesellschaften zu betrachten. Daher hat der Gesetzgeber derartige Konzerne, d. h. Kapitalgesellschaften, die auf ein anderes Unternehmen (Tochterunternehmen) unmittel- oder mittelbar einen beherrschenden Einfluss gemäß § 290 Abs. 1 und 2 HGB ausüben können, zur Aufstellung eines zusätzlichen Konzernabschlusses verpflichtet. Dieser hat vor allem Informationsfunktion. Zur Ermittlung von Gewinnausschüttungen und Ertragssteuerbelastungen werden immer nur die Einzelabschlüsse herangezogen.

Konzern
= Verbindung rechtlich selbstständiger Unternehmen zu einer wirtschaftlichen Einheit

Dieser **Konzernabschluss** umfasst die nach handelsrechtlichen Gesichtspunkten aufgestellten und konsolidierten Einzelabschlüsse der zum Konzernverbund gehörenden Unternehmen. Er besteht für börsennotierte Konzerne aus

Bestandteile des Konzernabschlusses

- der Konzernbilanz,
- der Konzern-Gewinn-und-Verlustrechnung,
- der Eigenkapitalveränderungsrechnung,
- der Kapitalflussrechnung,
- dem Konzernanhang,
- der Segmentberichterstattung.

Darüber hinaus ist ein Konzernlagebericht zu ergänzen, der über den Geschäftsverlauf und die gesamte Lage des Konzerns Auskunft gibt.

Die **Konsolidierung** (Aufrechnung) der Einzelabschlüsse folgt der sogenannten Einheitstheorie, d. h. die wirtschaftliche Einheit des Konzerns wird so behandelt, als wäre sie ein eigenständiges Unternehmen. Folgende Konsolidierungen sind vorzunehmen:

Konsolidierung
= Aufrechnung

Bereiche

- **Kapital**konsolidierung – Aufrechnung des Buchwerts der Beteiligungen gegen Anteile des Eigenkapitals bei den Tochtergesellschaften.
- **Schulden**konsolidierung – Aufrechnung von Forderungen und Verbindlichkeiten zwischen den Konzerngesellschaften.
- **Zwischenergebnis**konsolidierung – Eliminierung von Gewinnen und Verlusten aus Lieferungen und Leistungen zwischen den Konzerngesellschaften.
- **Aufwands- und Ertrags**konsolidierung – Aufrechnung von Aufwand und Ertrag aus Lieferungen und Leistungen zwischen den Konzerngesellschaften.

Die für die Erstellung des Konzernabschlusses anzuwendende Konsolidierungsmethode hängt von der Form der Beteiligung der in den Konzernabschluss einzubeziehenden Unternehmen ab:

Arten

- Die **Vollkonsolidierung** findet Anwendung bei Unternehmen, bei denen ein „Mutter-Tochter-Verhältnis" und ein beherrschender Einfluss der Muttergesellschaft (> 50% der Stimmrechte) vorliegt.
- Die **Quotenkonsolidierung** findet Anwendung bei Unternehmen (Gemeinschaftsunternehmen), die unter gemeinschaftlicher Leitung mehrerer Unternehmen stehen. Es werden in den Abschluss der Muttergesellschaft nur die quotalen Anteile der Vermögensgegenstände, Schulden etc. übernommen.
- Die **Equity-Methode** (Konsolidierungsähnliche Bewertung) ist eine Bewertungsvorschrift für assoziierte Unternehmen. Assoziierte Unternehmen liegen vor, wenn durch ein Mutter- oder Tochterunternehmen maßgeblicher Einfluss auf die Geschäfts- und Finanzpolitik eines anderen Unternehmens, das nicht zum Konzern gehört, ausgeübt wird. Die Methode beinhaltet die Fortschreibung des Beteiligungsbuchwertes entsprechend der Entwicklung des anteiligen Eigenkapitals des assoziierten Unternehmens.

2.3 Internationale Rechnungslegung

Im Zuge der zunehmenden Internationalisierung sind viele Unternehmen auf die Möglichkeit der Kapitalaufnahme über internationale Investoren angewiesen. Um deren Anforderungen gerecht zu werden ist die Umstellung bzw. die Ergänzung des handelsrechtlichen Jahresabschlusses um **internationale Rechnungslegungsnormen** von Bedeutung. Im Mittelpunkt stehen dabei die folgenden beiden Normen:

Zwei internationale Rechnungslegungsnormen

- **"International Accounting Standards/International Financial Reporting Standards (IAS/IFRS)"** – Diese Norm wird vom International Accounting Standards Board (IASB) entwickelt, mit dem Ziel, die bestehenden nationalen Rechnungslegungsnormen zu verbessern, zu harmonisieren sowie weltweit gültige und anwendbare Rechnungslegungsvorschriften zu formulieren.
- **"United-States-Generally Accepted Accounting Principles (US-GAAP)"** – Diese Norm wird vom Financial Accounting Board (FASB) für die in den USA börsennotierten Unternehmen entwickelt. Ziel ist es, die Rechnungslegung auf den Schutz des Wertpapierhandels in den USA auszurichten.

Während bei der kontinentaleuropäisch geprägten deutschen Rechnungslegung nach HGB die Interessen der Fremdkapitalgeber (Gläubigerschutz) im Mittelpunkt stehen, sind dies in der angelsächsisch geprägten internationalen Rechnungslegung vorrangig die Interessen und Bedürfnisse der Eigenkapitalgeber. Der Ursprung dafür liegt in der Finanzierungstradition: In Deutschland erfolgt die Kapitalbeschaffung traditionell eher über Banken, während dies im angelsächsischen Raum eher über den Eigenkapitalmarkt geschieht.

Begrifflichkeiten zum Nachschlagen

... damit sollten Sie umgehen können:

- Jahresabschluss
- Bilanz (Aktivseite, Passivseite)
- GuV (Gesamtkostenverfahren, Umsatzkostenverfahren)
- Anhang
- Lagebericht
- Konzernabschluss (Konsolidierung)
- Internationale Rechnungslegung
  - "International Accounting Standards/International Financial Reporting Standards (IAS/IFRS)"
  - "United-States-Generally Accepted Accounting Principles (US-GAAP)"

Wiederholungsfragen

1. Erläutern Sie Aufgaben und Inhalte des Jahresabschlusses.
2. Skizzieren und erläutern Sie die Aufgaben und Inhalte einer Bilanz.
3. Skizzieren und erläutern Sie die Aufgaben, Inhalte und Arten der Erstellung einer GuV.
4. Erläutern Sie Aufgaben und Inhalte von Anhang und Lagebericht.
5. Erläutern Sie Aufgaben, Ziele und Inhalte eines Konzernabschlusses.
6. Erläutern Sie die Ziele der internationalen Rechnungslegung. Nennen Sie die beiden wesentlichen Normen zur Erstellung des Jahresabschlusses im Rahmen der internationalen Rechnungslegung.

Literaturhinweise

Ballwieser, W.: IRFS-Rechnungslegung. Konzept, Regeln und Wirkungen. 3. Aufl., München 2013.

Coenenberg, A. G.: Jahresabschluss und Jahresabschlussanalyse - Betriebswirtschaftliche, handelsrechtliche, steuerrechtliche und internationale Grundsätze - HGB, IFRS, US-GAAP. 20. Aufl., Stuttgart 2005.

Thommen, J.-P.; Achleitner, A.-K.; Gilbert, D. U.; Hachmeister, D.; Kaiser, G.: Allgemeine Betriebswirtschaftslehre: Umfassende Einführung aus managementorientierter Sicht. 8. Aufl., Wiesbaden 2016.

Wöhe, G.; Döring, U.; Brösel, G.: Einführung in die Allgemeine Betriebswirtschaftslehre. 26. Aufl., München 2016.

3 Internes Rechnungswesen

Internes Rechnungswesen
- Kosten- und Leistungsrechnung
- Controlling

Das interne Rechnungswesen kann in die zwei Hauptbereiche Kosten- und Leistungsrechnung sowie Controlling unterteilt werden. Im Folgenden soll ein Überblick über die Grundlagen in diesen Gebieten gegeben werden.

3.1 Kosten- und Leistungsrechnung

Kosten- und Leistungsrechnung
= Systematische Erfassung, Verteilung und Zurechnung der entstehenden Kosten

Die **Kosten- und Leistungs-/Erlösrechnung** als betriebswirtschaftliches Informations- und Leitungsinstrument dient der systematischen Erfassung, Verteilung und Zurechnung der im Rahmen der betrieblichen Leistungserstellung und -verwertung entstehenden Kosten.

Die zentrale **Aufgabe** der Kosten- und Leistungsrechnung besteht darin, die Unternehmensleitung im Verlauf der Planungs- und Entscheidungsprozesse mit Informationen zu versorgen. Im Einzelnen geht es um die Unterstützung bei der Planung, Dokumentation und Kontrolle des Unternehmensprozesses.

Die **Dokumentation** stellt die wesentliche Basis für die Planung und Kontrolle des Unternehmensprozesses dar. Dazu werden folgende **Berichtsformen** erstellt:

- **Kostenartenrechnung** – Welche Kosten sind angefallen? Hier geht es um die Erfassung und Bewertung aller im Unternehmen anfallenden Kosten.
- **Kostenstellenrechnung** – Wo sind die Kosten angefallen? Hier geht es um die Zuordnung der Kosten zu den einzelnen Kostenstellen im Unternehmen.
- **Kostenträgerrechnung** – Wofür sind die Kosten angefallen? Hier geht es um die Zuordnung der Kosten zu den erbrachten Leistungen im Unternehmen.

Bewertung und Auswahl betrieblicher Handlungsalternativen

Im Rahmen der **Planung** und **Entscheidung** sind betriebliche Handlungsalternativen vor dem Hintergrund prognostizierter Umfeldentwicklungen im Sinne einer Kosten-Nutzen-Analyse zu bewerten und auszuwählen. Zu den Planungsaufgaben der Kosten- und Leistungsrechnung gehören u. a. die Ermittlung

- der Preisuntergrenze für mögliche Aufträge,
- des optimalen Produktionsverfahrens sowie
- des optimalen Produktionsprogramms.

Überprüfung der Planung

Die **Kontrolle** zielt auf die Überprüfung der Planung in Bezug auf die tatsächlich angefallenen Kosten innerhalb des Unternehmens in einer Planungsperiode. Hinsichtlich der Bezugsbasis lassen sich die folgenden Formen unterscheiden

- **Plan-Ist-Vergleich** – Die Soll-Werte können mit den tatsächlich realisierten Ist-Kosten verglichen werden.
- **Betriebsvergleich** (Benchmarking) – Die Entwicklung der Kosten- und Leistungsstruktur kann der anderer, vergleichbarer Unternehmen gegenübergestellt werden.
- **Zeitvergleich** – Die realisierten Kosten werden mit denen aus zwei oder mehr aufeinanderfolgenden Perioden verglichen.

Ziel der Dokumentation der Kosten- und Leistungen über die drei Instrumente der Kostenarten-, Kostenstellen- und Kostenträgerrechnung ist es, den Erfolg eines Produktes/einer Leistung eindeutig ermitteln und zuordnen zu können. Zunächst werden alle entstandenen Kosten in der Kostenartenrechnung erfasst. Sind diese eindeutig einem Produkt/einer Leistung zuzuordnen, werden sie über die Kostenträgerrechnung auf die Kostenträger verteilt. Ist dies nicht eindeutig möglich, muss ermittelt werden, wo die Kosten angefallen sind. Der Zusammenhang ist in der nachfolgenden Abbildung noch einmal verdeutlicht.

Abb. 122 Kostenarten-, Kostenstellen-, Kostenträgerrechnung

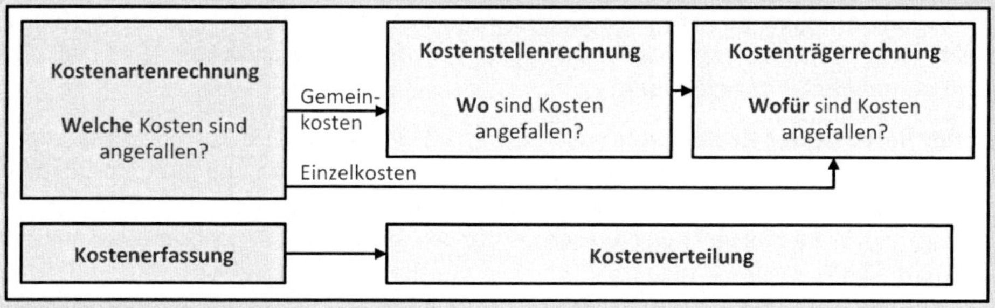

Quelle: in Anlehnung an Thommen et al. 2016, S. 256

Kostenarten-, Kostenstellen- und Kostenträgerrechnung

Im Folgenden werden die drei Instrumente genauer vorgestellt.

3.1.1 Kostenartenrechnung

Kostenartenrechnung
= Sammlung, Abgrenzung und Zuordnung aller Kosten

In der **Kostenartenrechnung** werden alle Kosten gesammelt, ihrer Art nach abgegrenzt und zugeordnet. Für die Erfassung und Gliederung der **Kostenarten** stehen verschiedene Alternativen zur Verfügung. Sie sind der nachfolgenden Abbildung zu entnehmen.

Gliederungsansätze ...

Abb. 123 Gliederungsansätze zur Unterscheidung von Kostenarten

Gliederungsansätze zur Unterscheidung von Kostenarten	
Kosteneinteilung nach ...	**Bezeichnung der Kosten**
Art der verbrauchten Produktionsfaktoren	Personalkosten, Materialkosten, Abschreibungen, Zinskosten usw.
Betrieblichen Funktionen	Beschaffungs-, Lager-, Fertigungs-, Verwaltungs- und Vertriebskosten
Art der Verrechnung	Einzelkosten, Gemeinkosten
Art der Kostenerfassung	Aufwandsgleiche und kalkulatorische Kosten
Herkunft der Kostengüter	Primäre und sekundäre Kosten
Verhalten bei Beschäftigungsänderungen	Fixe und variable Kosten

Quelle: in Anlehnung an Wöhe et al. 2016, S. 859

... nach Art der verbrauchten Produktionsfaktoren

Die Kostenarteneinteilung nach der **Art der verbrauchten Produktionsfaktoren** baut auf der GuV-Rechnung (nach dem Gesamtkostenverfahren) auf. Die darin ausgewiesenen Aufwandsarten werden in die Kostenrechnung überführt (Personalaufwand – Personalkosten etc.).

... nach Art der betrieblichen Funktionen

Die Kostenarteneinteilung nach den **betrieblichen Funktionen** dient vor allem der Vorbereitung der Kostenstellenrechnung. Die (Gemein-)Kosten lassen sich darin den definierten Funktionsbereichen zuordnen.

... nach Art der Verrechnung

Nach Art der **Verrechnung** werden Einzel- und Gemeinkosten unterschieden. **Einzelkosten** sind solche, die der einzelnen Bezugsgröße/dem Kostenträger direkt und verursachungsgerecht zugerechnet werden können (z. B. Materialkosten). **Gemeinkosten** sind solche, die sich dem Kostenträger nicht direkt zuordnen lassen („echte Gemeinkosten") oder deren Zuordnung zu aufwändig wäre („unechte Gemeinkosten", z. B. Miete, Abschreibungen).

... nach Art der Kostenerfassung

Nach der **Art der Kostenerfassung** sind aufwandsgleiche und kalkulatorische Kosten zu unterscheiden. **Aufwandsgleiche Kosten** sind solche, denen ein tatsächlicher Aufwand gegenübersteht. **Kalkulatorischen Kosten** steht ein Aufwand in anderer Höhe (= **Anderskosten**, z. B. kalkulatorische Abschreibungen) oder auch kein Aufwand (= **Zusatzkosten**, z. B. kalkulatorischer Unternehmerlohn) gegenüber.

... nach Herkunft der Kostengüter

Nach der **Herkunft der Kostengüter** werden primäre und sekundäre Kosten abgegrenzt. **Primäre Kosten** entstehen durch den Verbrauch von Kostengütern, die von außen bezogen werden. **Sekundäre Kosten** entstehen durch die Erstellung innerbetrieblicher Leistungen. Die Erfassung und Weiterverrechnung dieser Leistungen erfolgt im Betriebsabrechnungsbogen (BAB).

... nach dem Verhalten der Kosten bei Beschäftigungsänderungen

Nach dem Verhalten der Kosten bei **Beschäftigungsänderungen,** also deren Einfluss auf die Kosten, lassen sich fixe und variable Kosten unterscheiden. **Fixe Kosten** sind solche, die auf Beschäftigungsschwankungen während einer bestimmten Zeitdauer nicht reagieren (z. B. Miete). Sie sind unabhängig vom Auslastungsgrad konstant. Dabei sind **absolut-fixe** Kosten auch bei großen Beschäftigungsschwankungen völlig konstant, während **sprungfixe** Kosten nur innerhalb bestimmter Beschäftigungsintervalle fix sind (intervallfixe Kosten). **Variable Kosten** reagieren demgegenüber unmittelbar auf Änderungen des Beschäftigungsgrades (z. B. Materialkosten). Es können vier Arten der variablen Kosten unterschieden werden:

- **Proportionale** Kosten variieren mit der Beschäftigungsänderung im gleichen Verhältnis.
- **Progressive** Kosten steigen überproportional.
- **Degressive** Kosten steigen unterproportional (sinken bei steigender Beschäftigung relativ).
- **Regressive** Kosten sinken nicht nur relativ, sondern absolut bei steigender Beschäftigung.

Neben diesen Unterscheidungen kann zusätzlich die **Messgröße** zur Klassifikation von Kosten herangezogen werden:

Gesamt-, Stück-, Grenz- und Opportunitätskosten

- **Gesamtkosten** beinhalten die Summe des bewerteten Faktorverbrauchs zur Erstellung einer Leistungsmenge während einer bestimmten Periode (Gesamtkosten K_G = gesamte variable Kosten K_V + gesamte fixe Kosten K_F).
- **Stückkosten** ergeben sich durch die Aufteilung/Bezugnahme der Gesamtkosten auf die Anzahl der erstellten Leistungen (durchschnittliche Stückkosten $k = K/x$).
- **Grenzkosten** sind solche, die bei Erstellung (Produktion) einer zusätzlichen Einheit anfallen. Sie berechnen sich durch Aufteilung/Bezugnahme der Kostenveränderung auf die Mengenänderung (Grenzkosten = $\Delta K/\Delta x$).
- **Opportunitätskosten** bezeichnen den Nutzenentgang (= entgangener Erlös), der aus der Nichtnutzung einer Alternative resultiert.

3.1.2 Kostenstellenrechnung

Kostenstellenrechnung
= Bindeglied zwischen Kostenarten- und Kostenträgerrechnung

Die **Kostenstellenrechnung** ist als Bindeglied zwischen der Kostenarten- und der Kostenträgerrechnung anzusehen. In ihr finden sich die Kostenarten aus der Kostenartenrechnung, die nicht unmittelbar den Kostenträgern zugerechnet werden können (Gemeinkosten). Diese werden über die Kostenstellenrechnung den Stellen im Unternehmen zugerechnet, an denen sie im Verlauf der Leistungserstellung und –verwertung entstanden sind. Im Anschluss daran lassen diese Kosten sich wiederum auf die Kostenträger verrechnen. Darüber hinaus bietet die Kostenstellenrechnung die Möglichkeit der Durchführung einer Wirtschaftlichkeitsbetrachtung für die entsprechende Unternehmenseinheit.

Kostenstelle
= Betriebliche Abrechnungseinheit, für die Gemeinkosten gesondert erfasst werden

Eine **Kostenstelle** ist eine betriebliche Abrechnungseinheit, für die Gemeinkosten gesondert erfasst und auf die Kostenstellennutzer weiterverrechnet werden.

Die **Unterteilung** des Unternehmens in Kostenstellen sollte sich daran orientieren, dass das Unternehmen in Teilbereiche untergliedert wird, die

- eine einheitliche und kalkulierbare Leistung erbringen,
- nach der Verantwortung klar abgegrenzt sind und
- eine verursachungsgerechte Verteilung der Gemeinkosten ermöglichen.

Gliederungsansätze

Die **Bildung von Kostenstellen** kann unter verschiedenen Gesichtspunkten erfolgen:

- **Räumliche Gliederung** – Zusammenfassung von Gebäuden oder Gebäudeteilen zu einer Kostenstelle.
- **Funktionale Gliederung** – Orientierung der Kostenstellenabgrenzung an den Funktionsbereichen (Beschaffung, Lagerung, Fertigung, Vertrieb, Verwaltung).
- **Organisatorische Gliederung** – Bildung der Kostenstellen nach dem Verantwortungsbereich jeweils eines/einer Vorgesetzten.

Haupt- vs. Hilfskostenstellen

Unabhängig davon, nach welchen Gesichtspunkten die Gliederung erfolgt, unterscheidet man Hauptkostenstellen und Hilfskostenstellen. **Hilfs- oder Vorkostenstellen** sind Bereiche, die über keinen direkten Kontakt zu den hergestellten Produkten (Kostenträgern) verfügen. Sie erbringen ihre Leistungen nicht nach außen, sondern an andere Kostenstellen (z.B. Stromerzeugung, Instandhaltung). Die Kosten werden an andere (Haupt-)Kostenstellen verrechnet. Demgegenüber sind **Hauptkostenstellen** direkt an der Verarbeitung, Verwaltung oder dem Vertrieb von Kostenträgern beteiligt. Diese Kosten werden direkt den Kostenträgern verrechnet.

Im **Kostenstellenplan** sind die Kostenstellen eines Unternehmens in planvoller Anordnung enthalten. Das Grundschema eines Kostenstellenplans ist in der folgenden Abbildung enthalten.

Veranschaulichung Kostenstellenplan

Abb. 124 Grundstruktur eines Kostenstellenplans

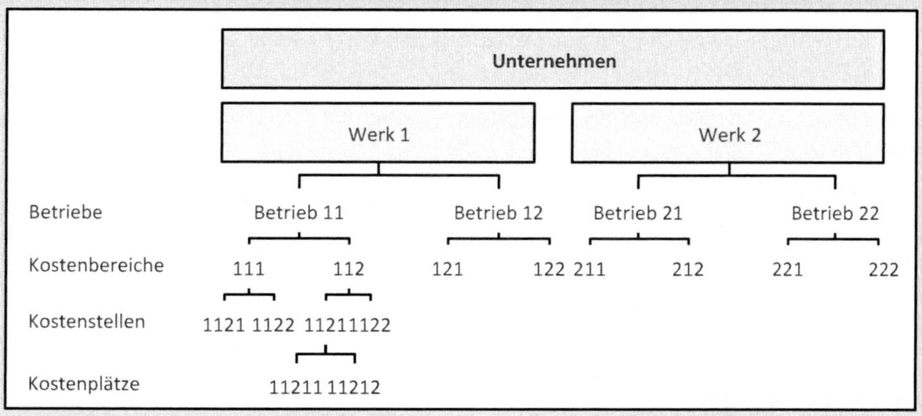

Quelle: Wöhe et al. 2016, S. 876

Die Verteilung der Gemeinkosten und die Ermittlung der Verrechnungssätze erfolgt im **Betriebsabrechnungsbogen (BAB)**. Ein solcher ist in der folgenden Abbildung vereinfacht dargestellt.

Betriebsabrechnungsbogen (BAB)

Abb. 125 Arbeitsgang im Betriebsabrechnungsbogen (BAB)

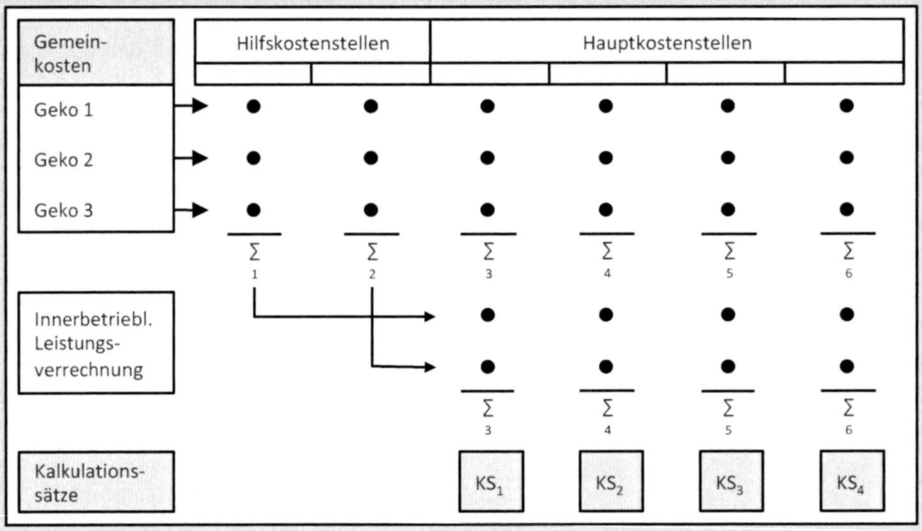

Quelle: Wöhe et al. 2016, S. 882

3.1.3 Kostenträgerrechnung

Kostenträgerrechnung
= Zurechnung der verursachten Einzel- und Gemeinkosten zu den Kostenträgern

Nachdem die Kostenarten im Unternehmen ermittelt und die Kostenzuschlagssätze festgelegt sind, kommt die Kostenträgerrechnung zum Einsatz. Ihre Aufgabe ist es, den Kostenträgern die durch sie verursachten Einzel- und Gemeinkosten zuzurechnen. Sie wird häufig auch als Kalkulation oder Selbstkostenrechnung bezeichnet.

Kostenträgerstück- vs. Kostenträgerzeitrechnung

Die Kostenträgerrechnung wird aufgeteilt in

- die **Kostenträgerstückrechnung** zur Ermittlung der Selbstkosten und Herstellkosten einer erstellten Leistung und
- die **Kostenträgerzeitrechnung** zur Ermittlung der Kosten einer Leistungsart (Produkt) in einer Periode.

Vier Verfahren zur Kostenzurechnung

Zur Zurechnung der Kosten auf die Kostenträger können vier verschiedene Verfahren eingesetzt werden:

- Divisionskalkulation,
- Äquivalanzziffernrechnung,
- Zuschlagskalkulation,
- Kuppelproduktion.

Diese werden nachfolgend kurz erläutert.

Divisionskalkulation

Divisionskalkulation

Die **Divisionskalkulation** stellt das einfachste Kalkulationsverfahren dar. Voraussetzung für die Anwendung durch ein Unternehmen ist, dass dieses nur ein homogenes Produkt herstellt. Zu unterscheiden sind entsprechend der Zahl der Fertigungsstufen in dem betreffenden Unternehmen die ein-, zwei- und mehrstufige Divisionskalkulation.

... einstufig

Die **einstufige Divisionskalkulation** kann von Unternehmen mit einstufiger Fertigung verwendet werden, die keine Halbfabrikate, keine Lagerhaltung und keine Lagerbestandsveränderung an Fertigfabrikaten vorweisen. Die produzierte Menge entspricht also der abgesetzten Menge. Die Ermittlung der Selbstkosten erfolgt durch Division der Gesamtkosten einer Periode durch die gesamte produzierte Menge der Periode (vgl. Abb. 126).

Beispiel

Abb. 126 Beispiel Einstufige Divisionskalkulation

Beispiel: Einstufige Divisionskalkulation	
Ausgangssituation	Gesamtkosten (K): 14.000 € Produktion (X): 1.000 Stück
Formel	k = K / x
Berechnung	k = (14.000 € / 1.000 Stück) k = 14 €/Stück

... zweistufig

Die **zweistufige Divisionskalkulation** kann von Unternehmen mit einstufiger Fertigung verwendet werden, die keine Halbfabrikate, keine Lagerhaltung in der Fertigung, aber eine Lagerbestandsveränderung an Fertigfabrikaten vorweisen. Die produzierte Menge weicht also von der abgesetzten Menge ab. Die Selbstkosten werden wie folgt ermittelt (vgl. Abb. 127):

- Trennen der Herstellkosten und der Vertriebskosten.
- Division der gesamten Herstellkosten der Periode durch die gesamte produzierte Menge der Periode.
- Division der gesamten Vertriebskosten der Periode durch die gesamte abgesetzte Menge der Periode.
- Addition der Produktions- und Vertriebskosten.

Beispiel

Abb. 127 Beispiel Zweistufige Divisionskalkulation

Beispiel: Zweistufige Divisionskalkulation	
Ausgangssituation	Herstellkosten (K_H): 10.000 € Vertriebskosten(K_V): 4.000 € Produktion (x_P): 1.000 Stück Verkauf (x_V): 800 Stück
Formel	$k = (K_H / xP) + (K_V / x_V)$
Berechnung	k = (10.000 € / 1.000 Stück) + (4.000 € / 800 Stück) k = 15 €/Stück

... mehrstufig

Die **mehrstufige Divisionskalkulation** kann von Unternehmen mit mehrstufiger Fertigung verwendet werden, die Halbfabrikate, Lagerhaltung und Lagerbestandsveränderungen an Fertigfabrikaten vorweisen. Die Mengen auf den einzelnen Produktions-, Lager- und Vertriebsstufen differieren also. Die Selbstkosten werden wie folgt ermittelt (vgl. Abb. 128):

- Trennen und Ermitteln der Gesamtkosten jeder Kostenstelle mit Hilfe der Kostenstellenrechnung.
- Division der Gesamtkosten jeder Kostenstelle durch die Zahl der Halb- und Zwischenfabrikate der jeweiligen Produktionsstufe in der Periode.
- Division der gesamten Vertriebskosten der Periode durch die gesamte abgesetzte Menge der Periode.

- Addition der einzelnen Kosten.

Beispiel

Abb. 128 Beispiel Mehrstufige Divisionskalkulation

Beispiel: Mehrstufige Divisionskalkulation	
Ausgangs-situation	Materialkosten (k_M): 20 € / Stück Produktionsstufe 1: Produktion (X_1): 800 Stück Halbfabrikate Fertigungskosten (K_1): 16.000 € Produktionsstufe 2: Weiterverarbeitung (X_2): 1.000 Stück Halbfabrikate Fertigungskosten (K_2): 3.000 € Absatz Absatz (X_V): 400 Stück Vertriebskosten (K_V): 2.400 €
Formel	$k = k_M + [(K_1 / X_1) + (K_2 / X_2) + (K_v / X_v]$
Berechnung	k = 20 + [(16.000 €/ 800 Stück) + (3.000 €/ 1.000 Stück) + (2.400 €/ 400 Stück)] k = (20 € + 20 € + 3 € + 6 €) k = 49 €/Stück

Äquivalenzziffernrechnung

Äquivalenzziffernrechnung

Die **Äquivalenzziffernrechnung** ist eine Art der Divisionskalkulation und wird angewendet, wenn artverwandte Produkte hergestellt werden, die sich im Verlauf der Produktion hinsichtlich der Inanspruchnahme von Ressourcen (z. B. Materialverbrauch) unterscheiden. Die Kostenverhältnisse sollten zuverlässig abschätzbar sein und im Zeitablauf konstant bleiben.

Die unterschiedlichen Produkte werden durch Gewichtungsziffern vergleichbar gemacht. Ausgehend von einem Haupterzeugnis mit der Gewichtungsziffer 1 werden den anderen Produkten eigene Gewichtungsziffern entsprechend ihres Ressourcenverbrauchs zugewiesen. Für jede Produktgruppe wird dann die produzierte Menge mit der jeweiligen Äquivalenzziffer multipliziert.

Abb. 129 enthält ein Beispiel für eine Äquivalenzziffernrechnung.

Beispiel

Abb. 129 Beispiel Äquivalenzziffernrechnung

Sorte	**Äquivalenzziffer (1)**	**Produzierte Menge in Stück (2)**	**Recheneinheiten (RE) (3=1*2)**	**Stückkosten je Sorte (€/Stk.) (4)**	**Gesamtkosten je Sorte (€) (5 = 2*4)**
A	0,8	5.000	4.000	30 * 0,8 = 24	120.000 €
B	1,0	10.000	10.000	30 * 1,0 = 30	300.000 €
C	1,5	4.000	6.000	30 * 1,5 = 45	180.000 €
			∑ 20.000 RE		∑ 600.000 €
600.000 € / 20.000 RE = **30 €/RE**					

Zuschlagskalkulation

Zuschlagskalkulation

Die **Zuschlagskalkulation** findet Anwendung in Unternehmen, bei denen

- Produkte einzeln (z. B. Yachtbau) oder in Serie gefertigt werden (z. B. Automobilindustrie),
- mehrstufige Produktionsabläufe vorherrschen,
- unterschiedliche Kosten verursacht werden,
- Lagerbestände an Halb- und Fertigerzeugnissen sich fortlaufend verändern.

Bei der Zuschlagskalkulation wird zwischen Einzel- und Gemeinkosten unterschieden. Die Einzelkosten werden den Kostenträgern direkt zugerechnet, während die Gemeinkosten mittels der Zuschlagssätze aus dem Betriebsabrechnungsbogen (BAB) zugerechnet werden. Das Vorgehensschema zur Ermittlung der **Selbstkosten** ist der Abb. 130 zu entnehmen (A und B kennzeichnen darin verschiedene Fertigungsstufen).

Schema zur Ermittlung der Selbstkosten

Abb. 130 Schema Ermittlung der Selbstkosten

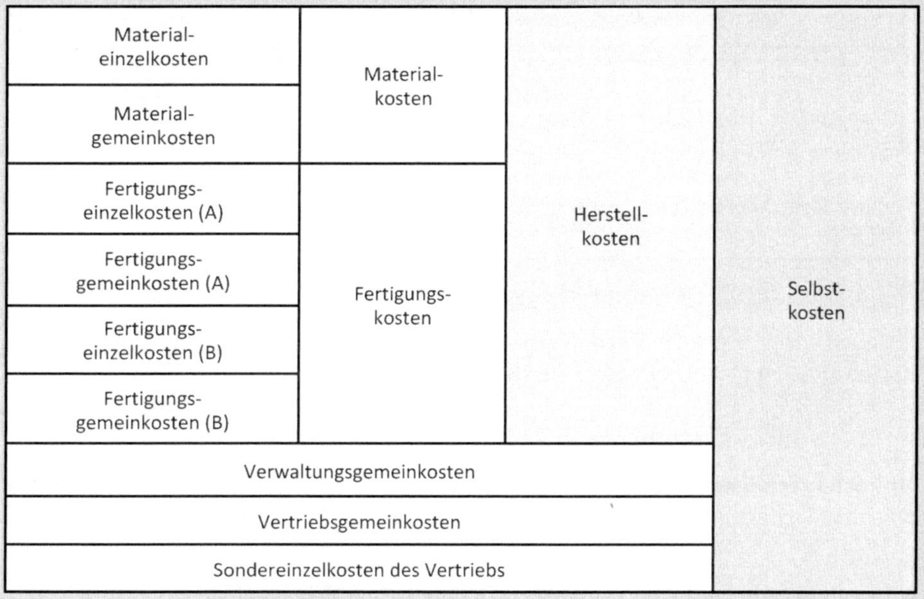

Kuppelproduktkalkulation

Kuppelproduktkalkulation

Die **Kuppelproduktkalkulation** findet Anwendung, wenn während der Produktion eines Gutes zwangsläufig auch ein anderes, ebenfalls marktfähiges Gut anfällt (z. B. Entstehung von vermarktungsfähigem Sauerstoff bei Gewinnung von Wasserstoff aus Wasser). Da sich nicht objektiv klären lässt, inwieweit die Produktionskosten durch die Herstellung des einen oder anderen Produktes entstehen, muss über die Verteilung entschieden werden. Gebräuchliche Verfahren sind die Restwertmethode und die Verteilungsmethode.

Restwert- vs. Verteilungsmethode

Die **Restwertmethode** kommt i. d. R. dann zur Anwendung, wenn ein Produkt als Hauptprodukt und das andere Produkt als Nebenprodukt anzusehen sind. Hierbei werden die Erlöse für das Nebenprodukt von den Gesamtkosten abgezogen und der verbleibende Rest dem Hauptprodukt zugeordnet.

Die **Verteilungsmethode** verteilt die Kosten nach bestimmten Schlüsseln auf die verschiedenen Produkte, z. B. anteilig nach ihrem Volumen, Gewicht oder Verkaufspreis. Eine häufig verwendete Variante ist die Marktpreisverhältnisrechnung. Hierbei werden die erzielbaren Marktpreise als Basis für den Verteilungsschlüssel herangezogen.

3.2 Kostenrechnungssysteme

Zeit- und Sachbezug

Die Aufgaben der Kostenrechnung lassen sich in zwei große Bereiche unterteilen. Zum einen sind Kosten zu planen, transparent zu machen und zu kontrollieren. Dies entspricht einem zeitlichen Aspekt. Zum anderen sind die Kosten den einzelnen Bereichen im Unternehmen zuzuordnen und auf die Kostenträger zu verteilen. Hier steht ein Sachbezug im Vordergrund. Die Kostenrechnungssysteme werden analog dazu nach dem Zeitbezug und nach dem Sachbezug unterschieden.

Eine Übersicht über die Unterteilung der **Kostenrechnungssysteme** gibt Abb. 131.

Abb. 131 Kostenrechnungssysteme

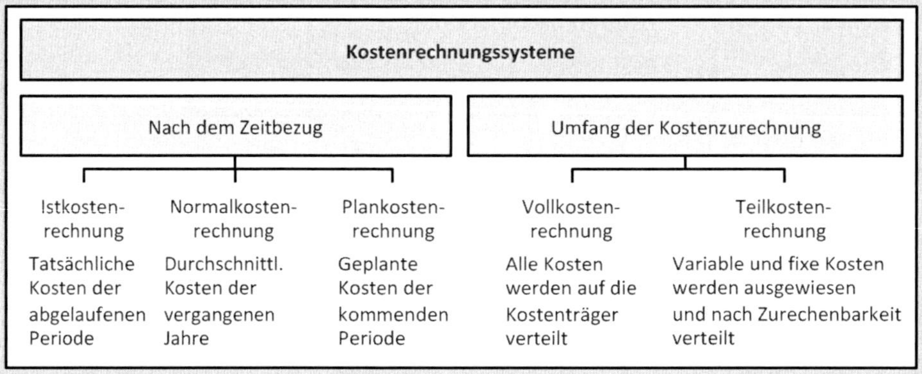

Nachfolgend sollen die Kostenrechnungssysteme nach dem Zeitbezug und nach dem Umfang der Kostenzurechnung kurz erläutert werden.

Kostenrechnungssysteme nach Zeitbezug

Ist-, Normal-, Plankostenrechnung

Die **Ist-Kostenrechnung** konzentriert sich auf die Ermittlung der tatsächlich angefallenen Kosten einer abgelaufenen Periode. Ist-Verbrauchsmengen werden mit Ist-Einkaufspreisen bewertet.

Die **Normalkostenrechnung** berücksichtigt die durchschnittlich angefallenen Kosten in vergangenen Perioden. Sie ist daher eine Weiterentwicklung der Ist-Kostenrechnung.

Die **Plankostenrechnung** beinhaltet die zukünftig erwarteten oder angestrebten Kosten. Sie basiert auf den Erfahrungswerten der Ist- und Normalkostenrechnung und gleichzeitig wird der Kreis geschlossen, indem Plan-Ist-Vergleiche angestellt und Kostenabweichungen analysiert werden können.

Kostenrechnungssysteme nach Umfang der Kostenzurechnung

Die Ermittlung und Verrechnung der Kosten in der Kostenarten-, Kostenstellen- und Kostenträgerrechnung kann hinsichtlich des Umfangs der jeweiligen Zurechnung der Kosten in Form der Vollkostenrechnung oder der Teilkostenrechnung erfolgen.

Vollkostenrechnung
= Verrechnung aller Kosten

In der **Vollkostenrechnung** werden alle Kosten vollständig auf die Kostenträger verrechnet. Es werden Einzel- und Gemeinkosten unterschieden, nicht aber fixe und variable Kosten. Dadurch erfolgt eine Proportionalisierung der Fixkosten auf Basis der Einzelkosten eines Kostenträgers, was dem Verursachungsprinzip widerspricht und häufig zu einer ungenaueren Verrechnung führt. Es ist daher ein Verfahren, was bei unreflektierter Anwendung zu Fehlentscheidungen (z. B. bei der Preiskalkulation) führen kann.

Die **Teilkostenrechnung** unterscheidet und trennt fixe und variable Kosten. Im Vordergrund stehen die variablen Kosten, welche im Deckungsbeitrag berücksichtigt werden. Der **Deckungsbeitrag** ist die Differenz aus Erlösen und variablen Kosten und gibt an, welcher Teil des Erlöses zur Deckung der fixen Kosten beiträgt. Das Prinzip der Deckungsbeitragsrechnung kann der Abb. 132 entnommen werden.

Teilkostenrechnung
= Fokus auf variable Kosten

Abb. 132 Ermittlung des Deckungsbeitrags

Ermittlung des Deckungsbeitrags

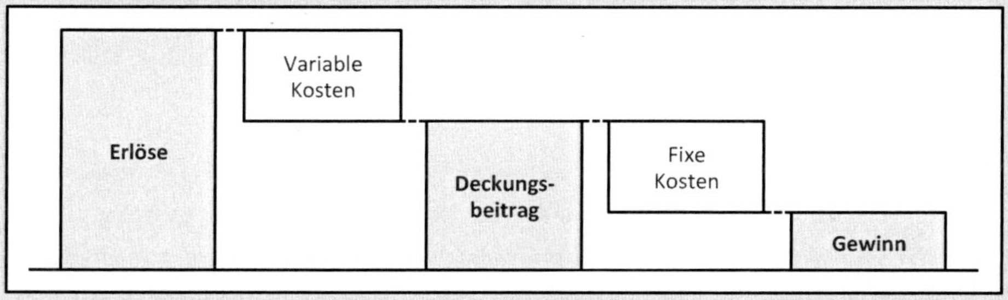

Quelle: in Anlehnung an Thommen et al. 2016, S. 264

Es werden zwei Arten der Deckungsbeitragsrechnung unterschieden: die einstufige und die mehrstufige Deckungsbeitragsrechnung. Bei der einstufigen, auch **Direct Costing** genannten, Deckungsbeitragsrechnung werden nach Abzug der variablen Kosten die Fixkosten als Block abgezogen und nicht weiter aufgeschlüsselt. Bei der mehrfach gestuften Deckungsbeitragsrechnung werden die Fixkosten nach rechnungszielabhängigen Merkmalen gegliedert und stufenweise vom Deckungsbeitrag abgezogen.

Einstufige vs. mehrstufige Deckungsbeitragsrechnung

Der wesentliche **Vorteil** der Teilkostenrechnung gegenüber der Vollkostenrechnung liegt in der Möglichkeit der verursachungsgerechten Kostenzuordnung auf die Kostenträger und damit einer besseren Analyse- und Planungsmöglichkeit von Produktionsprogrammen.

Aus der Kombination dieser Kostenrechnungssysteme nach Zeitbezug und Umfang (Sachbezug) lassen sich schließlich sechs Varianten ableiten, die der Abb. 133 zu entnehmen sind.

Abb. 133 Kombination von Kostenrechnungssystemen

Kombination der Kostenrechnungssysteme nach Zeitbezug und Umfang

Zeitbezug	**vergangenheitsorientiert**		**zukunftsorientiert**
Kostenumfang	**Istkosten**	**Normalkosten**	**Plankosten**
Vollkosten	Istkostenrechnung auf Vollkostenbasis	Normalkosten-rechnung auf Vollkostenbasis	Plankostenrechnung auf Vollkostenbasis
Teilkosten	Istkostenrechnung auf Teilkostenbasis	Normalkosten-rechnung auf Teilkostenbasis	Plankostenrechnung auf Teilkostenbasis

Quelle: in Anlehnung an Thommen et al. 2016, S. 268

Begrifflichkeiten zum Nachschlagen

... damit sollten Sie umgehen können:

- Kosten- und Leistungsrechnung
- Kostenartenrechnung
- Kostenstellenrechnung
- Kostenträgerrechnung
- Divisionskalkulation
- Äquivalenzziffernrechnung
- Zuschlagskalkulation
- Kuppelproduktkalkulation
- Kostenrechnungssysteme (Ist-Kostenrechnung, Normalkostenrechnung, Plankostenrechnung, Vollkostenrechnung, Teilkostenrechnung)

Wiederholungsfragen

1. Erläutern Sie Begriff, Aufgaben und Inhalte der Kosten- und Leistungsrechnung.
2. Grenzen Sie die „Kostenarten-", „Kostenträger-" und „Kostenstellenrechnung" voneinander ab.
3. Erläutern und skizzieren Sie die Verfahren der Kostenträgerrechnung „Divisionskalkulation", „Äquivalenzziffernrechnung", „Zuschlagskalkulation" und „Kuppelproduktkalkulation".
4. Skizzieren und erläutern Sie die Ansätze der Kostenrechnungssysteme „Ist-Kostenrechnung", „Normalkostenrechnung", „Plankostenrechnung", „Vollkostenrechnung" und „Teilkostenrechnung".

Literaturhinweise

Thommen, J.-P.; Achleitner, A.-K.; Gilbert, D. U.; Hachmeister, D.; Kaiser, G.: Allgemeine Betriebswirtschaftslehre: Umfassende Einführung aus managementorientierter Sicht. 8. Aufl., Wiesbaden 2016.

Wöhe, G.; Döring, U.; Brösel, G.: Einführung in die Allgemeine Betriebswirtschaftslehre. 26. Aufl., München 2016.

Weiterführende Literaturhinweise

Achleitner, A.-K.; Behr, G.; Schäfer, D.: Internationale Rechnungslegung - Grundlagen, Einzelfragen und Praxisanwendungen, München 2009.

Busse von Colbe, W./Pellens, B. (Hrsg.): Lexikon des Rechnungswesens – Handbuch der Bilanzierung und Prüfung, der Erlös-, Finanz-, Investitions- und Kostenrechnung. 4. Aufl., München/Wien 1998.

Coenenberg, A. G.: Jahresabschluss und Jahresabschlussanalyse - Betriebswirtschaftliche, handelsrechtliche, steuerrechtliche und internationale Grundsätze - HGB, IFRS, US-GAAP. 20. Aufl., Stuttgart 2005.

Horvàth, P.; Gleich, R.; Seiler, M.: Controlling. 13. Aufl., München 2015.

Peters, G.; Pfaff, D.: Controlling. Wichtigste Methoden und Techniken. 2. Aufl., Zürich 2008.

Schweitzer, M.; Küpper, H.-U.: Systeme der Kosten- und Erlösrechnung. 8. Aufl., München 2003.

Weber J.; Schäffer, U.: Einführung in das Controlling. 15. Aufl., Stuttgart 2016.

VIII Finanzierung

Lernziele des Kapitels

Dieses Kapitel soll Sie vertraut machen mit den folgenden Themen:

Begriffe, Inhalte und Methoden der Finanzplanung, insbesondere der Kaptitalbedarfsrechnung sowie der lang- und kurzfristigen Finanzplanung.

Begriffe, Inhalte und Methoden der Finanzkontrolle, insbesondere der statischen und der dynamischen Finanzkontrolle.

Begriffe, Inhalte und Methoden der Budgetierung.

Begriffe, Inhalte und Methoden der Außenfinanzierung, insbesondere der Fremd- bzw. Kreditfinanzierung und der Beteiligungsfinanzierung.

Begriffe, Inhalte und Methoden der Innenfinanzierung.

1 Grundlagen

Zwei Prozess-Kreisläufe

Die unternehmerische Tätigkeit bzw. der **Umsatzprozess** in einem Unternehmen kann in zwei Prozess-Kreisläufe unterteilt werden:

- Den **güterwirtschaftlichen Prozess**, der aus den Hauptprozessen Beschaffung, Produktion und Absatz besteht.
- Den **finanzwirtschaftlichen Prozess,** der sich aus den Prozessen Finanzierung, Investition, Kapitalrückfluss und Rückzahlung/Desinvestition zusammensetzt. Der finanzwirtschaftliche Prozess bildet zugleich die Voraussetzung für die Realisation des güterwirtschaftlichen Prozesses und begleitet diesen wie in Abb. 134 verdeutlicht.

Güter- und finanzwirtschaftlicher Prozess

Abb. 134 Güter- und finanzwirtschaftlicher Prozess

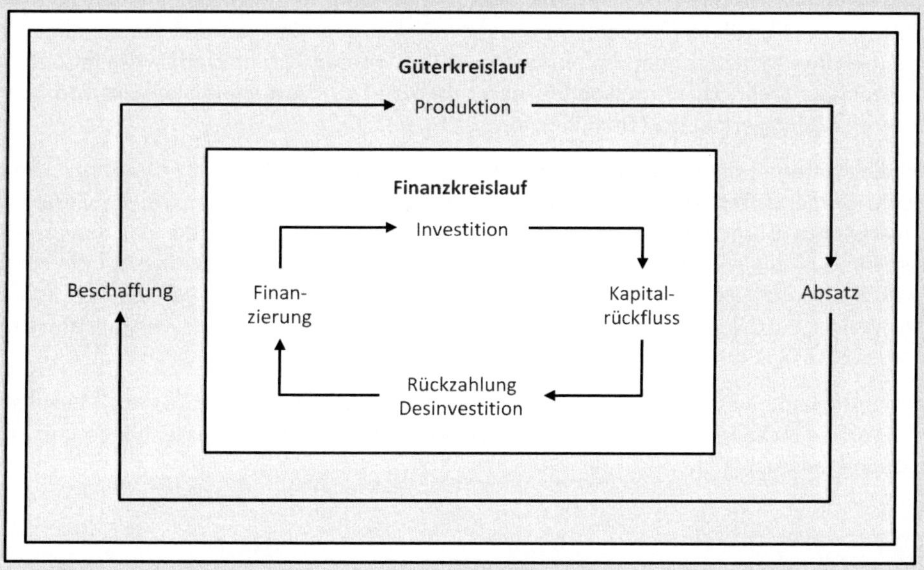

Finanzielle Mittel als Voraussetzung

Um die unternehmerische Tätigkeit umzusetzen, müssen also im Rahmen des güterwirtschaftlichen Prozesses zunächst die erforderlichen Produktionsfaktoren beschafft werden. Dafür bedarf es finanzieller Mittel. Unter **finanziellen Mitteln** im engeren Sinne werden alle Zahlungsmittel (Münzen, Banknoten) und sämtliches Buch- bzw. Giralgeld (Sichtguthaben bei Post und Banken) verstanden. Im weiteren Sinne gehören dazu auch die weiteren Bankguthaben sowie leicht veräußerbare Wertpapiere.

Banken- vs. Unternehmensgeldmarkt

Beschafft werden können die finanziellen Mittel auf dem Geld- und dem Kapitalmarkt. Der **Geldmarkt** ist der Markt für kurzfristige Geldanlage und -aufnahme. Er lässt sich unterteilen in den **Bankengeldmarkt** (Markt für Geldmarktpapiere; Markt für Zentralbankguthaben) und den **Unternehmensgeldmarkt**.

Innerhalb des **Unternehmensgeldmarkts** unterscheidet man wiederum das Industrieclearing und das Konzernclearing.

Industrieclearing vs. Konzernclearing

- Unter **Industrieclearing** versteht man die Modalitäten des Zahlungsverkehrs zwischen Unternehmen (z. B. Lieferant und Abnehmer), die wie Preis und Lieferbedingungen verhandelbar sind. Dies ist natürlich nur sinnvoll wenn der Finanzmittelgeber dadurch weniger Zinsen zahlt, als bei kurzfristiger Aufnahme eines Bankkredites. Gleichzeitig möchte dieser mehr verdienen als bei einer kurzfristigen Anlage am Finanzmarkt. Die ausgehandelten Zinsen werden direkt in Preisnachlässe umgerechnet.
- Das **Konzernclearing** bezeichnet den Liquiditätsausgleich zwischen einzelnen Unternehmen eines Konzerns, der i. d. R. von einer zentralen Finanzstelle (Konzernbank, Zentralfinanzabteilung) durchgeführt wird. Der Vorteil des Konzernclearings liegt in der Möglichkeit der Liquiditätsoptimierung und damit in der Möglichkeit, die Kassenhaltungsquote zu senken.

Finanzwirtschaftliche Grundbegriffe

Kapital
= Geldwertsumme der zugeführten finanziellen Mittel

Im Rahmen der Betriebswirtschaftslehre bezeichnet der Begriff **Kapital** die Geldwertsumme der im Verlauf der Unternehmensgründung zugeführten finanziellen Mittel. Während der Unternehmensfortführung wird darunter die Geldwertsumme der im Unternehmen insgesamt vorhandenen materiellen und (bilanzierten) immateriellen Güter verstanden (Thommen et al 2016, S. 276).

Eigen- vs. Fremdkapital

Nach der Art der Herkunft und dem rechtlichen Anspruch der Kapitalgeber werden Eigenkapital und Fremdkapital unterschieden. Das **Eigenkapital** steht dem Unternehmen i.d.R. zeitlich unbegrenzt zur Verfügung. Es kann vom Unternehmen generiert werden (einbehaltene Gewinne, Gewinnrücklagen) oder von außen zugeführt werden (Grundkapital, Kapitalrücklage). Demgegenüber steht das **Fremdkapital** zeitlich befristet zur Verfügung und wird von Dritten überlassen (Gläubigerkapital) (Thommen et al 2016, S. 276).

Umwandlung des Kapitals durch Investition in Vermögen

Das in das Unternehmen eingebrachte Kapital wird zu einem großen Teil in Vermögen umgewandelt. Dementsprechend beinhaltet das **Vermögen** eines Unternehmens die Gesamtheit der materiellen Güter und der (bilanzierten) immateriellen Güter, in die das Kapital eines Unternehmens umgewandelt wird. Damit zusammen hängt der Begriff der **Investition**. Hierunter wird die Ausstattung eines Unternehmens mit den erforderlichen materiellen und immateriellen Vermögensteilen, also die Umwandlung des Kapitals in Vermögen verstanden (Thommen et al 2016, S. 276).

Finanzierung und Investition sind daher die dynamischen Vorgänge/Begriffe die als Resultat zu den statischen Bestandsgrößen Kapital und Vermögen führen. Die Zusammenhänge sind in der Abb. 135 veranschaulicht.

Abb. 135 Zusammenhänge zwischen Kapital, Vermögen, Finanzierung, Investition

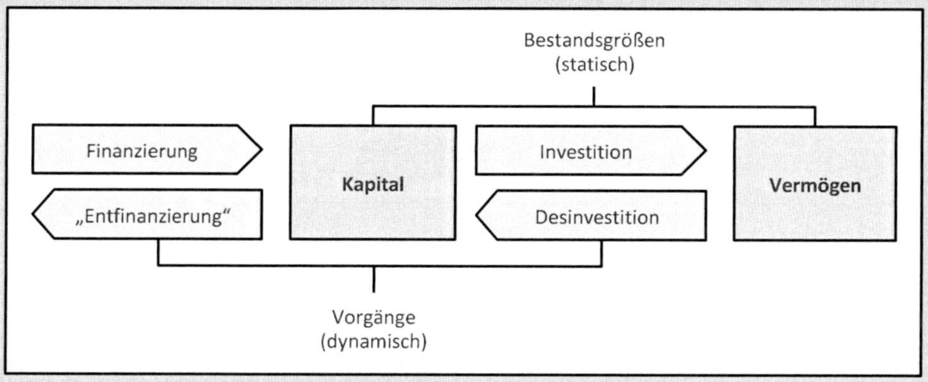

Quelle: in Anlehnung an Thommen et al 2016, S. 277

Kapital, Vermögen, Finanzierung und Investition

Systematisierung der Finanzierung

Die Finanzierung kann nach verschiedenen Kriterien charakterisiert und systematisiert werden, beispielsweise nach dem Anlass, der Rechtsstellung des Kapitalgebers, der Mittelherkunft, der Dauer der Mittelbereitstellung sowie der Häufigkeit der Finanzierungsakte. In der Abb. 136 sind diese benannt.

Außen- vs. Innenfinanzierung

Die Beschaffung des Kapitals lässt sich über jeweils verschiedene Formen der Außen- und Innenfinanzierung realisieren. Bei der **Außenfinanzierung** erhält das Unternehmen Geld von außen entweder von Einzelpersonen, Banken, Unternehmen oder über den Kapitalmarkt. Je nach Dauer der Zurverfügungstellung des Kapitals wird zwischen **Fremdfinanzierung** (zeitlich befristet – z. B. Kredite, Darlehen etc.) und **Beteiligungsfinanzierung** (unbefristet zur Verfügung gestelltes Beteiligungskapital) unterschieden.

Die **Innenfinanzierung** ist über folgende Wege möglich:

- Selbstfinanzierung aus einbehaltenen Gewinnen.
- Finanzierung aus **Rückstellungen** (z. B. Pensions-, Steuerrückstellungen). Rückstellungen sind Verpflichtungen gegenüber Dritten, bei denen Zeitpunkt und/oder Höhe des Eintritts noch nicht endgültig bekannt sind.
- Finanzierung aus **Abschreibungsgegenwerten**, d. h. Umschichtung der in den abzusetzenden Gütern enthaltenen Gegenwerte z. B. aus Abschreibung der Maschine, mit denen diese hergestellt wurden.
- **Vermögensumschichtung** durch Liquidation von Vermögen oder effizienterem Kapitaleinsatz.

Die **Quellen der Finanzierung** sind in der Abb. 137 zusammengefasst.

Arten

Abb. 136 Charakterisierung der Finanzierung

Kriterium	Formen
Finanzierungsanlass	▸ Gründungsfinanzierung ▸ Wachstumsfinanzierung ▸ Übernahmefinanzierung ▸ Sanierungsfinanzierung
Rechtsstellung des Kapitalgebers	▸ Eigenfinanzierung ▸ Fremdfinanzierung
Mittelherkunft	▸ Außenfinanzierung (externe Finanzierung) ▸ Innenfinanzierung (interne Finanzierung)
Dauer der Mittelbereitstellung (Fristigkeit)	▸ Unbefristete Finanzierung ▸ Befristete Finanzierung ▸ Kurzfristig: bis 1 Jahr ▸ Mittelfristig: 1 bis 5 Jahre ▸ Langfristig: über 5 Jahre
Häufigkeit der Finanzierungsakte	▸ Einmalige, gelegentliche Finanzierung ▸ Laufende, regelmäßige Finanzierung

Quelle: in Anlehnung an Thommen et al 2016, S. 278

Quellen

Abb. 137 Finanzierungsquellen eines Unternehmens

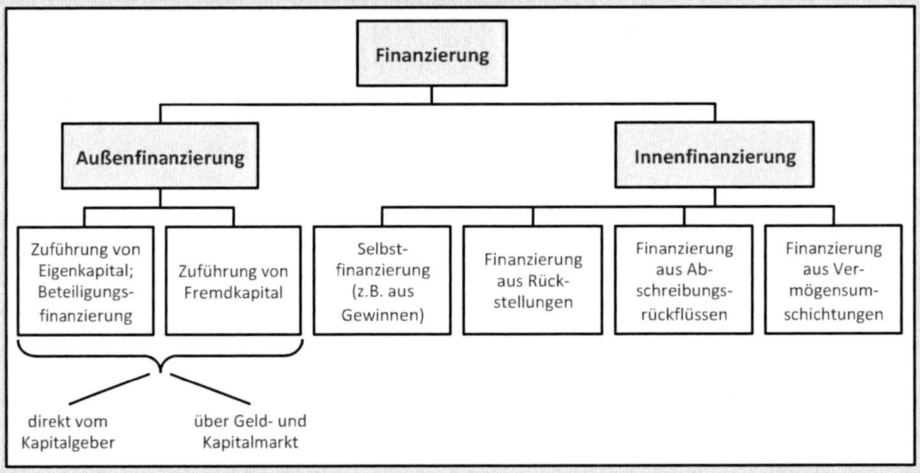

Quelle: in Anlehnung an Thommen et al 2016, S. 278

Begrifflichkeiten zum Nachschlagen

... damit sollten Sie umgehen können:

- Güterwirtschaftlicher Prozess
- Finanzwirtschaftlicher Prozess
- Finanzielle Mittel
- Geldmarkt (Bankengeldmarkt, Unternehmensgeldmarkt)
  - Industrieclearing
  - Konzernclearing
- Kapital
- Vermögen
- Investition
- Außenfinanzierung
- Innenfinanzierung

Wiederholungsfragen

1. Erläutern Sie Begriff, Aufgaben, Inhalte und Arten der Finanzierung.
2. Skizzieren und erläutern Sie die Inhalte und Zusammenhänge zwischen dem güterwirtschaftlichen und dem finanzwirtschaftlichen Prozess eines Unternehmens.
3. Grenzen Sie den Banken- und den Unternehmensgeldmarkt voneinander ab.
4. Erläutern Sie die Begriffe „Kapital“, „Vermögen“, „Investition“, „Außenfinanzierung“ und „Innenfinanzierung“.

Literaturhinweise

Drukarczyk, J.: Finanzierung. Eine Einführung. 10. Aufl., Stuttgart 2008.

Thommen, J.-P.; Achleitner, A.-K.; Gilbert, D. U.; Hachmeister, D.; Kaiser, G.: Allgemeine Betriebswirtschaftslehre: Umfassende Einführung aus managementorientierter Sicht. 8. Aufl., Wiesbaden 2016.

Volkart, R.: Corporate Finance. 3. Aufl., Zürich 2007.

Wöhe, G.; Bilstein, J.; Ernst, D./ Häcker, J.: Grundzüge der Unternehmensfinanzierung. 10. Aufl., München 2009.

Wöhe, G.; Döring, U.; Brösel, G.: Einführung in die Allgemeine Betriebswirtschaftslehre. 26. Aufl., München 2016.

2 Finanzplanung

Kapitalbedarf und Bedarfsrechnung

Als Ausgangspunkt für die Finanzplanung ist der **Kapitalbedarf** des Unternehmens (für einen bestimmten Zeitraum) zu ermitteln. Dieser ergibt sich aus Art und Umfang der (geplanten) unternehmerischen Tätigkeit (Unternehmensgröße, Produktionsverfahren, Produktions- und Absatzprogramm etc.) sowie diese beeinflussenden Umfeldbedingungen (Konjunktur, Inflation, Lohnniveau etc.) – also beeinflussenden internen und externen Faktoren. Der Kapitalbedarf wird mit Hilfe einer **Kapitalbedarfsrechnung** ermittelt.

Abgleich mit Bedarfsdeckung

Als nächstes erfolgt ein Vergleich mit dem vorhandenen Kapital. Die **Bedarfsdeckung** wird mit Hilfe von kurz- und langfristigen **Finanzplänen** überprüft. Der Zusammenhang ist in Abb. 138 veranschaulicht.

Abb. 138 Kapitalbedarf und Kapitalbedarfsdeckung I

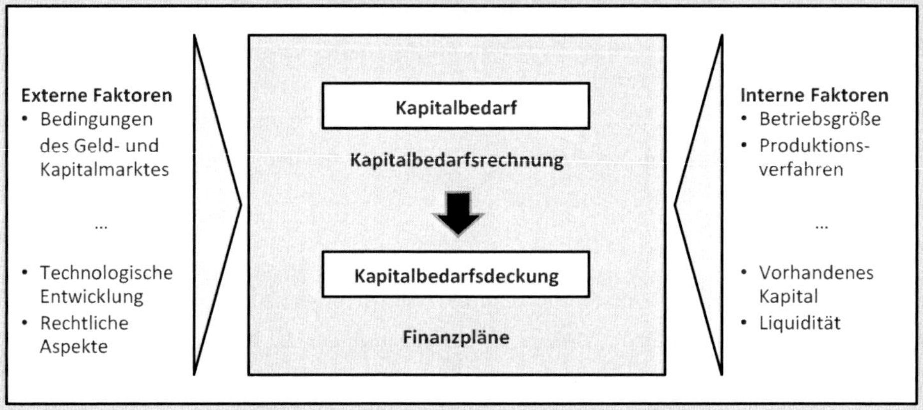

2.1 Kapitalbedarfsrechnung

Kapitalbedarf
= Bedarf für die Finanzierung des Anlage- und Umlaufvermögens

Der gesamte **Kapitalbedarf** setzt sich aus dem Bedarf für die Finanzierung des Anlage- und Umlaufvermögens zusammen. Entsprechend der Bindung des Kapitals ergibt sich aus dem Anlagevermögen ein langfristiger, aus dem Umlaufvermögen ein kurzfristiger Kapitalbedarf. Der daraus resultierende Weg zur Kapitalbedarfsdeckung ist in Abb. 139 verdeutlicht.

Auseinanderfallen von Ein-/Auszahlungen und Zahlungsfristen

Die Ermittlung des Kapitalbedarfs für das Umlaufvermögen gestaltet sich mitunter etwas schwieriger, weil Produktion und Absatz von Gütern und damit verbundene Ein- und Auszahlungen zeitlich auseinander fallen. Darüber hinaus gibt es i. d. R. Zahlungsfristen auf der Beschaffungs-, wie auch auf der Vertriebsseite. Die Dauer der durchschnittlichen **Kapitalbindung** zur Finanzierung des Umlaufvermögens, aus der sich Höhe und Dauer des Kapitalbedarfs ergeben, ist in Abb. 140 dargestellt.

Abb. 139 Kapitalbedarf und Kapitalbedarfsdeckung II

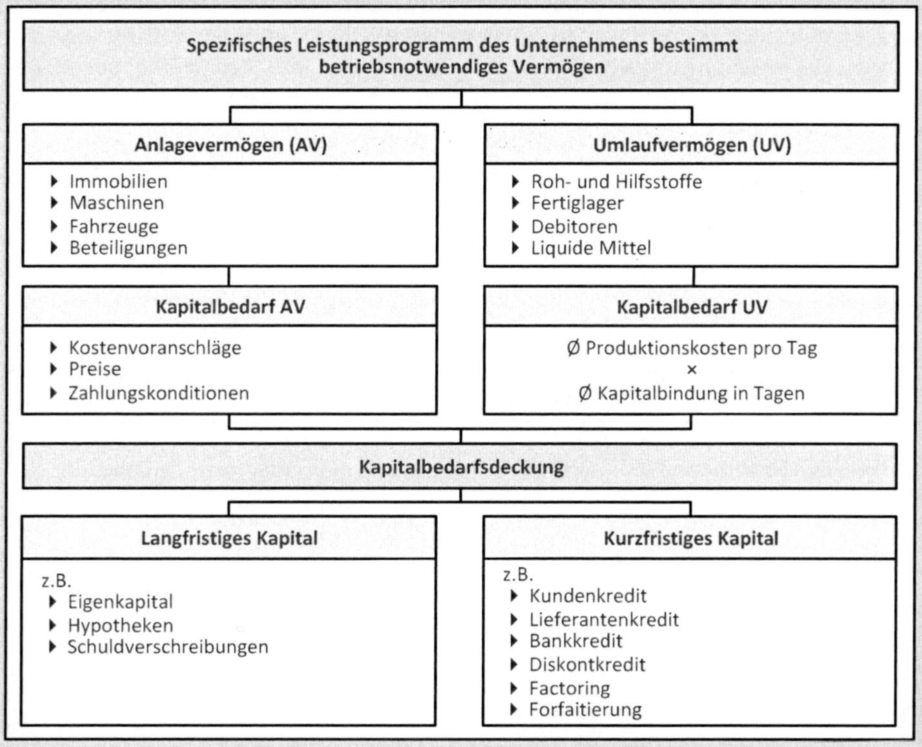

Quelle: Thommen/Achleitner 2009, S. 578; dort nach Steiner 1988, S. 21

Kapitalbedarf und Kapitalbedarfsdeckung

Abb. 140 Schema der Kapitalbindung

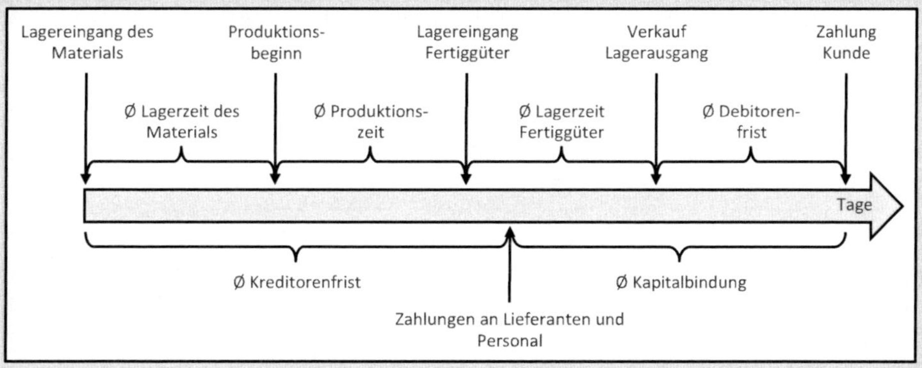

Quelle: in Anlehnung an Thommen et al., S. 283

Kapitalbindung

2.2 Finanzpläne

Mit Hilfe der **Finanzpläne** sollen Bedarf und Verwendung finanzieller Mittel (Umfang, Zeiten) über alle Bereiche des Unternehmens transparent gemacht werden. **Aufgabe** der Finanzplanung im Sinne der langfristigen Gewinnmaximierung ist die Kapitalkostenminimierung unter der Nebenbedingung, die Zahlungsfähigkeit zu wahren. Es werden langfristige und kurzfristige Finanzpläne unterschieden.

Finanzpläne
Transparenz über lang- und kurzfristigen Finanzbedarf und -verwendung

Langfristige Finanzpläne

Langfristiger Finanzplan
Vorbereitung umfangreicherer Finanzentscheidungen

Im **langfristigen Finanzplan** werden die Teilpläne der einzelnen Unternehmensbereiche (z. B. Absatz-, Produktions-, Personalplan) zusammengefasst. Er umfasst einen Zeitraum von mehreren Jahren. Ziel ist es, umfangreichere Finanzentscheidungen (z. B. Kapitalerhöhungen, Beteiligungen) vorzubereiten, deren Finanzierung und die jederzeitige Zahlungsfähigkeit des Unternehmens sicherzustellen.

Als Ausgangspunkt zur Erstellung des langfristigen Finanzplans kann die Plan-Gewinn- und Verlustrechnung herangezogen werden. Aus dieser kann der Netto-Cash-Flow als Mittelzufluss aus der betrieblichen Tätigkeit ermittelt werden. Ergänzend sind alle anderen Mittelzufluss- und -verwendungsvorgänge zu erfassen. Aus der Gesamtrechnung werden so Mittelüberschüsse und -unterdeckungen ersichtlich und es können ggf. Maßnahmen zum Ausgleich ergriffen werden. Abb. 141 enthält ein Beispiel für einen langfristigen Finanzplan.

Beispiel

Abb. 141 Beispiel eines langfristigen Finanzplans

Finanzplan (in 1.000 Euro)	Ist 2019	Plan 2020	Plan 2021	Plan 2022
Gewinn	200	300	400	450
+ Abschreibungen	100	200	250	300
= Cashflow (brutto)	300	500	650	750
- Gewinnausschüttungen	50	75	100	100
= Cashflow netto	250	425	550	650
+ Kreditoren	50	-	-	-
+ Darlehen	100	-	-	-
+ Kapitalerhöhung	-	500	-	-
+ Verkauf von Beteiligungen	-	-	350	-
totaler Mittelzufluss (1)	**400**	**925**	**900**	**650**
Ersatz- und Erweiterungsinvestitionen	50	600	400	150
+ Debitoren	50	200	150	100
+ Warenlager	100	300	300	100
+ Befriedigung Kreditoren	-	50	100	100
+ Rückzahlung Darlehen	-	-	-	100
totale Mittelverwendung (2)	**200**	**1.150**	**950**	**550**
Mittelbedarf/ Mittelüberschuss				
• pro Jahr	+200	-225	-50	+100
• kumuliert	+200	-25	-75	+25

Quelle: in Anlehnung an Thommen et al., S. 284

Kurzfristige Finanzpläne

Kurzfristiger Finanzplan
Fokus Liquidität

Im Mittelpunkt der **kurzfristigen Finanzpläne** steht die Liquidität, d. h. die Zahlungsfähigkeit soll zu jedem Zeitpunkt sichergestellt werden. Dafür werden die Zahlungseingänge und -ausgänge über einen Zeitraum von drei bis zwölf Monaten betrachtet.

Neben der Überwachung stehen im Rahmen des **Cash Management** folgende **Aufgaben** im Mittelpunkt (Thommen et al., S. 284):

- Liquiditätsplanung und -disposition,
- Rechtzeitige Beschaffung der erforderlichen Liquidität zu geringen Kapitalkosten,
- Vorteilhafte Anlage von vorübergehend oder längerfristig überschüssiger Liquidität,
- Optimale Ausnutzung der Zahlungsfristen,
- Beschleunigung der Zahlungsabwicklung,
- Überwachung des Währungsrisikos,
- Koordination der Liquiditätspolitik mit derjenigen von verbundenen Gesellschaften (Konzernclearing).

Nachfolgend ist ein Beispiel für einen kurzfristigen Finanzplan abgebildet (vgl. Abb. 142).

Beispiel

Abb. 142 Beispiel eines kurzfristigen Finanzplans

Liquiditätsplan (in 1.000 Euro)	1. Quartal			2. Quartal	3. Quartal	4. Quartal
	Januar	Februar	März			
Zahlungsverpflichtungen am Monatsende:						
a) Löhne, Gehälter usw.	170	180	180	520	550	520
b) Fällige Lieferantenrechnungen (Waren, Anlagen)	320	430	330	980	1.050	1.000
c) Raum- und Maschinenmiete	110	100	90	300	260	250
d) Bank- und Darlehenszinsen	50	50	50	160	180	200
e) Steuern, Abgaben usw.	30	60	20	110	70	100
f) Übrige Auszahlungen (Rückzahlung v. Schulden, Kontokorrentkrediten usw.)	-	-	-	-	60	50
Total Geldabgänge (1)	**680**	**820**	**670**	**2.070**	**2.170**	**2.120**
Erwartete Einzahlungen im Laufe des Monats:						
a) Barverkäufe	110	100	120	-	-	-
b) Erwartete Debitoreneingänge	480	450	500	1.950	2.100	1.950
c) Erwartete Anzahlungen	90	80	20	-	-	-
d) Erlös aus Anlagenverkäufen	-	-	-	-	-	-
e) Übrige Einzahlungen (Zinsen, Nebenerlös, Darlehensrückzahlung usw.)	30	40	40	120	140	100
Total Geldzugänge (2)	**710**	**670**	**680**	**2.070**	**2.240**	**2.050**
Saldo Geldströme (2) – (1)	+30	-150	+10	-	+70	-70
+ Anfangsbestand an flüssigen Mitteln (Kasse, Bank)	20	50	10	20	20	90
+ zu beschaffende Mittel (Kredite, liquiditätspolitische Maßnahmen)	-	110	-	-	-	-
= Endbestand an flüssigen Mitteln	50	10	20	20	90	20

Quelle: Thommen/Achleitner 2009, S. 584; dort nach Steiner 1988, S. 46

Begrifflichkeiten zum Nachschlagen

... damit sollten Sie umgehen können:

- Kapitalbedarfsrechnung
- Finanzplan
  - Langfristig
  - Kurzfristig

Wiederholungsfragen

1. Skizzieren und erläutern Sie Vorgehen und Inhalte einer Kapitalbedarfsrechnung.
2. Skizzieren und erläutern Sie Aufgaben, Vorgehen und Inhalte eines langfristigen Finanzplans.
3. Skizzieren und erläutern Sie die Aufgaben, Vorgehen und Inhalte eines kurzfristigen Finanzplans.

Literaturhinweise

Drukarczyk, J.: Finanzierung. Eine Einführung. 10. Aufl., Stuttgart 2008.

Thommen, J.-P.; Achleitner, A.-K.; Gilbert, D. U.; Hachmeister, D.; Kaiser, G.: Allgemeine Betriebswirtschaftslehre: Umfassende Einführung aus managementorientierter Sicht. 8. Aufl., Wiesbaden 2016.

Volkart, R.: Corporate Finance. 3. Aufl., Zürich 2007.

Wöhe, G.; Bilstein, J.; Ernst, D./ Häcker, J.: Grundzüge der Unternehmensfinanzierung. 10. Aufl., München 2009.

Wöhe, G.; Döring, U.; Brösel, G.: Einführung in die Allgemeine Betriebswirtschaftslehre. 26. Aufl., München 2016.

3 Finanzkontrolle

Finanzkontrolle
= Laufende Überwachung der Zahlungs-Ein- und –Ausgänge, Abgleich mit Sollwerten

Im Rahmen der **Finanzkontrolle** erfolgt die laufende Überwachung der Zahlungs-Ein- und -Ausgänge in der Finanzbuchhaltung sowie der Abgleich mit den Sollwerten. Auf Abweichungen ist zu reagieren, es sind die entsprechenden Ursachen zu analysieren und die Erkenntnisse in künftige Planungen zu übertragen. Zu unterscheiden sind die statische Finanzkontrolle (zu einem bestimmten Zeitpunkt) und die dynamische Finanzkontrolle (während einer bestimmten Periode).

3.1 Statische Finanzkontrolle

Statische Finanzkontrolle
= Zeitpunktbetrachtung

Die **statische Finanzkontrolle** bezieht sich auf Werte, die zu einem bestimmten Zeitpunkt – z. B. am Bilanzstichtag – verfügbar sind. Eine wesentliche Informationsquelle für die statische Finanzkontrolle stellt daher die Bilanz dar. Hier finden sich die erforderlichen Werte zur Ermittlung und Analyse wichtiger Kennziffern. Diese **Kennzahlen** lassen sich klassifizieren in solche

- der langfristigen horizontalen Vermögens-Kapitalstruktur,
- der kurzfristigen horizontalen Vermögens-Kapitalstruktur,
- der vertikalen Vermögensstruktur und
- der vertikalen Kapitalstruktur.

Wo diese in der Bilanz zu finden bzw. einzuordnen sind, ist der Abb. 143 zu entnehmen.

Kennzahlen der statischen Finanzkontrolle

Abb. 143 Klassifikation von Kennzahlen in der statischen Finanzkontrolle

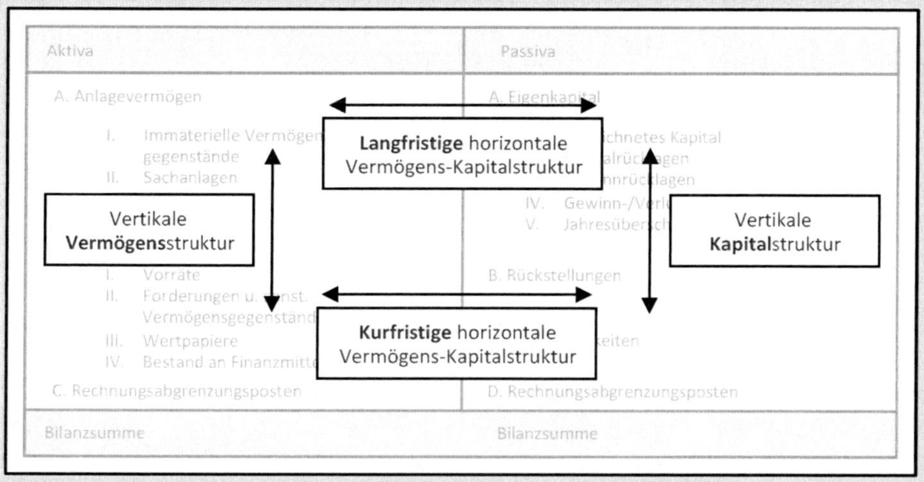

Die wesentlichen Kennzahlen werden nachfolgend kurz dargestellt.

Liquidität
= Fähigkeit, jederzeit seinen Zahlungsverpflichtungen nachkommen zu können

Die **Liquidität** bezeichnet generell die Fähigkeit eines Unternehmens, jederzeit seinen Zahlungsverpflichtungen nachkommen zu können. Um die Zahlungsfähigkeit in einem Unternehmen zu ermitteln, können neben den frei verfügbaren Mitteln auch weitere erschlossen werden. Dementsprechend werden unterschiedliche Liquiditätsgrade (1., 2. und 3. Grades) unterschieden. Allen gemein ist, dass das Verhältnis zu den kurzfristigen Verbindlichkeiten (Schulden, Zahlungsverpflichtungen) betrachtet wird. Je nachdem, ob von **absoluter** oder **relativer Liquidität** gesprochen wird, werden die kurzfristigen Verbindlichkeiten abgezogen oder dividiert.

Drei Liquiditätsstufen

Absolute Liquidität – drei Liquiditätsstufen:

Abb. 144 Liquiditätsstufen

Liquiditätsstufe 1 (= Bar-/Kassa-Liquidität)	=	liquide Mittel – kurzfristiges Fremdkapital
Liquiditätsstufe 2	=	liquide Mittel + Geldforderungen – kurzfristiges Fremdkapital
Liquiditätsstufe 3 (= Nettoumlaufvermögen, Net Working Capital)	=	Umlaufvermögen – kurzfristiges Fremdkapital

Drei Liquiditätsgrade

Relative Liquidität – drei Liquiditätsgrade:

Abb. 145 Liquiditätsgrade

Liquidität 1. Grades
= Barliquidität;
Cash Ratio

$$\frac{\text{Zahlungsmittel*}}{\text{kurzfristige Verbindlichkeiten}} \times 100$$

* = Kasse zzgl. Bank- u. Postscheckguthaben

Liquidität 2. Grades
= Quick Ratio

$$\frac{\text{Monetäres Umlaufvermögen**}}{\text{kurzfristige Verbindlichkeiten}} \times 100$$

** = Umlaufvermögen abzgl. Vorräte u. sonst. Vermögensgegenstände

Liquidität 3. Grades
= Current Ratio

$$\frac{\text{Kurzfristiges Umlaufvermögen***}}{\text{kurzfristige Verbindlichkeiten}} \times 100$$

*** = Umlaufvermögen abzgl. Teile, die nicht innerhalb eines Jahres liquidiert werden können abzgl. Vorräte, die durch Kundenanzahlungen gedeckt sind.

Verhältnis zwischen Vermögensteilen

Bei der Analyse der **Vermögensstruktur** wird das Verhältnis zwischen einzelnen Vermögensteilen betrachtet.

Abb. 146 Analyse der Vermögensstruktur

$$\textbf{Investitionsverhältnis} = \frac{\text{Umlaufvermögen}}{\text{Anlagevermögen}} \times 100$$

$$\textbf{Umlaufintensität} = \frac{\text{Umlaufvermögen}}{\text{Gesamtvermögen}} \times 100$$

$$\textbf{Anlageintensität} = \frac{\text{Anlagevermögen}}{\text{Gesamtvermögen}} \times 100$$

Analog zur Vermögensstruktur kann die **Kapitalstruktur** analysiert werden.

Verhältnis zwischen Kapitalarten

Abb. 147 Analyse der Kapitalstruktur

$$\text{Verschuldungsgrad} = \frac{\text{Fremdkapital}}{\text{Eigenkapital}} \times 100$$

$$\text{Eigenkapitalquote} = \frac{\text{Eigenkapital}}{\text{Gesamtkapital}} \times 100$$

$$\text{Fremdkapitalquote} = \frac{\text{Fremdkapital}}{\text{Gesamtkapital}} \times 100$$

$$\text{Verschuldungskoeffizient} = \frac{\text{Fremdkapital}}{\text{Gesamtkapital}}$$

Kennzahlen zur **Deckung der Anlagen** verdeutlichen die Art der Finanzierung des Anlagevermögens.

Art der Finanzierung des Anlagevermögens

Abb. 148 Anlagendeckungsgrade

$$\text{Anlagen-Deckungsgrad 1} = \frac{\text{Eigenkapital}}{\text{Anlagevermögen}} \times 100$$

$$\text{Anlagen-Deckungsgrad 2} = \frac{\text{Eigen- + langfristiges Fremdkapital}}{\text{Anlagevermögen}} \times 100$$

$$\text{Anlagen-Deckungsgrad 3} = \frac{\text{Eigen- + langfristiges Fremdkapital}}{\text{Anlage- + langfristiges Umlaufvermögen}} \times 100$$

Die **Rentabilität** für das Eigen- und das Gesamtkapital ist ein Ausdruck für die Verzinsung des jeweils eingesetzten Kapitals.

Verzinsung des jeweils eingesetzten Kapitals

Abb. 149 Eigen- und Gesamtkapitalrentabilität

$$\text{Eigenkapitalrentabilität} = \frac{\text{Gewinn}}{\varnothing\ \text{Eigenkapital}} \times 100$$

$$\text{Fremdkapitalrentabilität} = \frac{\text{Gewinn}}{\varnothing\ \text{Fremdkapital}} \times 100$$

$$\text{Gesamtkapitalrentabilität} = \frac{\text{Gewinn + FK-Zinsen}}{\varnothing\ \text{Gesamtkapital}} \times 100$$

Return on Investment (ROI) vs. Gesamtkapitalrentabilität

Als Pendant der Gesamtkapitalrentabilität kann der **Return on Investment (ROI)** betrachtet werden. Im Vergleich zur Gesamtkapitalrentabilität (die auf der Betrachtung der Passivseite der Bilanz mit Eigen- und Fremdkapital basiert) wird hier die Aktivseite Bilanz (d. h. das Anlage- und Umlaufvermögen) zugrunde gelegt. Durch Erweiterung der Formel mit dem Umsatz lässt sich die Gesamtkapitalrentabilität in die Umsatzrendite und den Kapitalumschlag zerlegen. Splittet man die einfließenden Größen weiter auf, erhält man das sogenannte **DuPont-Schema**, welches auf den amerikanischen Chemiekonzern DuPont de Nemours zurückgeht. Es ermöglicht, eine genaue Ursachenanalyse und Maßnahmenplanung in Bezug auf das Zustandekommen und die Beeinflussung der Gesamtkapitalrentabilität. Die einzelnen Größen des DuPont-Schemas können der Bilanz und der Gewinn- und Verlustrechnung entnommen werden.

Abb. 150 ROI/DuPont-Schema

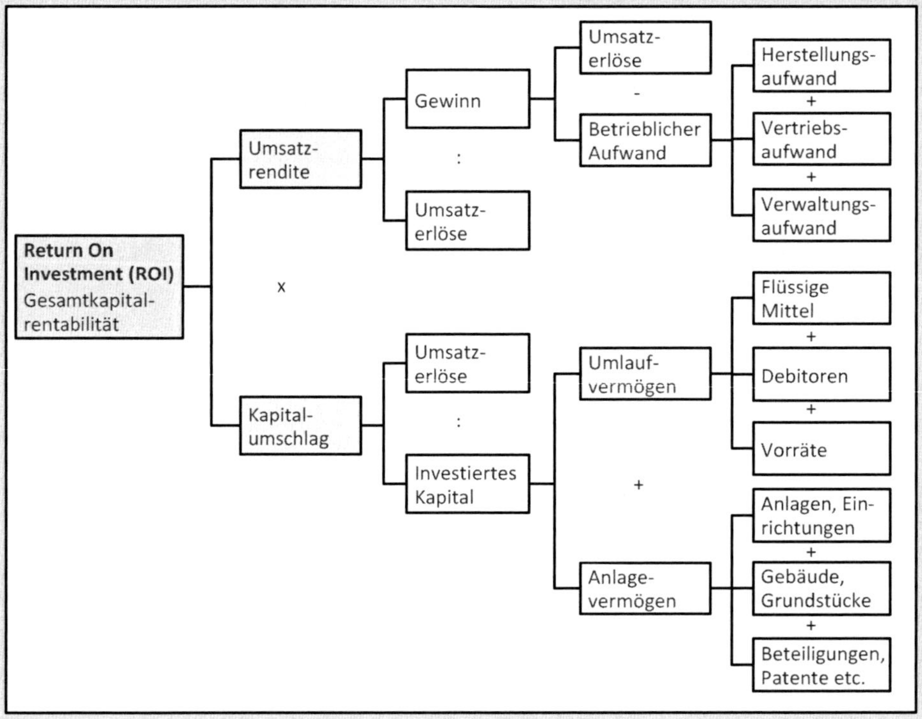

3.2 Dynamische Finanzkontrolle

Cash Flow
= Betrachtung des Zu- und Abflusses von Finanzmitteln

Neben der Verwendung der Finanzpläne stellt der Cash Flow eine wichtige Kennzahl der dynamischen Finanzkontrolle dar. **Cash Flow**-Kennzahlen zeigen generell an, ob und inwieweit im Unternehmen Zahlungsüberschüsse (Cash) erwirtschaftet wurden. Sie stehen für den Mittelzufluss im Unternehmen. Drei wesentliche Cash Flow-Kennzahlen lassen sich unterscheiden:

- **Cash Flow aus operativer Tätigkeit** – zeigt, inwieweit im Rahmen der gewöhnlichen Geschäftstätigkeit Zahlungsmittelüberschüsse erzielt werden.
- **Cash Flow aus Investitionstätigkeit** – zeigt den Zahlungssaldo aus Investitionen (Geschäftsausstattung, neue Anlagen etc.).
- **Cash Flow aus Finanzierungstätigkeit** – zeigt den Zahlungssaldo aus Finanztransaktionen (Zinsen, Tilgung, Kreditaufnahmen etc.).

Direkte vs. indirekte Ermittlung

Die Ermittlung kann auf direktem oder indirektem Weg erfolgen. Bei der indirekten Methode werden ausgehend von einer Gewinngröße (z.B. dem Jahresüberschuss) auszahlungsunwirksame Aufwendungen addiert und zahlungsunwirksame Erträge subtrahiert. Die direkte Ermittlung geschieht durch Subtraktion der Auszahlungen von den Einzahlungen.

Die **indirekte Methode** ist der folgenden Abbildung zu entnehmen.

Abb. 151 Methode zur indirekten Ermittlung des Cash Flow

Jahresüberschuss	
+	Abschreibungen
+/-	Veränderungen der Warenbestände
+/-	Veränderungen der Rückstellungen
=	**Cash-Flow**

Begrifflichkeiten zum Nachschlagen

... damit sollten Sie umgehen können:

- Finanzkontrolle
  - Statisch
  - Dynamisch
- Liquidität (Stufe/Grad 1.-3.)
- Investitionsverhältnis
- Umflaufintensität
- Verschuldungsgrad
- Eigenfinanzierungsgrad
- Finanzierungsverhältnis
- Anspannungskoeffizient
- Anlagen-Deckungsgrad
- Eigenkapitalrentabilität
- Gesamtkapitalrentabilität
- Return on Investment
- Cash Flow

Wiederholungsfragen

1. Skizzieren und erläutern Sie Aufgaben und Inhalte der Finanzkontrolle.
2. Grenzen Sie die statische Finanzkontrolle von der dynamischen Finanzkontrolle ab.
3. Erläutern Sie die Begriffe „Liquidität“ (Stufe/Grad 1.-3.), „Investitionsverhältnis“, „Umlaufintensität“, „Verschuldungsgrad“, „Eigenfinanzierungsgrad“, „Finanzierungsverhältnis“ und „Anspannungskoeffizient“.

Literaturhinweise

Drukarczyk, J.: Finanzierung. Eine Einführung. 10. Aufl., Stuttgart 2008.

Thommen, J.-P.; Achleitner, A.-K.; Gilbert, D. U.; Hachmeister, D.; Kaiser, G.: Allgemeine Betriebswirtschaftslehre: Umfassende Einführung aus managementorientierter Sicht. 8. Aufl., Wiesbaden 2016.

Volkart, R.: Corporate Finance. 3. Aufl., Zürich 2007.

Wöhe, G.; Bilstein, J.; Ernst, D./ Häcker, J.: Grundzüge der Unternehmensfinanzierung. 10. Aufl., München 2009.

Wöhe, G.; Döring, U.; Brösel, G.: Einführung in die Allgemeine Betriebswirtschaftslehre. 26. Aufl., München 2016.

4 Budgetierung

Budgetierung
= Zusammenstellung erwarteter Mengen- und Wertgrößen

Im Rahmen der Finanzplanung und -kontrolle sowie in der Führung wird in Unternehmen regelmäßig mit Budgets gearbeitet. Derartige **Budgets** beinhalten „eine systematische Zusammenstellung der während einer Periode erwarteten Mengen- und Wertgrößen." (Thommen et al., S. 288)

Das **Budget** umfasst

- „die Gesamtheit der Ressourcen (z. B. Finanzen, Personal, Betriebsmittel),
- die einem organisatorischen Verantwortungsbereich (z. B. Abteilung, Stelle)
- für einen bestimmten Zeitraum (langfristig, mittelfristig, kurzfristig)
- zur Erfüllung der ihm übertragenen Aufgaben
- durch eine verbindliche Vereinbarung zur Verfügung gestellt wird."
(Thommen et al., S. 288)

Ziel ist es, den unternehmerischen Erfolg zu planen. Die Planungsebene kann sowohl objekt- als auch funktionsbezogen sein. Die einzelnen Budgets eines Unternehmens werden zu einem Unternehmensbudget (Plan-Bilanz, Plan-Gewinn- und Verlustrechnung, Plan-Kapitalflussrechnung, Plan-Liquiditätsrechnungen) zusammengeführt.

Funktionen

Die wesentlichen **Vorteile** der Budgetierung resultieren aus den folgenden Funktionen (Thommen et al., S. 289):

- **Orientierungs- und Entscheidungsfunktion** – Das Budget bildet einen Handlungsrahmen und Entscheidungskriterium für das Treffen von Entscheidungen.
- **Integrations- und Koordinationsfunktion** – Das Budget hilft bei der Verteilung und Abstimmung der Ressourcen im Unternehmen.
- **Motivationsfunktion** – Das Budget begrenzt einerseits den Handlungsrahmen der Verantwortlichen, lässt aber auch Freiräume zur konkreten Nutzung des Budgets, die motivierenden Charakter haben.
- **Kontrollfunktion** – Budget als konkrete Zielgrößen lassen sich leicht überprüfen und messen.

Risiken der Anwendung

Die **Nachteile** der Budgetierung bestehen in folgenden Risiken der Anwendung (Thommen et al., S. 289 f.):

- **Ressourcenverschwendung** – Insbesondere bei Fortschreibungen oder Verhandlungen von Budgets auf Basis der Vorjahreswerte besteht die Gefahr des „budget wasting" zum Jahresende.
- **Mangelnde Flexibilität** – (Starre) Budgetvorgaben können dazu führen, dass Verantwortliche nur in diesem Rahmen handeln. Initiative und Innovationsbereitschaft können darunter leiden.
- **Ressortegoismus** – Budgetvorgaben und -verantwortungen beinhalten die Gefahr eines bereichsorientierten Denkens zulasten der Gesamt-Unternehmenssicht.

Begrifflichkeiten zum Nachschlagen

... damit sollten Sie umgehen können:

- Budgetierung
  - Begriff
  - Ziele
  - Vor- und Nachteile der Anwendung

Wiederholungsfragen

1. Was ist ein „Budget"? Erläutern Sie den Begriff, Aufgaben und Ziele.
2. Diskutieren Sie die Vor- und Nachteile der Budgetierung.

Literaturhinweise

Drukarczyk, J.: Finanzierung. Eine Einführung. 10. Aufl., Stuttgart 2008.

Thommen, J.-P.; Achleitner, A.-K.; Gilbert, D. U.; Hachmeister, D.; Kaiser, G.: Allgemeine Betriebswirtschaftslehre: Umfassende Einführung aus managementorientierter Sicht. 8. Aufl., Wiesbaden 2016.

Volkart, R.: Corporate Finance. 3. Aufl., Zürich 2007.

Wöhe, G.; Bilstein, J.; Ernst, D./ Häcker, J.: Grundzüge der Unternehmensfinanzierung. 10. Aufl., München 2009.

Wöhe, G.; Döring, U.; Brösel, G.: Einführung in die Allgemeine Betriebswirtschaftslehre. 26. Aufl., München 2016.

5 Außenfinanzierung

Bei der **Außenfinanzierung** erhält das Unternehmen Geld von außen entweder von Einzelpersonen, Banken, Unternehmen oder über den Kapitalmarkt. Je nach Dauer der Zurverfügungsstellung des Kapitals wird unterschieden zwischen

- **Fremd- bzw. Kreditfinanzierung** (zeitlich befristet – z. B. Kredite, Darlehen etc.) und
- **Beteiligungsfinanzierung** (unbefristet zur Verfügung gestelltes Beteiligungskapital).

5.1 Fremd- bzw. Kreditfinanzierung

Fremdfinanzierung
= Kapital von Gläubigern mit Anspruch auf Verzinsung und Rückzahlung

Bei der **Fremdfinanzierung** wird dem Unternehmen Kapital durch Gläubiger für eine bestimmte Zeitdauer zur Nutzung überlassen. Die Gläubiger erwerben kein Eigentum am Unternehmen und haben normalerweise auch keine Mitsprache-, Kontroll- und Entscheidungsrechte. Stattdessen besteht für die Gläubiger ein Anspruch auf Verzinsung und Rückzahlung zu einem festgelegten Zeitpunkt und in einer festgelegten Höhe. Nach der Dauer der Zurverfügungstellung des Kapitals werden kurzfristige (bis 1 Jahr), mittelfristige (1 bis 5 Jahre) und langfristige (> 5 Jahre) Kredite unterschieden.

Kurzfristiges Fremdkapital

Die Formen des kurzfristigen Fremdkapitals lassen sich wie folgt systematisieren:

Lieferanten-,
Kunden-,
Bankkredit

- **Lieferantenkredit** – entsteht durch die Ausnutzung von Zahlungszielen.
- **Kundenkredit** – entsteht durch die Leistung von Anzahlungen durch den Kunden vor Erhalt der Ware.
- **Bankkredit**
  - **Kontokorrentkredit** – Bankkredit bei dem der Kreditnehmer bis zu einem Maximalbetrag (Kreditlinie) frei verfügen kann.
  - **Lombardkredit** (Beleihungskredit) – Verpfändung beweglicher, marktgängiger Vermögenswerte, die im Bedarfsfall leicht zu liquidieren sind.
  - **Diskontkredit** – Verkauf noch nicht fälliger, in Wechselform verbriefter Forderungen eines Lieferanten unter Abzug der Zinsen (Diskontierung) an die Bank.
  - **Akzeptkredit** – Wechselkredit, bei dem die Bank einen auf sie gezogenen Wechsel akzeptiert und sich verpflichtet, den Kreditbetrag bei Fälligkeit an den Wechselinhaber zu zahlen.

Langfristiges Fremdkapital

Basis Darlehensvertrag

Die Formen des langfristigen Fremdkapitals lassen sich i. d. R. auf die rechtliche Konstruktion eines Darlehensvertrages zurückführen. Auf Basis eines schuldrechtlichen Vertrages schuldet der Darlehensgeber dem Darlehensnehmer die Auszahlung des Darlehens, während der Darlehensnehmer sich zur fristgerechten Rückzahlung (Tilgung in Raten oder als Einmalbetrag) sowie zur Zahlung von Darlehenszinsen verpflichtet.

Folgende **Formen** des langfristigen Fremdkapitals lassen sich unterscheiden:

- **Langfristiges Bankdarlehen** – Kapital wird durch eine Bank i. d. R. gegen die Stellung von Sicherheiten zur Verfügung gestellt.
- **Gesellschafterdarlehen** – Gesellschafter des Unternehmens gewähren einen Kredit. Der Vorteil gegenüber einer Eigenfinanzierung liegt in der Sicherheit: Im Insolvenzfall können Gläubigeransprüche geltend gemacht werden.
- **Schuldscheindarlehen** – Gewährung von Großkrediten an bonitätsstarke Großunternehmen durch Kapitalsammelstellen (z. B. Lebensversicherungen, Pensionskassen).
- **Schuldverschreibungen** (Anleihen, Obligationen) – in kleinere Teilbeträge aufgeteilte und verbriefte Wertpapiere, die an der Börse gehandelt werden (langfristiger Großkredit von vielen Kleinanlegern). Laufzeit, Zins und Tilgungsmodalitäten sind festgelegt.

Sonderformen

Kreditsubstitute

Die nachfolgend vorgestellten Sonderformen der Fremdfinanzierung stellen sogenannte Kreditsubstitute dar, da es nicht zu einer klassischen Geldaufnahme eines Kreditnehmers bei einem Kreditgeber kommt.

Leasing
= Überlassung von Vermögensgegenständen gegen Nutzungsentgelt

Beim **Leasing** erfolgt eine mittel- bis langfristige Überlassung von Vermögensgegenständen gegen die Zahlung eines periodisch zu entrichtenden Nutzungsentgelts (Leasinggebühr). Zwei grundlegende **Formen** von Leasingverträgen lassen sich unterscheiden:

- Das **Operate Leasing** beinhaltet ein kurzfristiges, jederzeit kündbares Mietverhältnis.
- Das **Financial Leasing** besteht aus einem langfristigen, für einen bestimmten Zeitraum unkündbaren Mietvertrag, in dessen Laufzeit sich das Anlageobjekt i. d. R. vollständig amortisiert.

Die **Vorteile** des Leasings bestehen in Folgendem:

- „Pay-as-you-earn-Effekt" – Die monatlichen Leasingraten können aus den mit den Anlagegütern erwirtschafteten Erlösen gezahlt werden.
- Die Liquiditätsbelastung verteilt sich über die Miet-/Nutzungszeit. Die Bilanz wird geschont. Die Kreditwürdigkeit verringert sich kaum.
- Die vereinbarten Leasingraten sind im Vorfeld gut kalkulierbar.

Die **Nachteile** des Leasing sind:

- Kein Eigentumserwerb am Leasinggut – Es können also keine Restwerte liquidiert werden, z. B. bei Nichtnutzung oder plötzlichem dringenden Geldbedarf.
- Die Gesamtkosten des Leasing sind über den gesamten Nutzungszeitraum betrachtet i. d. R. höher als bei einem Kauf des Objektes, auch wenn dieses fremdfinanziert werden muss. Dies ist darin begründet, dass der Leasinggeber das Ausfallrisiko sowie einen Gewinn kalkulieren muss.
- Bindung an die Vertragslaufzeit - Die Leasingraten sind auch bei Nichtnutzung zu zahlen.

Factoring
= Ankauf von Forderungen

Das **Factoring** ist ein Finanzierungsgeschäft, bei dem ein Finanzierungsinstitut (Factor) die bei einem Unternehmen (Klient) entstehenden kurzfristigen Forderungen mit oder ohne Regress ankauft.

Der Factor übernimmt damit für das Unternehmen drei wesentliche **Funktionen**:

- die Finanzierungsfunktion – durch das Bevorschussen der der erst später fällig werdenden Forderung,
- die Dienstleistungsfunktion – durch das Verwalten und Überwachen des Forderungsbestandes,
- die Delkrederefunktion – durch die Übernahme des Forderungsausfallrisikos.

Factoring- und Delkrederegebühr

Aus diesen Funktionen leiten sich auch die **Kosten** ab, die von dem Klienten zu tragen sind: Kreditzinsen für die Finanzierung der Forderungen vor Fälligkeit, Factoringgebühr für die Übernahme der Dienstleistungen und Delkrederegebühr zur Abdeckung des Ausfallrisikos.

Die **Vorteile** des Factorings für den Klienten resultieren aus:

- höheren Rentabilitäten durch den schnelleren Abbau der Forderungen,
- geringerem Verwaltungsaufwand durch Wegfall des Forderungsmanagements (Mahn-, Inkassowesen),
- geringeren Kosten in der Debitorenbuchhaltung,
- geringeren Ausfallkosten durch Insolvenzen,
- höherer Liquidität und geringeren Kapitalbindungskosten.

Die **Nachteile** des Factorings bestehen in:

- hohen Zinssätzen, die gegen die Kosteneinsparungen abzuwägen sind,

- Organisationsaufwand und Anpassungsschwierigkeiten bei späterer Wiedereingliederung des Forderungsmanagements,
- Image- und Vertrauensverluste bei Bekanntwerden des Forderungsverkaufs.

5.2 Beteiligungsfinanzierung

Beteiligungsfinanzierung
= Eigenkapitalzuführung von außen

Bei der **Beteiligungsfinanzierung** erfolgt eine Zuführung von Eigenkapital von außen. Dieses stellt für gewöhnlich die Basis jedes Finanzierungsgerüstes eines Unternehmens dar, da auch die Zuführung von Fremdmitteln nur möglich sein wird, wenn aus Sicht der Gläubiger ausreichend Eigenkapital im Unternehmen vorhanden ist, das ein möglichst großen Teil der Risiken abfangen kann.

Dem **Eigenkapital** kommen im Einzelnen folgende **Funktionen** zu:

- **Errichtungsfunktion** – das Eigenkapital fungiert bei Gründung des Unternehmens als Startkapital.
- **Risikoabsicherungsfunktion** – das Eigenkapital trägt die aus der Unternehmenstätigkeit resultierenden Risiken. Indem es die Verluste auffängt, dient es den Gläubigern als Sicherheit.
- **Ertragsfunktion** – das Eigenkapital soll den Kapitalgebern möglichst viel Ertrag generieren.
- **Gewinnverteilungsfunktion** – das Eigenkapital zeigt die Beteiligungs- und Haftungsverhältnisse und dient als Grundlage für die Gewinn-(Verlust-)verteilung.
- **Repräsentationsfunktion** – das Eigenkapital ist ein wesentliches Bewertungskriterium für die Beurteilung der Kreditwürdigkeit eines Unternehmens.

Die **Eigenkapitalformen** bei unterschiedlichen Rechtsformen sind Abb. 152 zu entnehmen.

Eigenkapitalformen bei unterschiedlichen Rechtsformen

Abb. 152 Formen des Eigenkapitals bei verschiedenen Rechtsformen

Rechtsform	**Eigenkapitalformen**
Einzelunternehmen	▸ Eigenkapital des Unternehmers
Offene Handelsgesellschaft	▸ Kapitalkonten der Gesellschafter
Partnergesellschaft	▸ Kapitalkonten der Partner
Kommanditgesellschaft	▸ Kapitalkonten der Komplementäre ▸ Kommanditkapital
Aktiengesellschaft	▸ Gezeichnetes Kapital (Aktienkapital, Grundkapital) ▸ Kapitalrücklage (Rücklagen aus Einzahlungen) ▸ Gewinnrücklagen (Rücklagen aus nicht ausgeschütteten Gewinnen) ▸ Gewinnvortrag
GmbH	▸ Stammkapital der Gesellschafter ▸ Rücklagen ▸ Gewinnvortrag ▸ Evtl. Nachschusskapital
Genossenschaft	▸ Anteilsscheinkapital ▸ Rücklagen ▸ Gewinnvortrag ▸ Evtl. Nachschusskapital

Quelle: in Anlehnung an Thommen et al., S. 293

Die Art und Weise der Beteiligungsfinanzierung hängt stark von der Rechtsform ab. Bei nicht emissionsfähigen Unternehmen erfolgt sie i. d. R. unter Ausschluss der Öffentlichkeit. Bei emissionsfähigen Unternehmen erfolgt die Finanzierung über Aktien.

Aktien sind Wertpapiere, die dem Aktionär einen Anteil und damit eine Reihe von **Mitgliedschaftsrechten** an der Aktiengesellschaft verbriefen.

Aktien werden nach verschiedenen Merkmalen unterschieden und benannt (vgl. Abb. 153; Wöhe et al. 2016, S. 536 f.):

Arten von Aktien

Abb. 153 Aktiengattungen

Merkmal	Aufteilung des Grundkapitals	Art der Übertragbarkeit	Umfang der Aktionärsrechte
Aktiengattungen	▸ Nennwertaktien ▸ Stückaktien	▸ Inhaberaktien ▸ Namensaktien	▸ Stammaktiien ▸ Vorzugsaktien

Quelle: in Anlehnung an Wöhe et al. 2016, S. 536

Nach der **Aufteilung des Grundkapitals** lassen sich Nennwertaktien und Stückaktien unterscheiden.

... Nennwert- vs. Stückaktien

- **Nennwertaktien** bezeichnen einen betragsmäßigen Anteil am Grundkapital der AG. Der Nennwert je Aktie muss mindestens einen Euro betragen. Höhere Beträge müssen auf volle Euro lauten.
- **Stückaktien** verkörpern einen Bruchteil am Grundkapital. Beispiel: Beträgt das Grundkapital von 5 Mio. Euro und wurden 1 Mio. Aktien ausgegeben, dann ist eine Aktie mit einem Millionstel am Grundkapital beteiligt. Der rechnerische Nennwert einer Aktie beträgt dann 5 €/Stück.

Nach der **Art der Übertragbarkeit** differenziert man Inhaberaktien und Namensaktien.

... Inhaber- vs. Namensaktien

- **Inhaberaktien** sind die typischen Aktien bei Publikumsgesellschaften. Sie lassen sich formlos durch Einigung und Übergabe übertragen. Die Namen der Gesellschafter sind dem Unternehmen nicht bekannt.
- **Namensaktien** lauten auf den Namen des Aktionärs. Dieser wird in das Aktienbuch der Gesellschaft eingetragen. Bei Verkauf muss eine entsprechende Umschreibung erfolgen. Bei einer **vinkulierten Namensaktie** ist die Übertragung der Aktie an die Zustimmung der Gesellschaft gebunden.

Nach dem **Umfang der Aktionärsrechte** werden Stammaktien und Vorzugsaktien unterschieden.

... Stamm- vs. Vorzugsaktien

- **Stammaktien** beinhalten eine Reihe an Rechten:
  - **Recht auf Gewinnanteile** – dem Aktionär stehen Gewinne entsprechend seiner Anteile zu.
  - **Recht auf Beteiligung am Liquidationserlös** – bei Verkauf stehen dem Aktionär Anteile am Verkaufserlös zu.
  - **Anspruch auf Rechenschaft und Information** – der Aktionär kann an der Hauptversammlung der AG teilnehmen und hat dort Antrags-, Auskunfts- und Anfechtungsrechte.
  - **Stimmrecht** – jeder Stammaktionär kann auf der Hauptversammlung in Höhe der Anzahl seiner Aktien an Abstimmungen teilnehmen.
  - **Bezugsrecht** – der Aktionär hat bei Kapitalerhöhungen das Recht, Aktien zu erwerben, um seinen Vermögens- und Stimmrechtsanteil zu sichern. Er hat die Möglichkeit das Bezugsrecht auszuüben oder zu veräußern.

- **Vorzugsaktien** gewähren dem Aktionär mindestens eines der fünf Rechte einer Stammaktie nicht. Dafür genießt er eine Vorzugsstellung beim Dividendenbezug entsprechend der genauen Art der Vorzugsaktie:
  - Mit Überdividende – höherer Dividendenanspruch als Stammaktie und vorrangige Erfüllung.
  - Mit Vorabdividende – gleicher Dividendenanspruch als Stammaktie und vorrangige Erfüllung.
  - Limitierte Vorzugsaktie – Gewinnjahre: fixierter Dividendenanspruch; Verlustjahre: kein Dividendenanspruch.
  - Kumulative Vorzugsaktie – Gewinnjahre: fixierter Dividendenanspruch; Verlustjahre: Dividendenanspruch wird in die Gewinnjahre vorgetragen.

Eine **Kapitalerhöhung** bei einer existierenden Aktiengesellschaft kann auf unterschiedliche Art und Weise erfolgen:

Formen der Kapitalerhöhung

- **Ordentliche Kapitalerhöhung** – Aktionäre beschließen auf der Hauptversammlung mit Dreiviertelmehrheit, junge Aktien gegen Bezahlung oder auch gegen Sacheinlagen auszugeben.
- **Bedingte Kapitalerhöhung** – erfolgt analog zu einer ordentlichen Kapitalerhöhung; die Durchführung wird jedoch an das Eintreten einer im Beschluss festgelegten Bedingung geknüpft.
- **Kapitalerhöhung aus genehmigtem Kapital** – Eine Dreiviertelmehrheit der Hauptversammlung ermächtigt den Vorstand, das gezeichnete Kapital bis zu einem bestimmten Nennbetrag durch Ausgabe junger Aktien gegen Einlagen zu erhöhen.
- **Kapitalerhöhung aus Geschäftsmitteln** – Offene Rücklagen werden nach Beschluss der Hauptversammlung in gezeichnetes Kapital umgewandelt. Dadurch fließt dem Unternehmen jedoch kein frisches Kapital zu.

6 Innenfinanzierung

Die **Innenfinanzierung** ist über folgende Wege möglich:

Formen der Innenfinanzierung

- Selbstfinanzierung aus einbehaltenen Gewinnen.
- Finanzierung aus **Rückstellungen** (z. B. Pensions-, Steuerrückstellungen). Rückstellungen sind Verpflichtungen gegenüber Dritten, bei denen Zeitpunkt und/oder Höhe des Eintritts noch nicht endgültig bekannt sind.
- Finanzierung aus **Abschreibungsgegenwerten**, d. h. Umschichtung der in den abzusetzenden Gütern enthaltenen Gegenwerte z. B. aus Abschreibung der Maschine, mit denen diese hergestellt wurden.
- **Vermögensumschichtung** durch Liquidation von Vermögen oder effizienterem Kapitaleinsatz.

Begrifflichkeiten zum Nachschlagen

… damit sollten Sie umgehen können:

- Außenfinanzierung
  - Fremd-/Kreditfinanzierung
  - Kurzfristiges Fremdkapital
  - Langfristiges Fremdkapital
  - Leasing
  - Factoring
  - Beteiligungsfinanzierung
- Innenfinanzierung

Wiederholungsfragen

1. Grenzen Sie Begriff und Formen der Außenfinanzierung und der Innenfinanzierung voneinander ab.
2. Erläutern Sie die Begriffe „Fremd-/Kreditfinanzierung“, „Kurzfristiges Fremdkapital“, „Langfristiges Fremdkapital“ und „Beteiligungsfinanzierung“.
3. Erläutern Sie die Begriffe sowie die jeweiligen Vor- und Nachteile von „Leasing“ und „Factoring“.
4. Erläutern Sie die Funktionen des Eigenkapitals.
5. Erläutern Sie die möglichen Formen einer Kapitalerhöhung bei einer Aktiengesellschaft.

Literaturhinweise

Thommen, J.-P.; Achleitner, A.-K.; Gilbert, D. U.; Hachmeister, D.; Kaiser, G.: Allgemeine Betriebswirtschaftslehre: Umfassende Einführung aus managementorientierter Sicht. 8. Aufl., Wiesbaden 2016.

Wöhe, G.; Döring, U.; Brösel, G.: Einführung in die Allgemeine Betriebswirtschaftslehre. 26. Aufl., München 2016.

Weiterführende Literaturhinweise

Drukarczyk, J.: Finanzierung. Eine Einführung. 10. Aufl., Stuttgart 2008.

Achleitner, A.-K.: Handbuch Investment Banking. 3. Aufl., Wiesbaden 2002.

Perridon, L.; Steiner, M.: Finanzwirtschaft der Unternehmung. 16. Aufl., München 2012.

Volkart, R./Wagner, A.: Corporate Finance. 6. Aufl., Zürich 2014.

Wöhe, G.; Bilstein, J.; Ernst, D./ Häcker, J.: Grundzüge der Unternehmensfinanzierung. 10. Aufl., München 2009.

IX Investition

Lernziele des Kapitels

Dieses Kapitel soll Sie vertraut machen mit den folgenden Themen:

Begriffe und Arten der Investition.

Prozess der Investitionsentscheidung.

Inhalte und Methoden der Investitionsrechnung, insbesondere der statischen und der dynamischen Verfahren der Investitionsrechnung.

1 Grundlagen

Einleitend zum vorhergehenden Kapitel Finanzierung wurde auf den Zusammenhang zwischen dem güterwirtschaftlichen und dem finanzwirtschaftlichen Prozess hingewiesen. Der finanzwirtschaftliche Prozess stellt die Voraussetzung für den güterwirtschaftlichen Prozess dar und setzt sich aus den Prozessen Finanzierung, Investition, Kapitalrückfluss und Rückzahlung/Desinvestition zusammen. In diesem Kapitel geht es nun um die Investition.

Investition
- Verwendung finanzieller Mittel zur Beschaffung von Gütern

Unter **Investition** versteht man die Verwendung von finanziellen Mitteln zur Beschaffung von Gütern. Dementsprechend versteht man unter einer **Desinvestition** den Verkauf der Güter.

Nach dem Umfang der betrachteten Investitionsobjekte lassen sich unterschiedlich weite Begriffsauffassungen unterscheiden (vgl. Abb. 154; Thommen et al., S. 334):

- **Investition im weiteren Sinne** beinhaltet alle Vermögenswerte, in welche investiert wird, unabhängig von ihrer bilanziellen Erfassung oder Erfassbarkeit (Umlaufvermögen, Anlagevermögen, Information, Humanvermögen, Wissen, Forschung und Entwicklung etc.). Es werden also alle Investitionen betrachtet, die ein Leistungspotenzial, d. h. einen erwarteten zukünftigen Nutzenzugang, versprechen.
- **Investition im engeren Sinne** beschränkt sich auf die Umwandlung finanzieller Mittel in materielles Anlagevermögen.

Investition im engeren und weiteren Sinne

Abb. 154 Investition im engeren und weiteren Sinne

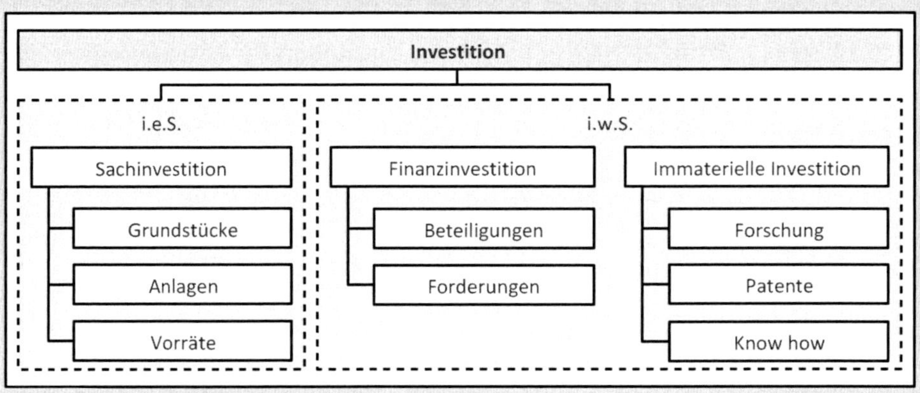

Die Investition im engeren Sinne soll nachfolgend im Mittelpunkt stehen.

Gründungsinvestitionen und laufende Investitionen

Grundlegend lassen sich im Unternehmen **Gründungsinvestitionen** und **laufende Investitionen** unterscheiden. Letztere sind darüber hinaus zu differenzieren in (Thommen et al., S. 334):

- **Ersatzinvestitionen** – Ersatz alter, ggf. defekter Anlagen durch neue, gleich(artig)e.
- **Rationalisierungsinvestitionen** – Austausch funktionsfähiger Anlagen mit dem Ziel der Kostensenkung oder Qualitätsverbesserung.
- **Erweiterungsinvestitionen** – Erwerb zusätzlicher Anlagen.
- **Umstellungsinvestitionen** – Erwerb neuer Anlagen zur Herstellung anderer Produkte.
- **Diversifikationsinvestitionen** – Erwerb neuer Anlagen zur Erstellung neuer, verwandter (horizontale, vertikale Diversifikation) oder völlig andersartiger Leistungen (laterale Diversifikation).

Brutto- und Nettoinvestition

In diesem Zusammenhang unterscheidet man die Begriffe Brutto- und Nettoinvestition. **Bruttoinvestition** beinhaltet den gesamten Zugang an konkreten Werten, während die **Nettoinvestition** den Saldo aus dem gesamten Zugang und Abgang an konkreten Werten bezeichnet.

Investitionen bringen eine Reihe an spezifischen Charakteristika mit sich, die verdeutlichen, weshalb dem Investitionsentscheidungsprozess im Unternehmen eine besondere Aufmerksamkeit zuteilwerden sollte. Die **Besonderheiten** sind der Übersicht in Abb. 155 zu entnehmen (Thommen et al. 2016, S. 334 f.).

Besonderheiten von Investitionsentscheidungen

Abb. 155 Besonderheiten von Investitionsentscheidungen

1. **Langfristiger Zeithorizont**
- Langfristige Kapitalbindung mit fixen Belastungen wie Abschreibungen u. Zinsen
- Starre Kostenstruktur
- großes Risiko

=> Die unternehmerische Flexibilität wird durch Investitionen eingeschränkt

2. **Knappheit des Kapitals**

⇒ I. d. R. sind mehr Investitionsprojekte als Kapital vorhanden

3. **Komplexität**

⇒ Investitionen haben Auswirkungen in vielen Unternehmensbereichen

4. **Datenmenge**

⇒ Es ist eine Vielzahl Daten zur Beurteilung einer Investitionsentscheidung zu berücksichtigen

5. **Erfolg des Unternehmens**

⇒ Investitionen haben großen Einfluss auf den Gewinn und das Überleben

Der **Prozess der Investitionsentscheidung** orientiert sich am allgemeinen Problemlösungsprozess. Die Phasen der Planung, Entscheidung, Realisation und Kontrolle sind in Abb. 156 verdeutlicht (Thommen et al. 2016, S. 335).

Investitionsentscheidungs-prozess

Abb. 156 Investitionsentscheidungsprozess

1. Investitionsplanung
a) Anregungsphase zur Ermittlung von konkreten Investitionsmöglichkeiten
b) Technische, wirtschaftliche und soziale Machbarkeitsprüfung
c) Investitionsantrag

2. Investitionsentscheidung
⇒ Auswahl des vorteilhaftigsten Investitionsantrags

3. Realisierung von Investitionen
⇒ Ergreifen von Maßnahmen zur Vorbereitung und Durchführung, z. B.:
- Bereitstellung des Kapitals (Wahl der Finanzierungsform)
- Bereitstellung der notwendigen Räumlichkeiten
- Schulung der Mitarbeiter, Einstellung neuer Mitarbeiter
- Verfassung der Bedienungsanleitung
- ...

4. Investitionskontrolle
a) Ausführungskontrolle = Kontrolle der mit einer Investition verbundenen Tätigkeiten
b) Ergebniskontrolle = Kontrolle der aus der Investition resultierenden Ergebnisse

Begrifflichkeiten zum Nachschlagen

... damit sollten Sie umgehen können:

- Investition (i.w.S., i.e.S.)
- Desinvestition
- Gründungsinvestition
- Laufende Investition
- Bruttoinvestion
- Nettoinvestition

Wiederholungsfragen

1. Erläutern Sie den Begriff der Investition i.w.S. und i.e.S.
2. Skizzieren und erläutern Sie den Prozess einer Investitionsentscheidung.
3. Erläutern Sie die Arten laufender Investionen.

Literaturhinweise

Blohm, H.; Lüder, K.; Schäfer, C.: Investition. 9. Aufl., München 2006.

Götze, U.: Investitionsrechnung. Modelle und Analysen zur Beurteilung von Investitionsvorhaben. 6. Aufl., Berlin u.a. 2008.

Kruschwitz, L.: Investitionsrechnung. 11. Aufl., München 2007.

Müller-Hedrich, B. W.: Investionsmanagement. Systematische Planung, Entscheidung und Kontrolle von Investitionen. 10. Aufl., Wien 2006.

Thommen, J.-P.; Achleitner, A.-K.; Gilbert, D. U.; Hachmeister, D.; Kaiser, G.: Allgemeine Betriebswirtschaftslehre: Umfassende Einführung aus managementorientierter Sicht. 8. Aufl., Wiesbaden 2016.

Wöhe, G.; Döring, U.; Brösel, G.: Einführung in die Allgemeine Betriebswirtschaftslehre. 26. Aufl., München 2016.

2 Investitionsrechenverfahren

Beurteilung, Planung und Kontrolle der wirtschaftlichen Vorteilhaftigkeit einer Investition

Die Basis einer Investitionsentscheidung bilden i. d. R. **Investitionsrechenverfahren**. Sie dienen der Beurteilung, Planung und Kontrolle der wirtschaftlichen Vorteilhaftigkeit einer Investition. Grundsätzlich lassen sich zwei **Arten** von Verfahren der Investitionsrechnung unterscheiden:

- **Statische Verfahren** stellen relativ einfache Rechnungen dar. Sie berücksichtigen keine Unterschiede im zeitlichen Anfall der Zahlungsströme und verzichten auf eine Auf- oder Abzinsung.
- **Dynamische Verfahren** versuchen, zeitlich unterschiedlich anfallende Zahlungsströme während der gesamten Nutzungsdauer zu berücksichtigen und über eine Abzinsung auf den Entscheidungszeitpunkt vergleichbar zu machen.

Die wesentlichen Verfahren sind in der folgenden Übersicht dargestellt (siehe Abb. 157). Nachfolgend sollen diese jeweils kurz vorgestellt werden.

Verfahren

Abb. 157 Verfahren der Investitionsrechnung

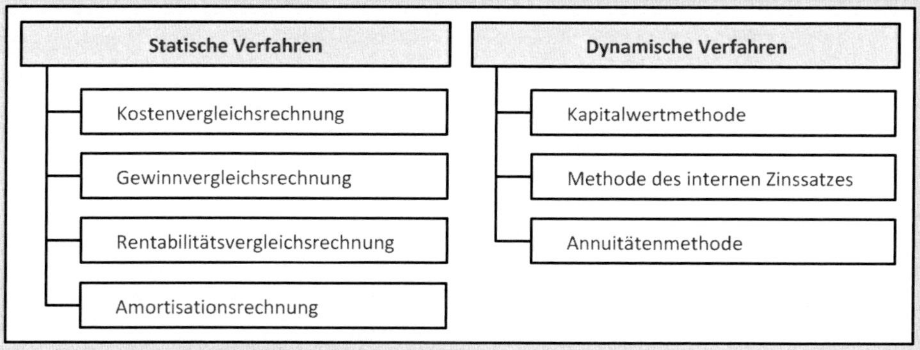

2.1 Statische Verfahren der Investitionsrechnung

Die **statischen Verfahren** der Investitionsrechnungen zeichnen sich durch folgende Gemeinsamkeiten aus:

Statische Verfahren

- Zeitliche Unterschiede zwischen den Ein- und Auszahlungen werden entweder gar nicht oder nur pauschal auf dem Wege einer Durchschnittsbildung berücksichtigt.
- Es wird mit Kosten und Erlösen (Leistungen) statt mit Einzahlungen und Auszahlungen gerechnet.
- Es lassen sich nur Investitionsobjekte, nicht aber vollständige Handlungsoptionen, z. B. mit unterschiedlichen Varianten der Zahlungsströme, beurteilen.
- Sie sind leicht handhabbar, stellen an den Anwender relativ geringe mathematische Anforderungen und verursachen nur einen geringen Aufwand zur Informationsbeschaffung.

Aus diesen Gründen werden sie in der Praxis regelmäßig eingesetzt.

Als statische Verfahren der Investitionsrechnung werden in der Literatur meist die **Kostenvergleichsrechnung**, die **Gewinnrechnung**, die **Rentabilitätsrechnung** und die **statische Amortisationsrechnung** behandelt.

Kostenvergleichsrechnung

Kostenvergleichsrechnung
= Vergleich der Kosten von Alternativen mit identischen Erlösen

Bei der **Kostenvergleichsrechnung** handelt es sich nicht um ein Verfahren zur Bestimmung der Vorteilhaftigkeit einer Investition, sondern um einen Kostenvergleich mehrerer Alternativen. Diese müssen auf der Erlösseite identisch sein, also die gleichen Einzahlungen aufweisen. Sie unterscheiden sich also nur auf der (Kosten-)Auszahlungsseite. Ziel ist es, die „kostengünstigste" Variante zu finden und auszuwählen.

Die Abb. 158 verdeutlicht das **Schema** der Kostenvergleichsrechnung für zwei Investitionsobjekte I_1 und I_2.

Schema

Abb. 158 Schema der Kostenvergleichsrechnung

Kostenart	I_1	I_2
1. Aufwandsgleiche Betriebskosten	...	...
1. Personalkosten	...	...
2. Reparaturkosten	...	...
3. Energiekosten	...	...
4. Materialkosten	...	...
5. Raumkosten etc.	...	...
2. Kalkulatorische Abschreibungen	...	...
3. Kalkulatorische Zinsen	...	...
Gesamtkosten	K_1	K_2

Quelle: Wöhe et al. 2016, S. 477

Bei Finanzierung aus Eigenmitteln Berücksichtigung kalkulatorischer Zinsen

Fallen keine Zinskosten an, weil die die Investition aus Eigenmitteln finanziert wird, sind kalkulatorische Zinsen anzusetzen. Diese berücksichtigen den entgangenen Ertrag, den das Unternehmen durch eine alternative Geldanlage (z.B. durch Erwerb festverzinslicher Wertpapiere) hätte erzielen können.

Handelt es sich bei den Investitionsobjekten um Produktionsanlagen, mit unterschiedlichen fixen und variablen Kosten, hängt die kostengünstigere von der Ausbringungsmenge ab. Wie in Abb. 159 verdeutlicht, ist bei einer Ausbringungsmenge kleiner x die Investition 2 – bei einer Ausbringungsmenge größer x die Investition 1 vorzuziehen.

Kostenvergleichsrechnung unter Berücksichtigung der Ausbringungsmenge

Abb. 159 Kostenvergleichsrechnung unter Berücksichtigung der Ausbringungsmenge

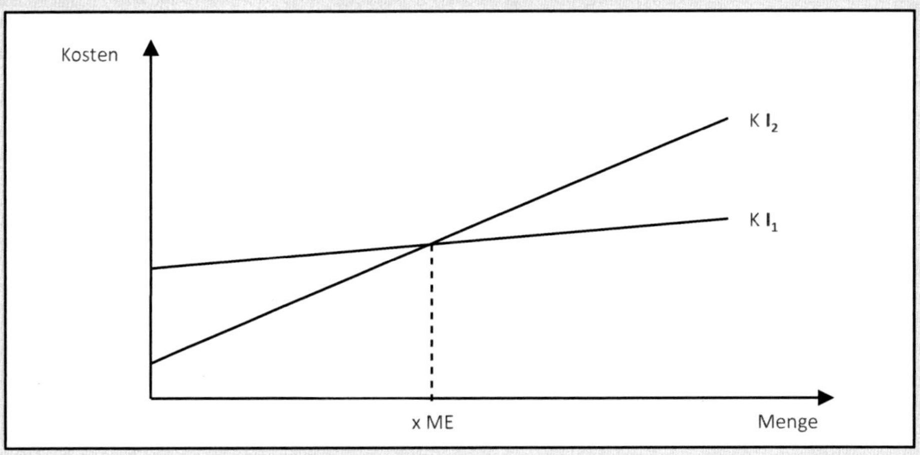

Gewinnvergleichsrechnung

Gewinnvergleichsrechnung
Unterschiedliche Erlöse und Kosten

Die **Gewinnvergleichsrechnung** ist einzusetzen, wenn die zu erwartenden Erlöse mehrerer Investitionsobjekte nicht gleich sind. Es werden also die Gewinne für eine repräsentative Periode ermittelt – also bei mehreren Perioden der Durchschnittsgewinn auf Basis der durchschnittlichen Erlöse und der durchschnittlichen Kosten.

Der **Gewinn** lässt sich über die folgende Formel ermitteln:

- Gewinn (G) = Erlöse (E) – Kosten (K)

Dabei ergeben sich die **Erlöse** aus:

- Erlöse (E) = Preis (p) x Menge (x)

Die **Kosten** setzen sich zusammen aus:

- Kosten (K) = Fixkosten (K_F) + variable Kosten (K_V)

Die Formel für den durchschnittlichen Periodengewinn lautet:

$$\overline{G} = \overline{d} - \frac{a_0}{n} - \frac{a_0}{2} \times i$$

$\overline{G}$ = durchschnittlicher Periodengewinn
$\overline{d}$ = durchschnittliche Einzahlungsüberschüsse
a_0 = Anschaffungsauszahlung
n = Nutzungsdauer (in Perioden)
i = Kalkulationszinsfuß

Abb. 160 Beispiel Ermittlung des durchschnittlichen Periodengewinns

Beispiel

Auszahlung	**Einzahlungen**				
t_0	t_1	t_2	t_3	t_4	t_5
-40.000	+10.000	+10.000	+10.000	+10.000	+10.000

$$\varnothing G = 10.000 - \frac{40.000}{5} - 20.000 \bullet 0{,}05$$

$\varnothing$ G = 1.000,- €

Gleiche Erlöse und Kosten

Der sogenannte **Break-Even-Point** ist der Punkt an dem die Erlöse und die Kosten gleich sind. Die **Break-Even-Menge** lässt sich durch Gleichsetzen der Erlös- und der Kostenfunktion ermitteln:

$$E = K$$
$$p * x = K_F + K_V$$
$$p * x = K_F + k_V * x$$
$$p * x - k_V * x = K_F$$
$$x * (p - k_V) = K_F$$
$$x = \frac{K_F}{(p - k_V)}$$

Die grafische Ermittlung der **Break-Even-Menge** ist der Abb. 80 auf S. 87 zu entnehmen.

Rentabilitätsvergleichsrechnung

Unterschiedliche Erlöse und Kapitalbedarfe

Die **Rentabilitätsvergleichsrechnung** berücksichtigt ergänzend zu den durchschnittlich zu erwartenden Gewinnen das Ausmaß des Kapitaleinsatzes. Sie ist also einzusetzen, wenn der Kapitalbedarf und damit die Kapitalbindung der Investitionen sich stark unterscheiden. Es werden die (durchschnittlichen) Gewinne einer Investition vor Zinsen mit dem durchschnittlichen Kapitaleinsatz ins Verhältnis gesetzt. Es entsteht eine Rentabilitätsgröße:

$$\text{Investitionsrentabilität} = \frac{\text{Investitionserlöse}}{\text{Investitionskapital}}$$

Voraussetzung für eine Vergleichbarkeit ist die gleiche Laufzeit der Investitionen.

Rentabilität über Kalkulationszinssatz

Eine Investition gilt dann als vorteilhaft, wenn ihre Rentabilität R über dem Kalkulationszinssatz i liegt. Beim Vergleich mehrerer alternativer Investitionen soll das Projekt mit der höchsten Rentabilität durchgeführt werden.

Die Formel für die **Rentabilität** lautet:

$$R = \frac{\overline{d} - \frac{a_0}{n}}{\frac{a_0}{2}}$$

Beispiel

Abb. 161 Beispiel Ermittlung der Rentabilität

Auszahlung	Einzahlungen				
t_0	t_1	t_2	t_3	t_4	t_5
-40.000	+10.000	+10.000	+10.000	+10.000	+10.000

$$R = \frac{10.000 - \frac{40.000}{5}}{\frac{40.000}{2}}$$

$R = 10\ \%$

Nach der Rentabilitätsrechnung wäre die Investition als vorteilhaft anzusehen, da sie eine durchschnittliche jährliche Rentabilität von 10% erwarten lässt.

Amortisationsrechnung

Berücksichtigung der Ein- und Auszahlungen über mehrere Perioden

Die **Amortisationsrechnung** (Pay-off-Methode) berücksichtigt im Gegensatz zu den anderen statischen Verfahren die Ein- und Auszahlungen der Investitionsalternativen über mehrere Perioden. Ziel ist es, festzustellen, bis wann sich die Anschaffungsauszahlung über die periodischen Einzahlungen amortisiert hat. Liegen wie in unserem Beispiel die jährlichen Einzahlungsüberschüsse (EÜ) bei 10.000,- € und beträgt die Anschaffungsauszahlung A_0 40.000,- €, dann ergibt sich eine Amortisationsdauer von vier Jahren, wie in Abb. 162 und Abb. 163 verdeutlicht.

Abb. 162 Beispiel Ermittlung der Amortisationsdauer

Auszahlung	Einzahlungen				
t_0	t_1	t_2	t_3	t_4	t_5
-40.000	+10.000	+10.000	+10.000	+10.000	+10.000
-40.000	-30.000	-20.000	-10.000	0	+10.000

Amortisationsdauer
- rechnerische Ermittlung

Abb. 163 Grafische Ermittlung der Amortisationsdauer

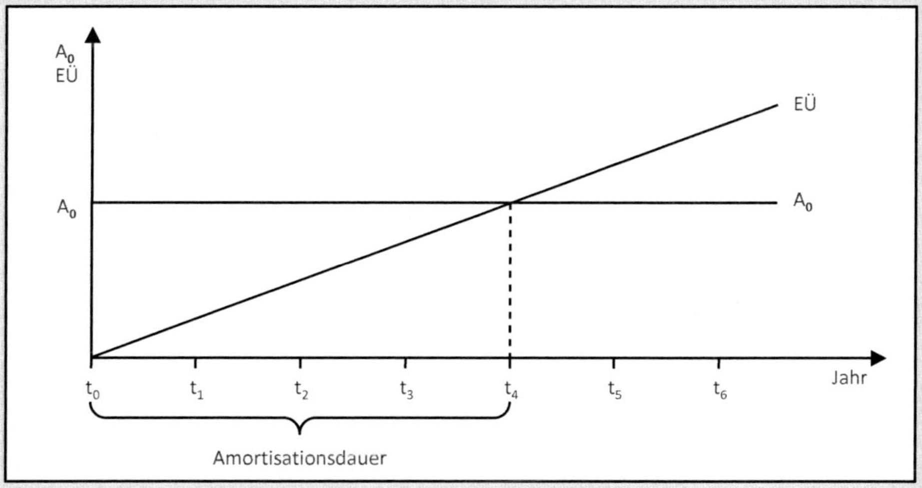

Amortisationsdauer
- grafische Ermittlung

Beurteilung der statischen Verfahren der Investitionsrechnung

Der zentrale Vorteil der statischen Verfahren der Investitionsrechnung liegt in der einfachen Handhabung. Allerdings sind die erzielbaren Ergebnisse der Beurteilung i. d. R. recht ungenau oder gar falsch. Bei unreflektierter Anwendung kann es daher zu Fehlentscheidungen kommen.

Einfache Handhabung aber Gefahr von Fehlentscheidungen

Die Probleme liegen in der Heranziehung einer Durchschnittsperiode ohne Berücksichtigung der tatsächlichen Zeitpunkte von Ein- und Auszahlungen (stattdessen werden periodisierte Erfolgsgrößen – Kosten und Erlöse herangezogen) sowie der nicht vorhandenen oder nicht ausreichenden Berücksichtigung von Zinsen für zeitlich auseinanderfallende Ein- und Auszahlungen.

Die Vorteile liegen in der Einfachheit und der Möglichkeit, vorab eine Tendenzaussage hinsichtlich der Attraktivität einer Investition ableiten zu können. Daher finden sie – trotz der Nachteile noch häufig Anwendung in der betrieblichen Praxis.

Praktikabel

Die dynamischen Verfahren umgehen diese Mängel, indem sie die zeitlichen Unterschiede zwischen den Ein- und Auszahlungen sowie die daraus resultierenden Zinseffekte berücksichtigen. Diese Verfahren werden nachfolgend betrachtet.

2.2 Dynamische Verfahren der Investitionsrechnung

Dynamische Verfahren
- Berücksichtigung zeitlicher Unterschiede zwischen Ein- und Auszahlungen sowie daraus resultierender Zinseffekte

Die dynamischen Verfahren der Investitionsrechnung berücksichtigen den zeitlich unterschiedlichen Anfall von Ein- und Auszahlungen. Insbesondere werden Zahlungen, die in der Zukunft auftreten anders bewertet als solche in der Gegenwart.

Folgende **Prämissen** liegen der Anwendung der dynamischen Verfahren zugrunde (Bernecker 2009, S. 163):

- Es wird von mehrperiodischen Zahlungen in Form einer Zahlungsreihe ausgegangen.
- Die Ein- und Auszahlungen sind vollständig bekannt und eindeutig erfassbar.
- Es wird Sicherheit in Bezug auf das Eintreten der Ein- und Auszahlungen unterstellt.
- Zahlungen zu unterschiedlichen Zeitpunkten werden auf einen Vergleichszeitpunkt auf- oder abgezinst.

Kapitalwertmethode

Kapitalwert
= Wert aller auf den Zeitpunkt der Anschaffungsauszahlung abgezinsten Ein- und Auszahlungen

Die **Kapitalwertmethode** ist das am häufigsten eingesetzte Verfahren zur Beurteilung von Investitionen. Als **Kapitalwert** (Net present value (NPV)) bezeichnet man den Wert aller auf den Zeitpunkt der Anschaffungsauszahlung abgezinsten Ein- und Auszahlungen. Es wird die Investitionsalternative mit dem höchsten positiven Wert ausgewählt.

Die **Berechnung** des Kapitalwertes erfolgt nach der folgenden Gleichung (Abb. 164):

Berechnung

Abb. 164 Berechnung des Kapitalwertes

$$C_0 = -A + \sum_{(t=0)}^{n} (e_t - a_t) * \frac{1}{(1+i)^t} + R_n * \frac{1}{(1+i)^t}$$

C_0 = Kapitalwert
A = Investitionsauszahlung
e_t = Einzahlung in Periode t
a_t = Auszahlung in Periode t
i = Kalkulationszinssatz
R_n = Resterlös am Ende der Nutzungsdauer n

Die jeweiligen Ergebnisse sind wie folgt zu interpretieren:

- $C_0 = 0$: Ist der Kapitalwert null, werden die eingesetzten Mittel wiedergewonnen und die Beträge genau zu dem festgelegten Kalkulationszinssatz (z. B. alternative Geldanlage) verzinst.
- $C_0 > 0$: Ist der Kapitalwert größer null, ist ein über die Mindestverzinsung des Kapitalzinssatzes hinausgehender Überschuss zu erwarten. Die Investition ist als vorteilhaft zu beurteilen.
- $C_0 < 0$: Ist der Kapitalwert kleiner 0, wird nicht einmal die Mindestverzinsung erreicht. Die Investition ist als unwirtschaftlich zu beurteilen.

Bei einem Vergleich mehrerer Investitionsobjekte mit positivem Kapitalwert ist das Objekt mit dem höchsten Kapitalwert zu bevorzugen.

Beispiel

Abb. 165 Beispiel Ermittlung des Kapitalwertes

Auszahlung	Einzahlungen				
t_0	t_1	t_2	t_3	t_4	t_5
-40.000	+10.000	+10.000	+10.000	+10.000	+10.000

$$C_0 = -40.000 \quad \frac{+10.000}{1{,}05} \quad \frac{+10.000}{1{,}05^2} \quad \frac{+10.000}{1{,}05^3} \quad \frac{+10.000}{1{,}05^4} \quad \frac{+10.000}{1{,}05^5}$$

C_0 = 3.294,77 €

Der Kapitalwert ist positiv. Der Investor erzielt mit diesem Investitionsobjekt einen Ertrag, der um 3.294,77 € über der Alternativanlage zu 5% liegt. Daher ist die Investition als vorteilhaft zu beurteilen.

Berechnung mittels Abzinsungssummenfaktor

Bei konstanten Einzahlungsüberschüssen (wie in diesem Beispiel) lässt sich die Berechnung des Kapitalwertes durch die Anwendung des **Abzinsungssummenfaktors**, auch **Rentenbarwertfaktor (RBF)** genannt, vereinfachen. Die Formel lautet wie folgt:

$$\frac{(1+i)^n - 1}{i \bullet (1+i)^n}$$

Bei einer Laufzeit von n=5 Jahren und einem Kalkulationszinsfuß von i=5 % beträgt der Abzinsungssummenfaktor 4,3294766771. Für das Beispiel ergibt sich also:

$$C_0 = -40.000 + 4{,}3294766771 * 10.000$$
$$C_0 = 3.294{,}77\ €$$

Methode des internen Zinssatzes

Interner Zinssatz
= Zinssatz, bei dem der Kapitalwert null beträgt

Der **interne Zinssatz** bzw. Internal-Rate-of-Return (IRR) ist der Zinssatz, bei dem der Kapitalwert null beträgt. Er stellt die interne Verzinsung einer Investition dar und ist damit als Rendite des im Rahmen der Investition durchschnittlich gebundenen Kapitals anzusehen.

Bei Investitionsobjekten mit mehr als zwei Einzahlungsperioden muss für die Berechnung mit Näherungswerten gearbeitet werden. Dafür ist zunächst ein Kalkulationszinssatz i_1 zu ermitteln, bei dem der Kapitalwert möglichst nahe bei null liegt, aber noch positiv ist (C_1). Danach ermittelt man einen weiteren Kalkulationszinssatz i_2, bei dem Kapitalwert im negativen Bereich möglichst nahe bei null liegt (C_2). Mit Hilfe der linearen Interpolation kann nun aus den beiden erhaltenen Werten i_1 und i_2 der interne Zinssatz r ermittelt werden, bei dem der Kapitalwert null ist. Es ergibt sich folgende Formel:

$$r = i_2 - \frac{i_1 - i_2}{C_{01} - C_{01}} \bullet C_{02}$$

Der sich so ergebende Wert ist ein Näherungswert. Er kann durch Einsetzen in die Kapitalwertformel darauf geprüft werden, ob er tatsächlich zu einem Kapitalwert von null führt. Bei einer nennenswerten Abweichung ist die lineare Interpolation ggf. mit einem dritten Zinssatz zu wiederholen.

Trotz der umständlichen Ermittlung ist der interne Zinsfuß eine sehr interessante Größe, da potenzielle Investoren wissen möchten, wie hoch die Rendite bzw. Verzinsung ihres Kapitaleinsatzes ist.

Annuitätenmethode

Annuitätenmethode
= Periodisierung des Kapitalwerts auf die gesamte Investitionsdauer

Die **Annuitätenmethode** ist eine Modifikation der Kapitalwertmethode. Es erfolgt eine Umwandlung des Kapitalwertes in gleich große jährliche Einzahlungsüberschüsse. Diese werden als **Annuität** (= periodisch gleichbleibender Zahlungsbetrag) bezeichnet. Es wird eine Periodisierung des Kapitalwerts auf die gesamte Investitionsdauer unter Verrechnung von Zinseszinsen erreicht.

Rechnerisch erhält man die Annuität, indem man den Kapitalwert einer Investition durch den Abzinsungssummenfaktor teilt bzw. mit ihrem Kehrwert, dem so genannten **Kapitalwiedergewinnungsfaktor (KWF)**, multipliziert. Die Formel lautet wie folgt:

$$a = C_0 \bullet \frac{i \bullet (1+i)^n}{(1+i)^n - 1}$$

Für oben stehendes Beispiel ergibt sich folgende Annuität.

Beispiel

Abb. 166 Beispiel Ermittlung der Annuität

Auszahlung	**Einzahlungen**				
T_0	t_1	t_2	t_3	t_4	t_5
-40.000	+10.000	+10.000	+10.000	+10.000	+10.000

$C_0 = 3.294,77$ € (s. o.)

$$a = 3.294,77 \bullet \frac{0,05 \bullet 1,05^5}{1,05^5 - 1}$$

$a = 761,01$ €

Auch nach der Annuitätenmethode wäre die Investition als vorteilhaft anzusehen, da ihre Annuität positiv ist.

Begrifflichkeiten zum Nachschlagen

... damit sollten Sie umgehen können:

- Investitionsrechenverfahren
  - Statische
  - Dynamische
- Kostenvergleichsrechnung
- Gewinnvergleichsrechnung
- Rentabilitätsvergleichsrechnung
- Amortisationsrechnung
- Kapitalwertmethode
- Methode des internen Zinssatzes
- Annuitätenmethode

Wiederholungsfragen

1. Skizzieren und erläutern Sie die Unterschiede und Gemeinsamkeiten statischer und dynamischer Investitionsrechenverfahren.
2. Erläutern Sie das grundsätzliche Vorgehen der Kosten-, Gewinn- und der Rentabilitätsvergleichsrechnung. Welche grundsätzlichen Nachteile beinhalten diese Verfahren?
3. Skizzieren und erläutern Sie die Kapitalwertmethode an einem selbstgewählten Beispiel.
4. Skizzieren und erläutern Sie die Methode des internen Zinssatzes an einem selbstgewählten Beispiel.

Literaturhinweise

Thommen, J.-P.; Achleitner, A.-K.; Gilbert, D. U.; Hachmeister, D.; Kaiser, G.: Allgemeine Betriebswirtschaftslehre: Umfassende Einführung aus managementorientierter Sicht. 8. Aufl., Wiesbaden 2016.

Wöhe, G.; Döring, U.; Brösel, G.: Einführung in die Allgemeine Betriebswirtschaftslehre. 26. Aufl., München 2016.

Weiterführende Literaturhinweise

Blohm, H.; Lüder, K.; Schäfer, C.: Investition. 9. Aufl., München 2006.

Götze, U.: Investitionsrechnung. Modelle und Analysen zur Beurteilung von Investitionsvorhaben. 6. Aufl., Berlin u.a.O. 2008.

Kruschwitz, L.: Investitionsrechnung. 11. Aufl., München 2007.

Müller-Hedrich, B. W.: Investionsmanagement. Systematische Planung, Entscheidung und Kontrolle von Investitionen. 10. Aufl., Wien 2006.

Rappaport, A.: Shareholder Value: Ein Handbuch für Manager und Investoren. 2. Aufl., Stuttgart 1999.

X Personalmanagement

Lernziele des Kapitels

Dieses Kapitel soll Sie vertraut machen mit den folgenden Themen:

> Inhalte des Personalmanagements
>
> Arten und Vorgehen der quantitativen und qualitativen Personalbedarfsermittlung
>
> Instrumente und Wege der Personalbeschaffung
>
> Begriffe und Arten des Personaleinsatzes, der Personalmotivation, der Personalentwicklung und der Personalfreisetzung

1 Grundlagen

Das **Personalmanagement** beinhaltet die Planung, Entscheidung, Aufgabenübertragung und Kontrolle aller personalwirtschaftlichen Aufgaben. Hierzu gehören:

Personalwirtschaftliche Aufgaben

- Personalbedarfsermittlung,
- Personalbeschaffung,
- Personaleinsatz,
- Personalmotivation und -honorierung,
- Personalentwicklung und
- Personalfreisetzung.

In den folgenden Abschnitten wird auf die wesentlichen Subinstrumente dieser Aktionsbereiche des Personalmanagements eingegangen.

2 Personalbedarfsermittlung

Die Höhe des Personalbedarfs ergibt sich aus den für die betriebliche Leistungserstellung erforderlichen Personalressourcen. Dabei ist nach folgenden **Dimensionen des Personalbedarfs** zu differenzieren:

- Quantitativ – Wie viele Mitarbeiter werden benötigt?
- Qualitativ – Welche Qualifikationen sind erforderlich?
- Zeitlich – Wann werden die Mitarbeiter gebraucht?
- Örtlich – Wo sollen die Mitarbeiter eingesetzt werden?

Brutto-Personalbedarf
= Gesamter Bedarf an Personal zu einem bestimmten Zeitpunkt

Der **Brutto-Personalbedarf** bezeichnet dabei den gesamten Bedarf an Personal zu einem bestimmten Zeitpunkt. Der Netto-Personal(-beschaffungs-)bedarf lässt sich über folgende Rechnung ermitteln (vgl. Abb. 166):

Brutto- vs. Netto-Personalbedarf

Abb. 167 Ermittlung des Netto-Personalbedarfs

	Bruttopersonalbedarf zum Zeitpunkt t_i (= Soll-Personalbestand in t_i)
-	Personalbestand zum Zeitpunkt t_0
+	Personalabgänge im Zeitraum t_0 bis t_1
	Feststehende Abgänge (Pensionierungen, Kündigungen) Statistisch zu erwartende Abgänge (Invalidität, Todesfälle)
-	Personalzugänge (feststehend) im Zeitraum t_0 bis t_i
=	**Nettopersonalbedarf**

Über- vs. Unterdeckung

Im Falle einer **Überdeckung** ist zu versuchen, das Personal anderweitig einzusetzen oder freizusetzen. Rechtliche und ethische Gründe verhindern jedoch häufig eine sofortige Anpassung des Personalbestandes. Im Falle einer **Unterdeckung** sind Maßnahmen zur Personalbeschaffung zu ergreifen.

Abb. 168 verdeutlicht noch einmal das Schema der Personalbedarfsermittlung.

Schema

Abb. 168 Schema Personalbedarfsermittlung

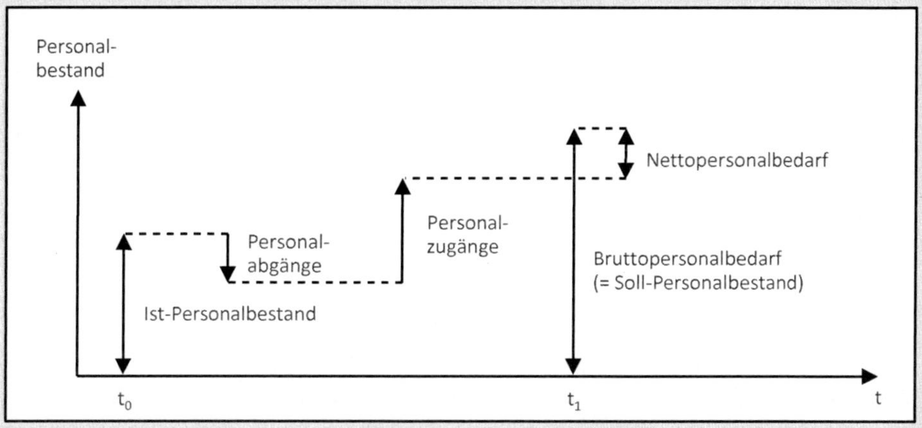

Quelle: in Anlehnung an Thommen et al. 2016, S. 381

2.1 Ermittlung des quantitativen Personalbedarfs

Die Möglichkeiten zur Ermittlung des quantitativen Personalbedarfs hängen stark von der Planbarkeit und Standardisierung des Tätigkeitsbereiches ab. Während bei rein ausführenden Tätigkeiten in der Fertigung bei gegebenem Produktionsprogramm eine Planbarkeit recht gut gegeben ist, fällt dies bei kreativen Aufgaben oder Führungstätigkeiten deutlich schwerer.

Fehlzeiten und Fluktuation

Generell sind die erforderlichen Informationen zur Ermittlung des quantitativen Personalbedarfs recht unsicher. Eine Hauptursache hierfür stellen die **Fehlzeiten** der Mitarbeiter (Fernbleiben von der vertraglich festgelegten Arbeitszeit) aufgrund von Urlaub, Krankheit, Weiterbildung, staatsbürgerlichen Verpflichtungen oder unentschuldigtem Fernbleiben. Diese Fehlzeiten werden durch unterschiedlichste Faktoren positiv und negativ beeinflusst. Eine weitere Ursache bildet die **Personalfluktuation** aufgrund von Kündigungen, Altersruhestand, Invalidität oder Tod. Sie wird über die Fluktuationsrate (= Anzahl Austritte/durchschnittliche Anzahl Beschäftigte x 100) gemessen.

2.2 Ermittlung des qualitativen Personalbedarfs

Systematische Untersuchung der zu lösenden Aufgaben

Ausgangspunkt zur Ermittlung des qualitativen Personalbedarfs ist die **Arbeitsanalyse**. Diese beinhaltet eine systematische Untersuchung der zu lösenden Aufgaben in Bezug auf das Arbeitsobjekt, die Arbeitsmittel und die Arbeitsvorgänge. Damit werden die Anforderungsarten und deren Umfang in Bezug auf eine Stelle bzw. einen Arbeitsplatz festgelegt.

Die **Stellen- bzw. Arbeitsplatzbeschreibung** enthält eine Beschreibung der Anforderungsarten. Sie beinhaltet eine verbindliche Niederschrift über:

Beschreibung der Anforderungsarten

- die Eingliederung der Stelle in die Organisationsstruktur,
- die Funktion der Stelle,
- die Verantwortlichkeiten der Stelle/des Stelleninhabers und
- die Kompetenzen (= Rechte oder Befugnisse) der Stelle/des Stelleninhabers (Vgl. dazu auch die Ausführungen in Kapitel 10.4 Organisationsinstrumente).

Darüber hinaus können sich die **Anforderungsarten** beziehen auf erforderliche Kenntnisse und Fähigkeiten, aber auch auf geistige und körperliche Belastungen, Verantwortung etc.

Anforderungs- vs. Fähigkeitsprofil

Mit einem **Anforderungsprofil** wird die Höhe der Anforderungsarten festgelegt. Durch Gegenüberstellung und Vergleich des Anforderungsprofils mit dem **Fähigkeitsprofil** eines Stellenbewerbers können Deckungen sowie Unter- und Überdeckungen in Bezug auf die Anforderungen ermittelt werden.

3 Personalbeschaffung

Decken des Personalbedarfs

Ist der quantitative und qualitative Personalbedarf ermittelt, sind – im Falle der Unterdeckung – Personalbeschaffungsmaßnahmen zu ergreifen. Es gilt, den Personalbedarf in quantitativer, qualitativer, zeitlicher (Zeitpunkt und –dauer) sowie örtlicher Hinsicht zu decken. **Subinstrumente** der **Personalbeschaffung** sind die

- Auswahl der Beschaffungswege,
- die Personalwerbung und
- die Personalauswahl.

Hinsichtlich der **Beschaffungswege** ist zu unterscheiden zwischen:

- **Unternehmensinterne** Wege bieten die Möglichkeit der Mehrarbeit (Verlängerung der Arbeitszeit) oder der Aufgabenumverteilung (Beförderungen, Versetzungen).
- **Unternehmensexterne** Wege bestehen in Neueinstellungen dauerhafter oder Einsatz temporärer Arbeitskräfte.

Die jeweiligen **Vor- und Nachteile** der internen und der externen Personalbeschaffung sind Abb. 169 zu entnehmen.

Abb. 169 Vor- und Nachteile interner und externer Beschaffung

Merkmal	Unternehmensinterne Beschaffung	Unternehmensexterne Beschaffung
Beschaffungskosten und -zeit	▸ Geringe Such- und Auswahlkosten ▸ Schnelle Verfügbarkeit	▸ Hohe Such- und Auswahlkosten ▸ Verzögerte Verfügbarkeit
Einarbeitungskosten	Geringe Kosten, da Personal mit Betrieb vertraut	Hohe Kosten, weil Personal betriebsfremd
Auswahlspektrum	Eng; auf verfügbares eigenes Personal begrenzt	Weit; Fachkräftepotential des regionalen Arbeitsmarktes
Chancen und Risiken	+ Fähigkeiten und Persönlichkeitsstruktur bekannt - Gefahr durch Betriebsblindheit	+ Import neuer Ideen - Gefahr des Fehlgriffs sehr groß
Instrumente	▸ Innerbetriebliche Stellenanzeigen ▸ Personalentwicklung ▸ Mehrarbeit ▸ Urlaubsverschiebung	▸ Agentur für Arbeit ▸ Stellenanzeigen in Zeitungen ▸ Personalagenturen ▸ Personalleasing

Quelle: in Anlehnung an Wöhe et al. 2016, S. 130

Interne vs. externe Personalbeschaffung

Die **Personalwerbung** zielt auf die Aktivierung potentieller Mitarbeiter durch die Vermittlung von informatorischen und kommunikativen Anreizen. Je nach Ausrichtung der Kommunikation auf die gezielte Besetzung einer Stelle oder die generelle Ausrichtung auf den Arbeitsmarkt spricht man von unmittelbarer oder mittelbarer Personalwerbung. Bei der mittelbaren Personalwerbung kommen Instrumente der Öffentlichkeitsarbeit (Public Relations) zum Einsatz (z. B. Messen, Imageanzeigen). Die unmittelbare Personalwerbung zur Besetzung einer konkreten Stelle bedient sich zumeist dem Instrument der Schaltung von Inseraten in Zeitungen, Fachzeitschriften oder im Internet.

Personalwerbung
= Aktivierung potentieller Mitarbeiter

Bei der **Personalauswahl** geht es darum, aus den zur Auswahl stehenden Bewerbern diejenigen auszusuchen, die dem Anforderungsprofil am ehesten entsprechen. Die am häufigsten angewendeten **Methoden** bestehen:

Personalauswahl

Methoden

- in der Analyse der Bewerbungsunterlagen,
- der Durchführung von Bewerbungsgesprächen/-interviews, Testverfahren (Fähigkeits-, Persönlichkeitstests) und
- Assessment Center (Eignungs- und Entwicklungspotentialanalysen).

Bei der Auswahl stehen im Wesentlichen die folgenden **Faktoren** im Mittelpunkt der Prüfung (Thommen et al. 2016, S. 389):

Faktoren

- die Leistungsfähigkeit,
- der Leistungswille,
- die Entwicklungsmöglichkeiten sowie
- das Leistungspotential.

4 Personaleinsatz

Personaleinsatz
= Zuordnung des verfügbaren Personals zu den zu erfüllenden Aufgaben

Der **Personaleinsatz** beschäftigt sich mit der Zuordnung des im Unternehmen verfügbaren Personals zu den zu erfüllenden Aufgaben, und zwar in quantitativer, qualitativer, zeitlicher und örtlicher Hinsicht. Kurzfristig steht die optimale Besetzung der im Unternehmen vorhandenen Stellen im Vordergrund. Langfristig sollte die wechselseitige Anpassung von Mensch und Arbeitsplatz dominieren.

Die folgenden **Teilbereiche** gehören zum Personaleinsatz:

- **Arbeitsaufnahme.**
  Hier geht es um die **Personaleinführung**, d. h. die soziale und organisatorische Integration der Mitarbeiter in das unmittelbare als auch das gesamtunternehmerische Umfeld. Die **Personaleinarbeitung** zielt auf die Vorbereitung und die Optimierung der Durchführung der konkreten Aufgabe. Diese ist auch erforderlich, wenn es um einen Arbeitsplatzwechsel innerhalb des Unternehmens geht.
- **Arbeitsorganisation** und **Arbeitsinhalte.**
  Die Arbeitsorganisation hat das Ziel, die Gesamtaufgabe des Unternehmens im Zuge der **Arbeitsteilung** zu untergliedern. Die Arbeitsteile sind dann von einzelnen Mitarbeitern zu übernehmen. Betriebswirtschaftlichen Effizienzvorteilen für das Unternehmen stehen dabei häufig **Nachteile** aus humaner Sicht gegenüber. Dazu gehören einseitige Belastung, Monotonie, Verkümmern nicht benötigter Fähigkeit etc. In Bezug auf die Arbeitsinhalte gibt es daher Konzepte der Humanisierung, welche eine quantitative und/oder eine qualitative Erweiterung beinhalten. Dazu gehören **Job rotation** (regelmäßiger Arbeitsplatzwechsel), **Job enlargement** (quantitative Aufgabenerweiterung), **Job enrichment** (Aufgabenbereicherung) sowie selbstorganisierende **teilautonome Arbeitsgruppen** mit geschlossener Arbeitsaufgabe.
- **Arbeitsplatz** und **Arbeitszeit.**
  Im Rahmen der Arbeitsplatzgestaltung geht es um Fragen der Gestaltung des **Arbeitsablaufs** (Reihenfolge der zu bearbeitenden Aufgaben), der **Arbeitsmittel** (Instrumente zur Arbeitsausführung), der **Räumlichkeiten** und des **Arbeitsumfeldes** sowie der **Arbeitssicherheit** (Unfallvermeidung). Bei der **Arbeitszeitplanung** sind die Zeiten für **Beginn und Ende der Arbeitszeit**, ggf. einer **gleitenden Arbeitszeit**, ggf. einer **Teilzeitarbeit (Job sharing)**, ggf. **Schicht-/Nachtarbeit** sowie Pausenzeiten festzulegen.

5 Personalmotivation

Anreize zur Förderung der Motivation

Motivierte und damit leistungswillige Mitarbeiter stellen die Basis des unternehmerischen Erfolgs dar. Es gilt daher, geeignete **Anreize** zu setzen, um die Motivation zu schaffen und zu fördern.

Im Rahmen der Erforschung des Zusammenhangs zwischen Bedürfnissen als Grundlage für Motivation sowie Anreizen zur Stimulierung der Motivation sind eine Reihe von Theorien entwickelt worden. Eine sehr bekannte, den sogenannten Inhaltstheorien zuzuordnende Motivationstheorie, stellt die **Bedürfnispyramide** von Abraham **Maslow** (1954, S. 80 ff.) dar. Danach lassen sich alle beim Menschen auftretenden Verlangen in fünf Grundbedürfnisse unterteilen. Abb. 170 verdeutlicht die Bedürfnispyramide von Maslow.

Abb. 170 Bedürfnispyramide nach Maslow

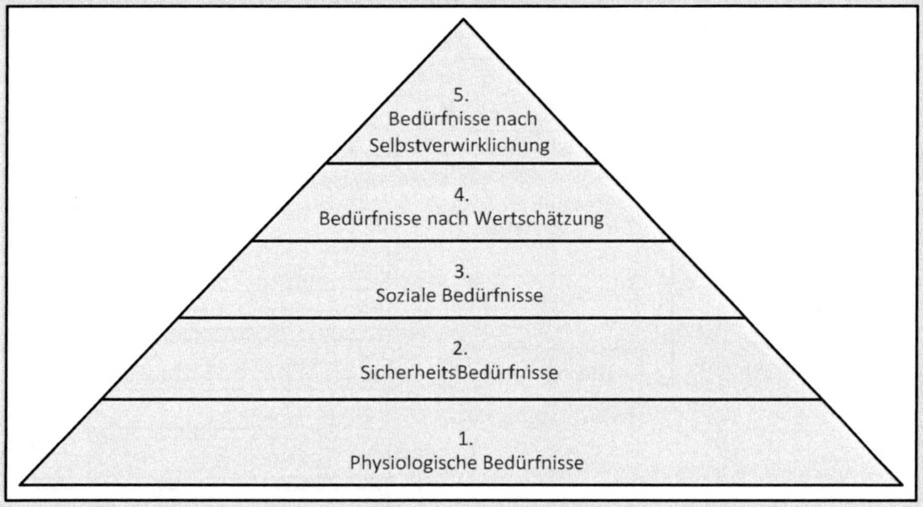

Quelle: Maslow 1954

Fünf Grundbedürfnisse

Die fünf **Bedürfniskategorien** lassen sich wie folgt beschreiben:

1. **Physiologische Grundbedürfnisse** (Essen, Trinken, Schlafen) als Grundvoraussetzung menschlicher Existenz.
2. Bedürfnisse nach **Sicherheit** äußern sich in dem Wunsch nach Absicherung künftiger Lebensrisiken (z. B Krankheit, Arbeitslosigkeit).
3. **Soziale** Bedürfnisse treten in den Vordergrund, sobald die physiologischen und die Sicherheitsbedürfnisse befriedigt sind. Sie beinhalten den Wunsch nach Geborgenheit in der menschlichen Umwelt (Freunde, Familie, Kollegen).
4. Bedürfnisse nach **Wertschätzung** durch Dritte (soziales Ansehen, Macht). Sie gewinnen Relevanz, nachdem die sozialen Bedürfnisse befriedigt sind.
5. Bedürfnisse nach **Selbstverwirklichung** beinhalten das Streben nach einer Beschäftigung, die den persönlichen Neigungen, Fähigkeiten und Potentialen entgegenkommt. Sie stellen die höchste Stufe dar.

Höhere Bedürfnisse als Handlungsmotiv

Die Bedürfnisse der fünf Kategorien bauen aufeinander auf, d. h. die niedrigeren Bedürfnisse bilden jeweils die Voraussetzung für das Streben nach und die Befriedigung höherer Bedürfnisse. Das jeweils auf das gerade befriedigte Bedürfnis folgende stellt für den Menschen in der Situation das zentrale Handlungsmotiv dar. Ist dieses befriedigt, tritt das nächst höhere an seine Stelle.

Um die Handlungsmotive für die Menschen zu erzeugen, sind seitens des Unternehmens Anreize zu setzen. Diese Anreize lassen sich unterteilen in **monetäre** und **nichtmonetäre**. Dahinter stehen jeweils unterschiedliche Instrumente, die der Abb. 171 zu entnehmen sind.

Monetäre und nicht monetäre Anreize

Abb. 171 Instrumente der Mitarbeitermotivation

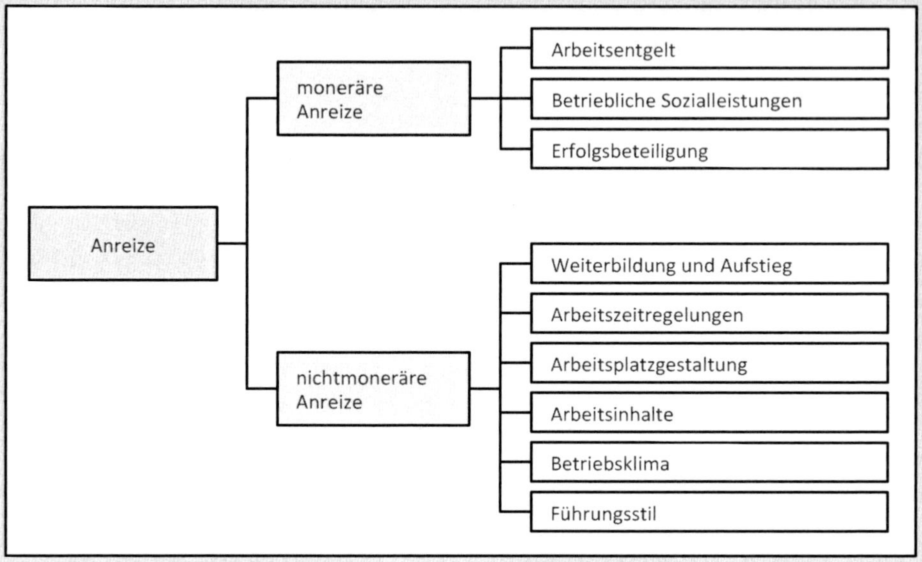

Quelle: in Anlehnung an Wöhe et al. 2016, S. 139

6 Personalentwicklung

Personalentwicklung
= Fähigkeiten der Mitarbeiter fördern

Aufgabe der **Personalentwicklung** ist es, die Fähigkeiten der Mitarbeiter zu fördern, mit dem Ziel, diese für ihre aktuellen und zukünftigen Aufgaben in ausreichender Weise zu qualifizieren.

Die Personalentwicklung kann in die zwei Hauptbereiche der **Laufbahn- oder Karriereplanung** und der **betrieblichen Personalaus- und Weiterbildung** unterteilt werden.

Karriereplanung

Im Rahmen der **Laufbahn- oder Karriereplanung** wird der zeitliche, örtliche und aufgabenbezogene Einsatz für eine bestimmte Zeitdauer festgelegt. Vielfach gibt es eine **Laufbahnlinie** für den einzelnen Mitarbeiter, die eine bestimmte Reihenfolge der von diesen zu durchlaufenden Stellen beinhaltet. Bei der Gestaltung eines unternehmensspezifischen **Laufbahnsystems** gilt es, **Beförderungskriterien** festzulegen. Diese können sich einerseits an der persönlichen Beitragsleistung des Mitarbeiters, andererseits an der Dauer der Unternehmenszugehörigkeit orientieren. Die Berücksichtigung der persönlichen Beitragsleistung des Mitarbeiters erfolgt im Rahmen der sogenannten **Personalbeurteilung**.

Weiterbildung

In der **betrieblichen Personalaus- und Weiterbildung** werden Maßnahmen festgelegt, die den Mitarbeiter durch die Veränderung und Vermehrung seiner Kenntnisse, seiner Fähigkeiten und seines Verhaltens auf gegenwärtige und zukünftige Aufgaben vorbereiten sollen. Zu entscheiden ist jeweils über die Träger (betriebseigen oder betriebsfremd), den Ort (unternehmensintern oder –extern), den Inhalt (allgemein oder aufgabenspezifisch) und die Zeiten (Dauer; regelmäßig oder einmalig) der Aus- bzw. Weiterbildung.

7 Personalfreisetzung

Abbau personeller Überdeckungen

Die **Personalfreisetzung** hat die Aufgabe, personelle Überdeckungen in quantitativer, qualitativer, zeitlicher und örtlicher Sicht abzubauen. Die Notwendigkeit dafür kann sich aus einer Reihe von Ursachen ergeben. Dazu gehören: Absatzrückgänge, strukturelle Veränderungen im Unternehmen, saisonale Schwankungen, Reorganisation, Automatisierung, Standortverlegung, Betriebsstillegung (Thommen et al. 2016, S. 334 f.).

Die unterschiedlichen Maßnahmen der Personalfreisetzung können der Abb. 172 entnommen werden (zur Erläuterung der Inhalte vgl. Thommen et al. 2016, S. 426 ff.).

Maßnahmen der Personalfreistellung

Abb. 172 Maßnahmen der Personalfreistellung

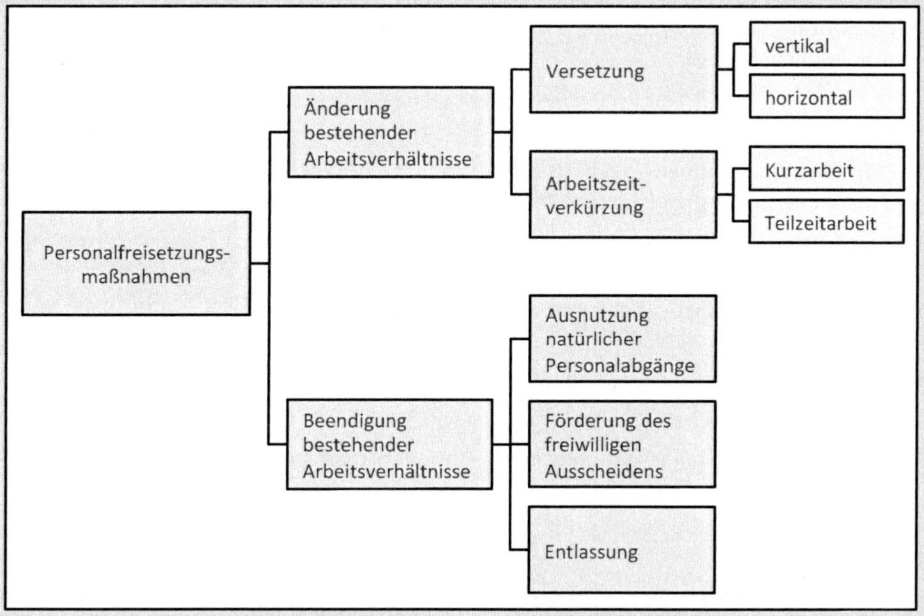

Quelle: in Anlehnung an Thommen et al. 2016, S. 427; dort nach Hentze und Graf 2005, S. 373

Begrifflichkeiten zum Nachschlagen

... damit sollten Sie umgehen können:

- Personalmanagement
- quantitative und qualitative Personalbedarfsermittlung
- Personalbeschaffung
- Personaleinsatz
- Personalmotivation
- Personalentwicklung
- Personalfreisetzung

Wiederholungsfragen

1. Skizzieren und erläutern Sie das Vorgehen zur Ermittlung des quantitativen Personalbedarfs.
2. Skizzieren und erläutern Sie das Vorgehen zur Ermittlung des qualitativen Personalbedarfs.
3. Skizzieren und erläutern Sie die Wege und Instrumente der Personalbeschaffung.
4. Erläutern Sie den Begriff und die Teilbereiche des Personaleinsatzes.
5. Erläutern Sie Begriff und Arten der Personalmotivation, der Personalentwicklung und der Personalfreisetzung.

Literaturhinweise

Thommen, J.-P.; Achleitner, A.-K.; Gilbert, D. U.; Hachmeister, D.; Kaiser, G.: Allgemeine Betriebswirtschaftslehre: Umfassende Einführung aus managementorientierter Sicht. 8. Aufl., Wiesbaden 2016.

Wöhe, G.; Döring, U.; Brösel, G.: Einführung in die Allgemeine Betriebswirtschaftslehre. 26. Aufl., München 2016.

Weiterführende Literatur

Hentze, J.; Graf, A.: Personalwirtschaftslehre 2. Personalerhaltung und Leistungsstimulation, Personalfreistellung und Personalinformationswirtschaft. 7. Aufl., Bern 2005.

Hentze, J.; Kammel, A.: Personalwirtschaftslehre 1. Grundlagen, Personalbedarfsermittlung, -beschaffung, -entwicklung und -einsatz. 7. Aufl., Bern/Stuttgart/Wien 2001.

Hilb, M.: Integriertes Personalmanagement. Ziele - Strategien - Instrumente. 20. Aufl., Neuwied/Kriftel/Berlin 2011.

Holtbrügge, D.: Personalmanagement. 6. Aufl., Berlin/Heidelberg 2015.

Olfert, K.: Personalwirtschaft. 11. Aufl., Ludwigshafen 2005.

Scholz, Ch.: Personalmanagement. Informationsorientierte und verhaltenstheoretische Grundlagen. 6. Aufl., München 2014.

Stock-Homburg, R.: Personalmanagement. Theorien – Konzepte – Instrumente. 3. Aufl., Wiesbaden 2013.

Wunderer, R.: Führung und Zusammenarbeit. Eine unternehmerische Führungslehre. 7. Aufl., Köln 2007.

XI Organisation

Lernziele des Kapitels

Dieses Kapitel soll Sie vertraut machen mit den folgenden Themen:

Begriffe und Arten der Organisation

- Aufbauorganisation
- Ablauforganisation

Vorgehen zur Entwicklung der Aufbauorganisation

Prinzipien der Stellenbildung

- Objekt
- Verrichtung
- Region

Leitungsprinzipien

- Einliniensystem
- Mehrliniensystem

Aufteilung von Entscheidungskompetenzen

Organigramm

Stellenbeschreibung

Funktionendiagramm

1 Grundlagen

Organisation
= planmäßiges Zusammenwirken aller Unternehmensbereiche zur Zielerreichung

Der Begriff **Organisation** wird umgangssprachlich in unterschiedlichen Bedeutungen verwendet. Aus Sicht der Betriebswirtschaftslehre ist darunter grundsätzlich das planmäßige Zusammenwirken aller Unternehmensbereiche zur Zielerreichung des Unternehmens zu verstehen.

Daneben wird der Begriff „Organisation" im betriebswirtschaftlichen Zusammenhang wie folgt gebraucht: Die Unternehmung ist eine Organisation (**institutionale Sicht**); sie hat eine Organisation (**instrumentale Sicht**) und sie wird organisiert (**funktionale Sicht**). In Abb. 173 sind die Sichtweisen dargestellt.

Organisation ist deshalb von besonderer Bedeutung, weil ein Unternehmen aus vielen arbeitsteilig miteinander interagierenden Menschen und Maschinen besteht, die zueinander in sinnvolle Beziehung gesetzt werden müssen, um die Ziele des Unternehmens optimal zu erreichen.

Festlegung der formalen Strukturen und Abläufe

Im Rahmen der bewussten Gestaltung einer Organisation werden die **formalen Strukturen** und Abläufe des Unternehmens festgelegt. Daneben entwickeln sich mitunter sehr wichtige **informale Strukturen**, die aufgrund der sozialen Stellung und Interaktion der Mitarbeiter zustande kommen.

Organisationsgrundsätze

Aus den Zielen eines Unternehmens abgeleitet lassen sich die folgenden **Organisationsgrundsätze** definieren:

- **Wirtschaftlichkeit**: Gemäß dem ökonomischen Prinzip sind Regelungen vorzunehmen, die mit einem Minimum an Mitteln den gesetzten Zweck erreichen (Minimalprinzip).
- **Zweckmäßigkeit**: Eine organisatorische Maßnahme muss dem betrieblichen Zweck dienen und ihm angepasst sein. Dafür ist eine realistische Einschätzung der betrieblichen Bedürfnisse erforderlich, ansonsten besteht die Gefahr der Über- oder Unterorganisation.
- **Anpassungsfähigkeit**: Auf Veränderungen der Umfeldbedingungen muss reagiert werden können.

- **Beständigkeit**: Die organisatorischen Regelungen müssen eine gewisse Konstanz und Verlässlichkeit aufweisen.
- **Klarheit**: Die organisatorischen Festlegungen müssen für die Mitarbeiter eindeutig und nachvollziehbar sein.
- **Mitarbeiterorientierung**: Informale Strukturen und Prozesse sowie individuelle Bedürfnisse der Mitarbeiter sollten bei der Gestaltung der Organisation weitestmöglich berücksichtigt werden.
- **Grundsatz des organisatorischen Gleichgewichts**: Nicht alles kann und sollte organisiert werden. Es ist eine Balance zwischen Stabilität und Elastizität zu erreichen.

Sichtweisen

Abb. 173 Organisationssichtweisen

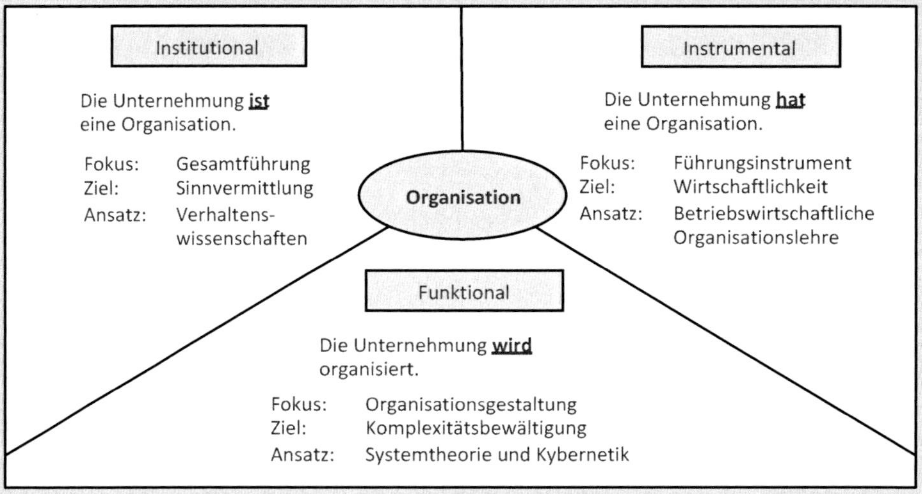

Quelle: Gomez/Zimmermann, 1993

Unter- vs. Überorganisation

Das **organisatorische Optimum** ist dann erreicht, wenn für alle Vorgänge im Unternehmen, die gleichartig sind und sich regelmäßig wiederholen, allgemeine Regeln vorliegen. Man spricht von **Unterorganisation**, wenn für gleichartige, sich wiederholende Vorgänge jeweils spezielle Regeln Anwendung finden. **Überorganisation** bedeutet dementsprechend, dass ungleichartige Vorgänge mit Hilfe allgemeiner Regeln bearbeitet werden, wenngleich diese aufgrund ihrer spezifischen Problematik die Anwendung spezieller Regeln verlangen. Abb. 174 verdeutlicht dies.

Optimaler Organisationsgrad

Abb. 174 Optimaler Organisationsgrad

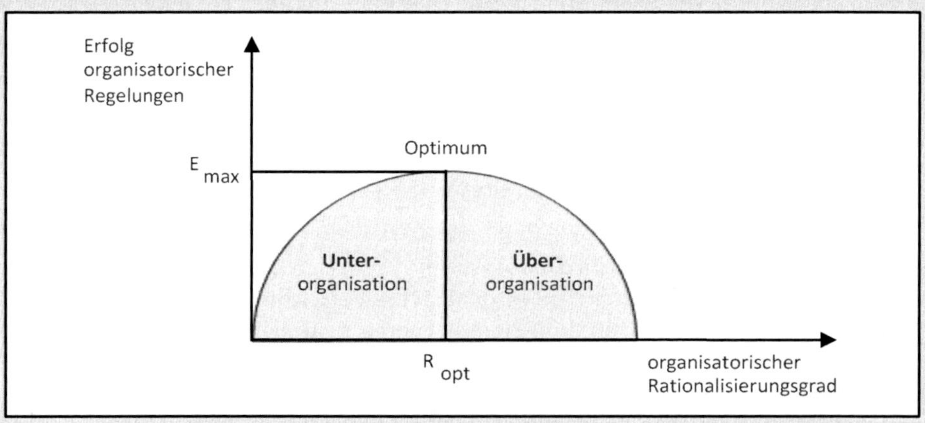

Quelle: in Anlehnung an Thommen et al. 2016, S. 444; dort nach Kieser, 1981, S. 72

Die Organisation eines Unternehmens lässt sich wie folgt unterteilen:

Aufbau- vs. Ablauforganisation

- Die **Aufbauorganisation** beinhaltet eine „hierarchische Ordnung zur dauerhaften Regelung von Rechten und Pflichten von Personen und Abteilungen". Hier geht es um die Verknüpfung der organisatorischen Grundelemente (Stelle, Instanz, Abteilung) zu einer organisatorischen Struktur.
- Die **Ablauforganisation**: beinhaltet „Regelungen zur zeitlichen, räumlichen und personellen Festlegung von Arbeitsabläufen". Es geht also um Gestaltung der Abfolge von Arbeitsprozessen.

Begrifflichkeiten zum Nachschlagen

... damit sollten Sie umgehen können:

- Organisation
- Formale und informale Strukturen
- Organisationsgrundsätze
- Aufbauorganisation
- Ablauforganisation

Wiederholungsfragen

1. Erläutern Sie den Begriff Organisation und die verschiedenen Sichtweisen in der Betriebswirtschaftslehre.
2. Erläutern Sie das Entstehen und den Zusammenhang formaler und informaler Strukturen.
3. Erläutern Sie die fünf Organisationsgrundsätze.

Literaturhinweise

Kieser, A.; Walgenbach, P.: Organisation. 7. Aufl., Stuttgart 2014.

Picot, A.; Dietl, H.; Franck, E.; Fiedler, M.; Royer, S.: Organisation. Theorie und Praxis aus ökonomischer Sicht., 6. Aufl., Stuttgart 2012.

Schreyögg, G.; Geiger, D.: Organisation. Grundlagen moderner Organisationsgestaltung. Mit Fallstudien. 6. Aufl., Wiesbaden 2016.

Thommen, J.-P.; Achleitner, A.-K.; Gilbert, D. U.; Hachmeister, D.; Kaiser, G.: Allgemeine Betriebswirtschaftslehre: Umfassende Einführung aus managementorientierter Sicht. 8. Aufl., Wiesbaden 2016.

Wöhe, G.; Döring, U.; Brösel, G.: Einführung in die Allgemeine Betriebswirtschaftslehre. 26. Aufl., München 2016.

2 Aufbauorganisation

Die **Gestaltung** der Aufbauorganisation geschieht in folgenden Schritten:

Schritte zur Gestaltung der Aufbauorganisation

1. **Aufgabenanalyse**: Analyse und Zerlegung der Geamtaufgabe des Unternehmens in Teilaufgaben nach bestimmten Kriterien mit dem Ziel vollständiger und systematischer Übersicht über die zu organisierenden Tatbestände.
2. **Aufgabensynthese**: Zusammenfassung von Einzelaufgaben zu Aufgabenkomplexen durch die Bildung von „Stellen".
3. **Stellenzusammenfassung**: Zusammenfassung von zusammengehörigen Stellen zu Abteilungen.
4. **Abteilungszusammenfassung**: Zusammenfassung von zusammengehörigen Abteilungen zu Bereichen bzw. Vernetzung der Abteilungen zu einer Gesamtstruktur des Unternehmens.

Abb. 175 verdeutlicht das **Vorgehen**.

Vorgehen

Abb. 175 Vorgehen zur Gestaltung einer Aufbauorganisation

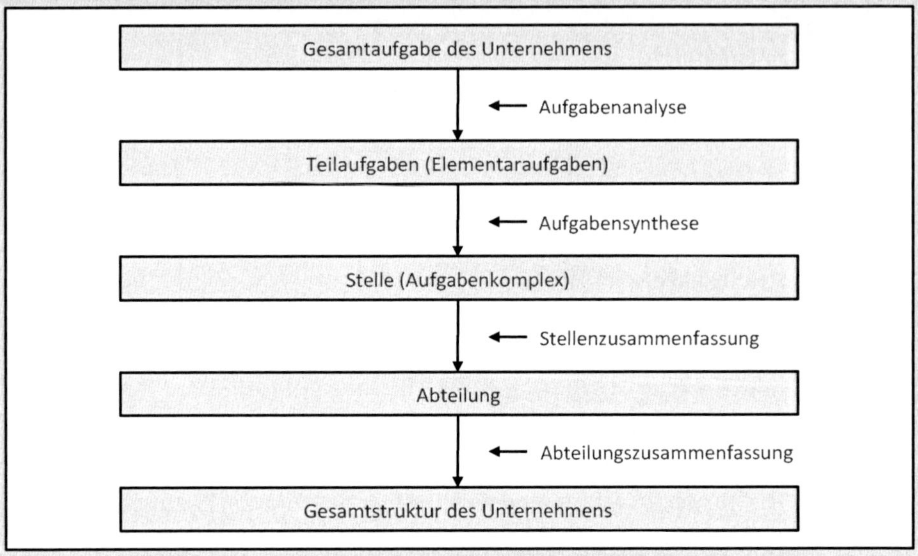

Quelle: in Anlehnung Thommen et al. 2016, S. 439

Aufgabenanalyse

Für die **Aufgabenanalyse**, d. h. die Zerlegung der Gesamtaufgabe des Unternehmens in Teilaufgaben können verschiedene **Gliederungsmerkmale** herangezogen werden. Diese sind in Abb. 176 veranschaulicht.

Aufgabenanalyse

Die **Aufgabensynthese** beinhaltet die Zusammenfassung der in der Aufgabenanalyse gewonnenen Teilaufgaben zu organisatorischen Einheiten (Stellen). Ziel ist es der Spezialisierung der Mitarbeiter gerecht zu werden, eine notwendige Überschaubarkeit der Aufgaben zu erzeugen und eine Klarheit der Kompetenzverteilung zu bewirken.

Grundelemente der Aufbauorganisation

Stellen sind die Grundelemente der Aufbauorganisation. In ihnen werden gleichartige Teilaufgaben dem Arbeitsbereich einer Person zugeordnet. Durch die Zuordnung möglichst gleichartiger Aufgaben soll die Stelle durch eine Person leicht „beherrschbar“ sein.

Abb. 176 Gliederungsmerkmale zur Aufgabenanalyse

Gliederungs-merkmale	Erläuterung	Zentrale Frage
Verrichtung	Zerlegung der Aufgabe in einzelne zu ihrer Erfüllung notwendige Verrichtungen	Welche Tätigkeiten sind erforderlich?
Objekt	Zerlegung der Aufgabe orientiert an einzelnen Objekten. Ein Objekt kann jeder materielle oder immaterielle Gegenstand sein, an dem sich die Verrichtung vollzieht	An welchen Dingen vollziehen sich Verrichtungen?
Rang	Einordnung aller Teilaufgaben in eine Rangordnung	Handelt es sich um Aufgaben mit Leitungsbefugnis?
Phasen	Einordnung aller Teilaufgaben nach ihrer sachlichen Zugehörigkeit in das Phasen-schema „Planung, Realisation, Kontrolle“	Planende, ausführende oder kontrollierende Aufgabe?
Zweckbeziehung	Einordnung aller Aufgaben nach ihrem Zweck. Unterscheidung in primäre und sekundäre Aufgaben	Dient die Aufgabe unmittelbar oder nur mittelbar der Leistungserstellung?

Gliederungsmerkmale zur Aufgabenanalyse

Zusammenfassung der Teilaufgaben zu organisatorischen Einheiten

Für die **Stellenbildung** gibt es zwei grundsätzliche Möglichkeiten:

- Ausrichtung der Stellenaufgaben auf eine abstrakte noch zu suchende Person.
- Ausrichtung der Stellenaufgaben nach den Fähigkeiten eines bereits bekannten zukünftigen Stelleninhabers. Dies wird i. d. R. nur bei in der Hierarchie hoch angesiedelten Stellen getan. Nachteilig ist die Abhängigkeit vom jeweiligen Stelleninhaber.

Das Ergebnis der Stellenbildung ist der sogenannte **Stellenplan**.

Aus hierarchischer Sicht lassen sich folgende **Stellenarten** unterscheiden:

- **Ausführende Stellen**: Stellen ohne Leitungsbefugnis.
- **Instanzen**: Mit Entscheidungs- und Anordnungsbefugnis ausgestattete Stellen.
- **Stabstellen**: Nicht weisungsberechtigte Hilfsstellen der Instanz zur Entscheidungsvorbereitung durch Informationssammlung und Beratung.

Vereinigung von Stellen und Instanzen

Eine **Abteilung** stellt damit eine Vereinigung von Stellen und Instanzen dar, so dass mehrere Stellen einer leitenden Instanz unterstellt sind.

2.1 Strukturierungsprinzipien

Trotz der in der Unternehmenspraxis vorfindbaren Vielfalt an aufbauorganisatorischen Lösungen lassen sich einige Prinzipien ableiten. Diese sind in der Abb. 177 verdeutlicht und werden anschließend erläutert.

Prinzipien zur aufbauorganisatorischen Strukturierung

Abb. 177 Strukturierungsprinzipien

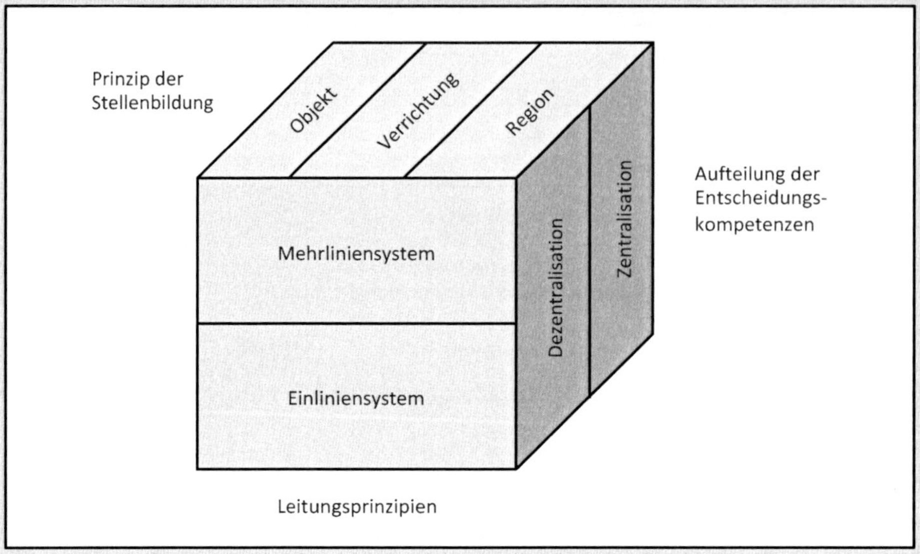

Quelle: in Anlehnung an Thommen et al. 2016, S. 460

Die **Stellenbildung** verfolgt das Ziel der Aufgabenverteilung in der Weise, dass eine möglichst effiziente Erledigung sichergestellt ist. Für die Stellenbildung können folgende **Prinzipien** herangezogen werden (Thommen et al. 2016, S. 460):

Prinzipien der Stellenbildung

- Bei der Stellenbildung nach dem **Arbeitsobjekt** werden unterschiedliche Verrichtungen zusammengefasst, die bei der Bearbeitung eines Produktes oder einer Produktgruppe mit gleichartigen Produkten anfallen. Das Ergebnis ist eine objektorientierte oder divisionale Organisationsstruktur. Die Vorteile liegen in kürzeren Transportwegen und Durchlaufzeiten, weniger monotonen Arbeitsplätzen, kürzeren Kommunikationswegen, niedrigere Kosten durch geringeren Koordinationsaufwand.
- Bei der Stellenbildung nach dem **Verrichtungsprinzip** werden gleichartige Verrichtungen zu Aufgabenkomplexen zusammengefasst. Das Resultat ist eine verrichtungsorientierte oder funktionale Organisationsstruktur. Die Vorteile bestehen in einer größeren Spezialisierung, der Verminderung von Doppelarbeiten, Kostenvorteilen durch Spezialisierungen, Berücksichtigung individueller Neigungen und Fähigkeiten.
- Die Stellenbildung nach **Regionen** ist sinnvoll, wenn Teile (Standorte) und/oder Tätigkeiten (z. B. Absatzmärkte) des Unternehmens in räumlich getrennten Gebieten angesiedelt sind. Bei einer solchen Gliederung spricht man von einer regionalen Organisationsstruktur.

2.2 Leitungsprinzipien

Einlinien- vs. Mehrliniensystem

Zwischen den einzelnen Stellen im Unternehmen müssen Kommunikationsbeziehungen hergestellt werden, so dass die Ausführung von Aufgaben angeordnet und über deren Verrichtung berichtet werden kann. Dies wird als Leitungssystem bezeichnet. Es lassen sich zwei idealtypische Beziehungen unterscheiden: das Einlinien- und das Mehrliniensystem.

Straffste Form der Organisation

Beim **Einliniensystem** ist jede Stelle nur durch eine Verbindungslinie mit einer vorgesetzten Stelle (Instanz) verbunden. Sie bekommt dementsprechend nur von dieser einen übergeordneten Instanz Anweisungen und berichtet nur an diese eine Instanz. Es handelt sich um die straffste Form der Organisation. Es herrscht das Prinzip der Einheit von Auftragserteilung. Die **Vorteile** liegen in einer eindeutigen, klaren Regelung der Kommunikationsbeziehungen, das Leitungssystem ist überschaubar und einfach, es ist ein lückenloser Informationsfluss über alle

Hierarchieebenen mit guten Kontrollmöglichkeiten gewährleistet. Die **Nachteile** bestehen in der Starrheit, der Länge und Umständlichkeit der formalen Kommunikations- und Weisungswege, verbunden mit der Gefahr von Informations- und Zeitverlusten, einer zum Teil starken Belastung der oberen Instanzen sowie der Betonung von Hierarchiedenken und Macht.

Einliniensystem

Abb. 178 Einliniensystem

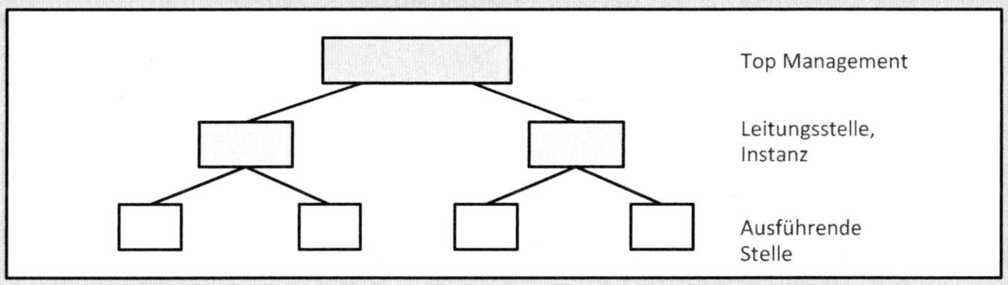

Mehrfachunterstellung – Prinzip des kürzesten Weges

Das **Mehrliniensystem** beruht auf dem Prinzip der Mehrfachunterstellung. Jede Stelle ist einer Mehrzahl von übergeordneten Stellen (Instanzen) unterstellt. Es herrscht das Prinzip des kürzesten Weges. Die **Vorteile** bestehen in kurzen Informations- und Weisungswegen, einer direkten und schnellen Kommunikation, einer Fokussierung auf Fachkompetenz, der Entlastung der Leitungsspitze sowie der Förderung produktiver Konflikte und dadurch einer hohen Problemlösungskapazität. Die **Nachteile** liegen in der Gefahr von Aufgabenüberschneidungen und Kompetenz-/Verantwortlichkeitskonflikten sowie der hohen Komplexität bei zunehmender Stellenzahl.

Mehrliniensystem

Abb. 179 Mehrliniensystem

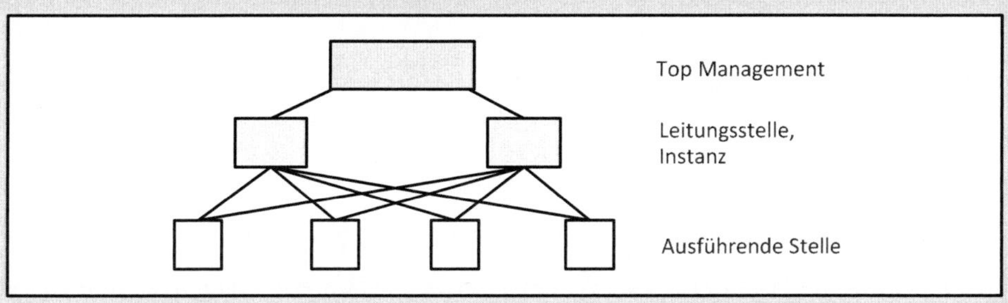

Entlastung und Entscheidungsunterstützung

Ein reines Einliniensystem ist aufgrund der genannten Nachteile in größeren Unternehmen selten zu finden. Über die zusätzliche Einrichtung von Stäben wird ein **Stabliniensystem** geschaffen. Die wesentliche Aufgabe der Stäbe besteht in der Entlastung der Linieninstanzen sowie in der Unterstützung bei der Entscheidungsvorbereitung. Die **Vorteile** bestehen in denen des Einliniensystems, ergänzt um die fachliche und mengenmäßige Entlastung und einem besseren Informationsstand der Leitungsstellen (Instanzen). Die **Nachteile** liegen in möglichen Abstimmungsschwierigkeiten, Konflikten und Konkurrenzdenken zwischen Stab und Linie. Die Stäbe bauen mitunter ein großes Spezialwissen auf, sind an Entscheidungen nur in der Vorbereitung beteiligt, ohne Einfluss auf die Umsetzung zu haben. Damit zusammenhängend besteht oft die Gefahr einer gewissen Praxisferne sowie der Bildung von wasserkopfartigen Strukturen.

Stabliniensystem

Abb. 180 Stabliniensystem

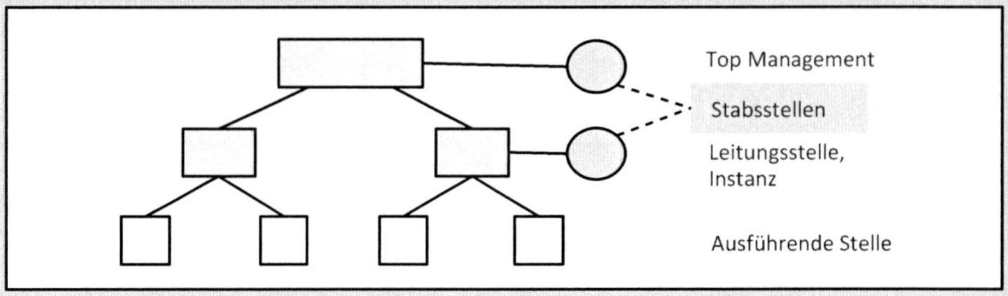

2.3 Aufteilung der Entscheidungskompetenzen

Zentralisation vs. Dezentralisation

Im Zusammenhang mit der Neu- oder Umstrukturierung der Organisation sowie der damit einher gehenden **Aufteilung der Entscheidungskompetenzen** werden häufig die Begriffe Zentralisation und Dezentralisation verwendet.

- **Zentralisation** beinhaltet die Zusammenfassung von Aufgaben auf wenige Stellen. Vorteile liegen in der Vereinfachung der Verwaltung und Kostenersparnissen. Nachteilig ist ggf. der Verlust des Kontaktes von Unternehmensführung und untergeordneten Stellen.
- **Dezentralisation** bezeichnet die Übertragung (Delegation) von Aufgaben auf mehrere Stellen. Vorteile der Dezentralisation sind ein höheres Verantwortungsgefühl und damit eine größere Arbeitsfreude der Mitarbeiter. Nachteile bestehen in einer reduzierteren Ordnung und ggf. im Verlust von Rationalisierungsvorteilen der Arbeitsteilung im Unternehmen. Damit wird die Führungsspitze i. d. R. quantitativ entlastet, die umfassendere Verantwortung und Spezialisierung der Mitarbeiter stellen jedoch gleichzeitig höhere Anforderungen an die Führungsqualitäten.

Anzahl der direkt unterstellten Mitarbeiter

Die **Kontroll- oder Leitungsspanne** ist ein Maß für die Abteilungsgröße. Sie enthält die Anzahl der einem Vorgesetzten direkt unterstellten Mitarbeiter. Je kleiner Kontroll- oder Leitungsspanne, desto tiefer ist der Instanzenaufbau; je größer sie ist, desto breiter ist der Instanzenaufbau.

Anzahl der Hierarchiestufen

Die **Gliederungstiefe** gibt die Anzahl der Hierarchiestufen einer Abteilung im Unternehmen an.

Als Ergebnis der Aufgabenanalyse und -synthese verfügt das Unternehmen über eine **Stellengliederung** sowie ein **Aufgabengefüge** als Grundgefüge der Aufbauorganisation. Daraus lassen sich drei wesentliche **Teilsysteme** ableiten:

Leitungs-, Kommunikations-, Arbeitssystem

- Das **Leitungssystem** beinhaltet eine Beschreibung der Weisungsbeziehungen der übergeordneten zu den untergeordneten Stellen sowie der Berichtswege der untergeordneten zu den übergeordneten Stellen.
- Das **Kommunikationssystem** enthält eine Vorgabe von Regeln für den Nachrichtenaustausch, z. B. Kommunikationswege, Form und Technik des Nachrichtenaustauschs sowie Anlass und Zeitpunkt der Nachrichtenübermittlung. Zu beachten ist neben dem formalen Kommunikationssystem die Existenz eines informalen Kommunikationssystems.
- Das **Arbeitssystem** zeigt Austauschmöglichkeiten der Arbeitsobjekte zwischen den einzelnen Stellen und bestimmt, welche Stellen sich mit welchen Objekten befassen.

2.4 Funktionale Organisation

Verrichtungsprinzip

Die **funktionale Organisation** orientiert sich an dem güterwirtschaftlichen Prozess bzw. dem Wertschöpfungsprozess im Unternehmen. Es werden nach dem Verrichtungsprinzip Funktionsbereiche geschaffen (vgl. Abb. 181). Die funktionale Organisation ist vorrangig geeignet für kleine und mittlere Unternehmen mit einem überschaubaren und homogenen Produktprogramm (Einprodukt-, Massen- oder Sortenfertigung), die sich einer relativ stabilen Umwelt gegenüber sehen.

Die **Vorteile** liegen in einfachen und überschaubaren Strukturen, der Nutzung von Spezialisierungsvorteilen sowie klar abgegrenzten und damit gut kontrollierbaren Funktionsbereichen. Die **Nachteile** bestehen in möglichen Ziel- und Interessenkonflikten zwischen den (stark) getrennten Funktionsbereichen (Gefahr von Bereichsegoismen), einem hohen Koordinations- und Zeitaufwand bei der Abstimmung zwischen den Bereichen und damit einer Überlastung der Unternehmensführung.

Funktionale Organisation

Abb. 181 Funktionale Organisation

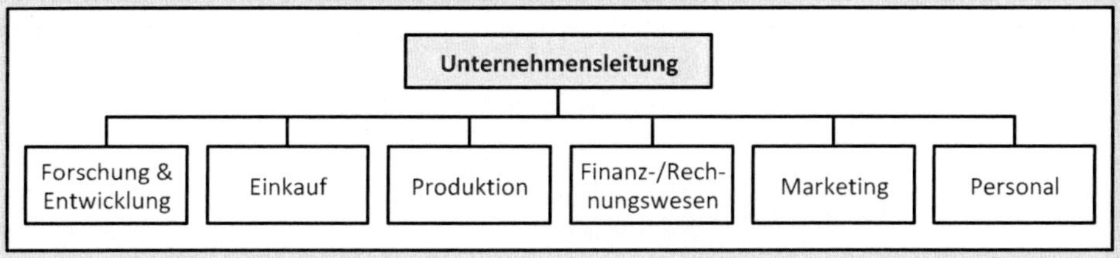

2.5 Divisions-/Spartenorganisation

Objektprinzip

Bei der **Divisions-/Spartenorganisation** ist das Unternehmen orientiert an dem Objektprinzip in verschiedene Sparten gegliedert. Gleichartige Produkte oder Produktgruppen werden zu autonomen Divisionen zusammengefasst. In jeder Sparte finden sich betriebliche Funktionen. Ergänzend gibt es Zentralabteilungen (zentrale Dienste), die die Gesamtleitung und die Spartenleitungen unterstützen und beraten (vgl. Abb. 182). Diese Form der Organisation bietet sich an für mittlere und große Unternehmen mit einer dynamischen Umwelt, einem heterogenen Produktions- und/oder Absatzprogramm sowie ggf. geografisch auseinanderliegenden Standorten.

Die **Vorteile** liegen in einer übersichtlichen Struktur, der größeren Marktnähe der einzelnen Sparten, einer klaren Abgrenzung der Verantwortung und damit verbunden einem relativ hohen Verantwortungsgefühl der Spartenleiter. Die **Nachteile** bestehen in der Gefahr von Doppelverrichtungen, dem Verlust von Synergieeffekten sowie einem größeren Bedarf an qualifizierten Führungskräften.

Divisions-/Spartenorganisation

Abb. 182 Divisions-/Spartenorganisation

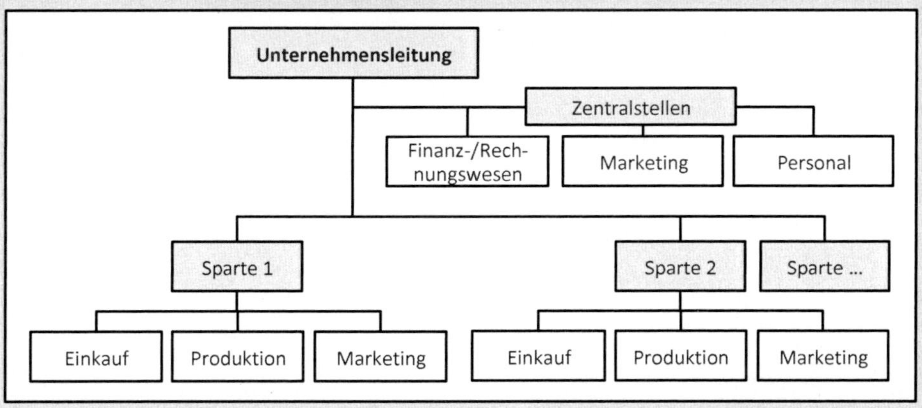

2.6 Matrixorganisation

Kombination mehrerer Gliederungsmerkmale

Die **Matrixorganisation** ist eine Mehrlinienorganisation. Die Leitungsfunktionen werden hierbei nach zwei oder mehr Kriterien gleichzeitig verteilt. Häufig erfolgt eine Kombination von funktionsorientierter und objektorientierter Leitungsfunktion (vgl. Abb. 183). Diese Organisationsform empfiehlt sich für große Mehrproduktunternehmen, bei denen die Gliederungsmerkmale (z. B. Objekt, Verrichtung) die gleiche Bedeutung haben und die sich einer vielfältigen und dynamischen Umwelt gegenüber sehen. Außerdem sollten eine offene Kommunikationskultur sowie ein kooperativer Führungsstil herrschen.

Die **Vorteile** liegen in einer stärkeren Motivation aufgrund von Teamarbeit, geringem Hierarchiedenken, ganzheitlichen Aufgaben und Sichtweisen, einer Entlastung der Leitungsspitze durch Entscheidungsdelegation sowie direkten Kommunikationswegen. Die **Nachteile** bestehen in umfangreichem Kommunikations-, Abstimmungs- und Zeitaufwand, der Gefahr von Kompetenzkonflikten sowie hohen Anforderungen an die Kooperations- und Teamfähigkeit der Dimensionsleiter.

Matrixorganisation

Abb. 183 Matrixorganisation

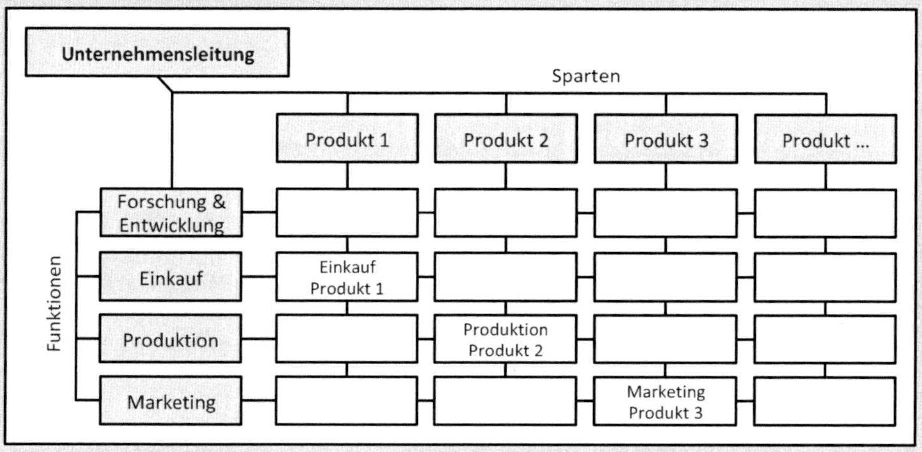

2.7 Zusammenfassung

Abschließend sind in der folgenden Abbildung die Ausprägungen der Organisationsformen in Verbindung mit den aufgezeigten Strukturierungskriterien zusammenfassend dargestellt.

Gegenüberstellung der Organisationsformen

Abb. 184 Gegenüberstellung der Organisationsformen

Strukturierungsprinzip \ Organisationsform		Funktionale Organisation	Sparten-organisation	Matrix-organisation
Stellenbildung	Objekt		✓	✓
	Verrichtung	✓		✓
	Region		✓	✓
Leitungsprinzip	Einliniensystem	✓	✓	
	Mehrliniensystem			✓
Entscheidungs-kompetenzen	Zentralisation	✓		
	Dezentralisation (Delegation)		✓	✓

Quelle: in Anlehnung an Thommen/Achleitner 2009, S. 917

Begrifflichkeiten zum Nachschlagen

... damit sollten Sie umgehen können:

- Entwicklung der Aufbauorganisation
  - Aufgabenanalyse
  - Aufgabensynthese
- Stelle, Instanz, Abteilung
- Prinzipien der Stellenbildung
- Leitungsprinzipien
- Aufteilung der Entscheidungskompetenzen
- Funktionale Organisation
- Divisions-/Spartenorganisation
- Matrixorganisation

Wiederholungsfragen

1. Skizzieren und erläutern Sie das Vorgehen zur Entwicklung einer Aufbauorganisation.
2. Erläutern Sie die Begriffe Stelle, Instanz und Abteilung.
3. Erläutern Sie die Prinzipien der Stellenbildung.
4. Skizzieren und erläutern Sie die Spezifika sowie die Vor- und Nachteile der Funktionalen Organisation, der Divisions-/Spartenorganisation sowie der Matrixorganisation.

Literaturhinweise

Kieser, A.; Walgenbach, P.: Organisation. 7. Aufl., Stuttgart 2014.

Picot, A.; Dietl, H.; Franck, E.; Fiedler, M.; Royer, S.: Organisation. Theorie und Praxis aus ökonomischer Sicht., 6. Aufl., Stuttgart 2012.

Schreyögg, G.; Geiger, D.: Organisation. Grundlagen moderner Organisationsgestaltung. Mit Fallstudien. 6. Aufl., Wiesbaden 2016.

Thommen, J.-P.; Achleitner, A.-K.; Gilbert, D. U.; Hachmeister, D.; Kaiser, G.: Allgemeine Betriebswirtschaftslehre: Umfassende Einführung aus managementorientierter Sicht. 8. Aufl., Wiesbaden 2016.

Wöhe, G.; Döring, U.; Brösel, G.: Einführung in die Allgemeine Betriebswirtschaftslehre. 26. Aufl., München 2016.

3 Ablauforganisation

Ordnung der Arbeitsprozesse

Die **Ablauforganisation** als dynamisches Pendant zur Aufbauorganisation hat die Ordnung der Arbeitsprozesse in sachlicher, personeller, zeitlicher und räumlicher Reihenfolge zum Inhalt. Grundlegendes Ziel ist die möglichst effiziente Gestaltung der im Unternehmen ablaufenden Prozesse. Dabei sind zum Teil erhebliche Konflikte zwischen den Teilzielen der Termineinhaltung, der Zeitminimierung und der Kapazitätsauslastung.

Ausgangspunkt der Ablauforganisation sind die durch die Aufgabenanalyse gewonnenen Elementaraufgaben. Darauf basierend werden eine Arbeitsanalyse und eine Arbeitssynthese durchgeführt.

Arbeitsanalyse und Arbeitssynthese

- In der **Arbeitsanalyse** erfolgt eine weitere Unterteilung der Elementaraufgaben in einzelne Arbeitsteile (Tätigkeiten) zur Erfüllung einer Aufgabe. Die Gliederung der Arbeitsteile kann nach den Merkmalen Verrichtung, Objekt, Sachmittel, Ort, Rang, Phase, Zweckbeziehung, Zeit und Person des Aufgabenträgers erfolgen.
- In der **Arbeitssynthese** werden die Arbeitsteile zu Arbeitsgängen zusammengefasst. Die Zusammenfassung erfolgt in Bezug auf Arbeitsträger (Person oder Sachmittel), Raum und Zeit. Es werden drei Stufen unterschieden:
  - **Arbeitsverteilung** (personale Arbeitssynthese): Hier geht es um die Kombination der Arbeitsteile zu einem Arbeitsgang und deren Zuordnung zu einem Arbeitsträger. Dabei sind mögliches Arbeitspensum und Belastungsgrenzen zu berücksichtigen.
  - **Arbeitsvereinigung** (temporale Arbeitssynthese): Hier geht es um die Festlegung und Abstimmung der Arbeitsgänge in zeitlicher Hinsicht.
  - **Raumgestaltung** (lokale Arbeitssynthese): Hier geht es um die zweckmäßige Anordnung und Ausstattung der Arbeitsplätze.

Untrennbare Verknüpfung

Aufbau- und Ablauforganisation sind im Unternehmen untrennbar miteinander verbunden: Die Aufbauorganisation bildet den Rahmen für die im Unternehmen ablaufenden Arbeitsprozesse. Dieser Rahmen ist jedoch auch nur dann festlegbar, wenn genaue Vorstellungen über die ablaufenden Arbeitsprozesse existieren.

In Abb. 185 sind die Vorgehensweisen zur Entwicklung von Aufbau- und Ablauforganisation sowie deren Verknüpfung zusammenfassend dargestellt.

4 Organisationsintrumente

Um innerhalb des Unternehmens mit der Aufbau- und Ablauforganisation arbeiten zu können und diese transparent zu machen, stehen verschiedene Hilfsmittel – die **Organisationsinstrumente** – zur Verfügung:

Organisationsinstrumente

- In der **Aufbauorganisation** sind dies im Wesentlichen
  - Organigramm
  - Stellenbeschreibung
  - Funktionendiagramm
- In der **Ablauforganisation** sind dies im Wesentlichen
  - Ablaufplan
  - Ablaufkarte
  - Balkendiagramm
  - Netzplan

Abb. 185 Zusammenhang Aufbau- und Ablauforganisation

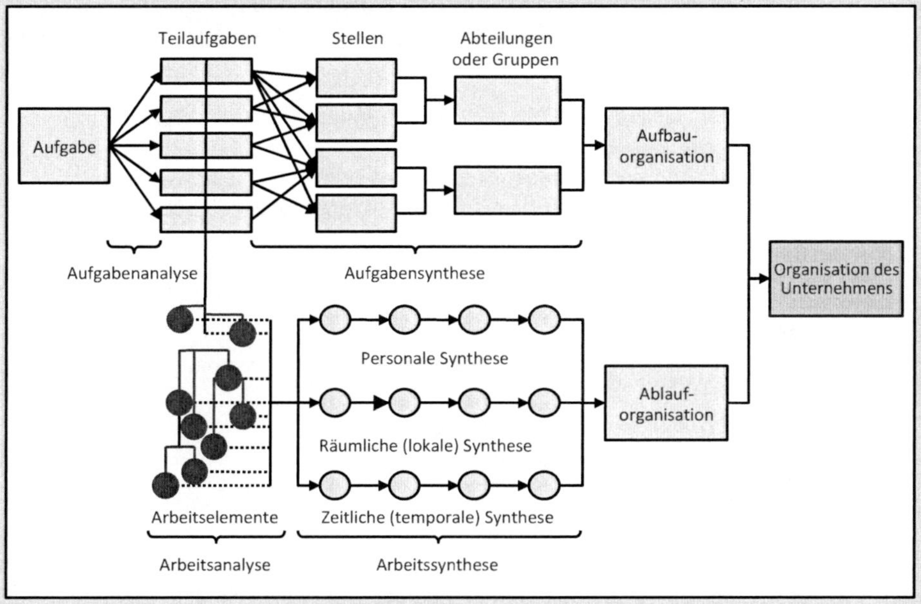

Quelle: Thommen et al. 2016, S. 441

Zusammenhang zwischen Aufbau- und Ablauforganisation

Die Ausgestaltung dieser Instrumente kann im **Organisationshandbuch** festgehalten werden. Die Instrumente der Aufbauorganisation werden nachfolgend beschrieben. Hinsichtlich der Instrumente der Ablauforganisation sei auf das Kapitel „Produktionsmanagement" verwiesen.

Organisationshandbuch

Organigramm

In einem **Organigramm** wird die Organisationsstruktur des Unternehmens schaubildartig und vereinfacht dargestellt. Die Rechtecke oder Kreise dienen als Symbole für Stellen, die Verbindungslinien verdeutlichen den Dienst-/Kommunikationsweg und bringen die hierarchischen Unterstellungsverhältnisse zum Ausdruck. Die Darstellung kann horizontal, vertikal oder in Säulenform erfolgen, wobei die Aussagekraft jeweils identisch ist (vgl. Abb. 186).

Schaubildartige und vereinfachte Darstellung

Abb. 186 Darstellungsformen des Organigramms

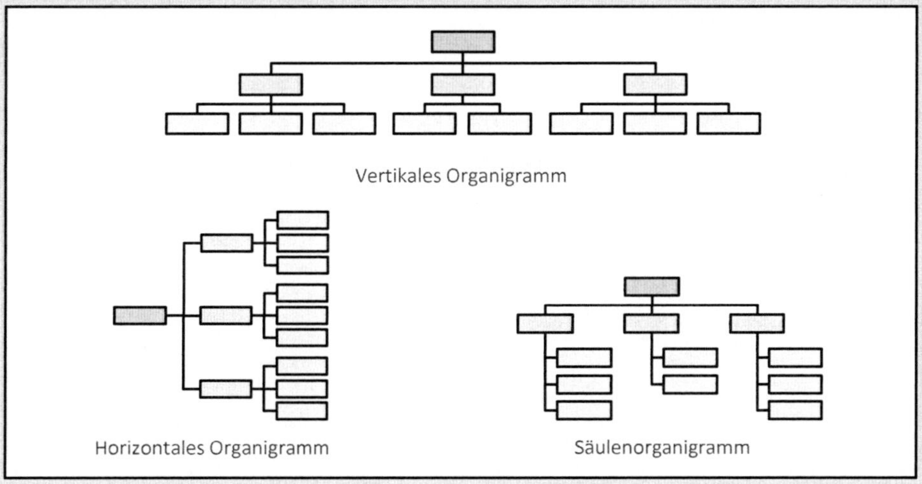

Quelle: Thommen et al. 2016, S. 442

Darstellungsformen des Organigramms

Stellenbeschreibung

Verbindliche Niederschrift

Jede Stelle verfügt über eine **Stellenbeschreibung**. Damit soll eine rationale, reibungslose und kontinuierliche Aufgabenerfüllung sichergestellt werden. Sie beinhaltet eine verbindliche Niederschrift über:

- die Eingliederung der Stelle in die Organisationsstruktur,
- die Funktion der Stelle,
- die Verantwortlichkeiten der Stelle/des Stelleninhabers und
- die Kompetenzen (= Rechte oder Befugnisse) der Stelle/des Stelleninhabers.

Die konkreten **Inhalte** sind i. d. R.:

Inhalte

- Bezeichnung der Stelle,
- sachliche Festlegung der Aufgaben,
- Erläuterung der organisatorischen Eingliederung der Stelle; ggf. Angabe der organisatorischen Beziehungen,
- Anleitung zur zweckmäßigen Aufgabenlösung,
- persönliche Anforderungen an Stelleninhaber,
- Stellenvertretung,
- Verantwortlichkeiten und Kompetenzen.

Aus personalwirtschaftlicher Sicht dienen Stellenbeschreibungen der Ermittlung des qualitativen Personalbedarfs, der Unterstützung der Personalbeschaffung sowie der Personalführung.

Funktionendiagramm

Ein **Funktionendiagramm** beinhaltet eine stark vereinfachte Darstellung der Zuweisung einzelner Aufgaben auf die verschiedenen Organisationseinheiten. Es verdeutlicht in Form einer Matrix das funktionelle Zusammenarbeiten mehrerer Stellen zur Erfüllung einer Aufgabe.

Begrifflichkeiten zum Nachschlagen

... damit sollten Sie umgehen können:

- Entwicklung der Ablauforganisation
  - Arbeitsanalyse
  - Arbeitssynthese
- Organigramm
- Stellenbeschreibung
- Funktionendiagramm

Wiederholungsfragen

1. Skizzieren und erläutern Sie das Vorgehen zur Entwicklung einer Ablauforganisation.
2. Erläutern Sie die Begriffe, Zielsetzungen und Inhalte eines Organigramms, einer Stellenbeschreibung sowie eines Funktionendiagramms.

Literaturhinweise

Kieser, A.; Walgenbach, P.: Organisation. 7. Aufl., Stuttgart 2014.

Picot, A.; Dietl, H.; Franck, E.; Fiedler, M.; Royer, S.: Organisation. Theorie und Praxis aus ökonomischer Sicht., 6. Aufl., Stuttgart 2012.

Thommen, J.-P.; Achleitner, A.-K.; Gilbert, D. U.; Hachmeister, D.; Kaiser, G.: Allgemeine Betriebswirtschaftslehre: Umfassende Einführung aus managementorientierter Sicht. 8. Aufl., Wiesbaden 2016.

Wöhe, G.; Döring, U.; Brösel, G.: Einführung in die Allgemeine Betriebswirtschaftslehre. 26. Aufl., München 2016.

Weiterführende Literatur

Bea, F. X.; Göbel, E.: Organisation. Theorie und Gestaltung. 3. Aufl., Stuttgart 2006.

Frese, E.; Graumann, E.; Theuvsen, L.: Grundlagen der Organisation. Entscheidungsorientiertes Konzept der Organisationsgestaltung. 10., Aufl. Wiesbaden 2012.

Schreyögg, G.; Geiger, D.: Organisation. Grundlagen moderner Organisationsgestaltung. Mit Fallstudien. 6. Aufl., Wiesbaden 2016.

Schulte-Zurhausen, M.: Organisation. 3. Aufl., München 2002.

Vahs, D.: Organisation: Einführung in die Organisationstheorie und -praxis. 9. Aufl., Stuttgart 2015.

XII Fallstudie BEST-TENT Outdoor OHG

1 Einführung

Die BEST-TENT Outdoor OHG produziert, fertigt und vertreibt qualitativ hochwertige Outdoor-Zelte. Das Unternehmen wurde vor 40 Jahren gegründet. Seitdem hat es sich zu einem festen Bestandteil der Outdoor-Zeltindustrie entwickelt. Gegenwärtig steht die Unternehmensleitung vor richtungsweisenden Entscheidungen – dies nicht zuletzt deshalb, weil Wachstumsziele intensiv verfolgt und unterstützt werden sollen.

Es stehen wichtige Entscheidungen in nahezu allen Funktionsbereichen sowie hinsichtlich der Anpassung der Unternehmensführung, Organisation, Rechtsform, Finanzierung bis hin zu Standortfragen an.

Herr Fritz Fertig, 25 Jahre und von Beruf Betriebswirt, ist seit zwei Jahren in diesem Unternehmen als Assistent der Geschäftsleitung tätig. Er wird in diese Entscheidungen involviert sein und hofft dabei dringend auf Ihre Unterstützung!

Nachfolgend finden Sie zunächst grundlegende Informationen zum Unternehmen und zum Marktumfeld. Im Anschluss daran finden sich auf die einzelnen Kapitel dieses Buches abgestimmte Übungs- und Transferaufgaben sowie Projektaufgaben, in denen Sie – gemeinsam mit Herrn Fertig und für die BEST-TENT Outdoor OHG – die wesentlichen Lerninhalte anwenden und übertragen sollen!

2 Der Gesamtmarkt

Der Gesamtmarkt für Outdoor-Produkte teilt sich in diverse Produktkategorien auf – „Outdoor-Zelte" ist einer davon. Pro Jahr werden in diesem Teilmarkt ca. 100 Mio. € Umsatz erwirtschaftet. Etwa 10 Mio. € davon entfallen auf den Markt für hochwertige Zelte (Expeditions-Zelte), in welchem die BEST-TENT Outdoor OHG aktiv ist.

Auf dem deutschen Markt für Outdoor-Zelte ist eine Vielzahl von Anbietern aktiv. Rund 59% der hier abgesetzten Zelte stammen aus inländischer Produktion. Die Hersteller sind zumeist kleine und mittelständische Unternehmen. In den jeweiligen Produktkategorien lassen sich die Hersteller in spezialisierte Premiumanbieter, Hersteller qualitativ guter Produkte zu mittleren Preisen und Billiganbieter, welche den Massenmarkt bedienen, unterscheiden.

Im Wettbewerb mit den Mitanbietern ist der Preis ein wichtiges und sofort wirksames Marketing-Instrument, wobei Qualität und Markenpolitik gerade im Premiumsegment eine wichtige Rolle spielen. Aktuell beträgt der Durchschnittspreis für ein Zelt in diesem Segment 500€.

Hauptabsatzkanäle für Expeditions-Zelte sind der Sportfachhandel (ca. 49% Marktanteil) und der Outdoor- und Versandhandel, die zusammen ca. 24% des Marktes ausmachen.

3 Das Unternehmen BEST-TENT Outdoor OHG[1]

Das Unternehmen wurde eingangs bereits kurz vorgestellt. Im Folgenden soll – orientiert an den Funktionsbereichen – ein tieferer Einblick gegeben werden.

Organisation

Die Organisation des Betriebes gliedert sich unterhalb der Geschäftsleitung auf in die Hauptabteilungen „Einkauf und Verwaltung", „Produktion" und „Vertrieb". Die Hauptabteilung „Einkauf und Verwaltung" kauft die für die Produktion notwendigen Materialien und Betriebsstoffe ein. Zudem sind in diesem Bereich alle Verwaltungsaufgaben zusammengefasst. Die Hauptabteilung „Vertrieb" fungiert als Ansprechpartner bei Fragen zu den Produkten sowohl für Kunden und Händler, wie auch innerhalb der BEST-TENT Outdoor OHG.

Personal

Derzeit verfügt das Unternehmen neben der Geschäftsleitung über acht Mitarbeiter, wovon einer im Einkauf/Verwaltung, zwei im Vertrieb und fünf in der Produktion tätig sind.

Vor allem in der Produktion werden exzellent ausgebildete und verlässliche Produktionsmitarbeiter benötigt. Derzeit kann ein Produktionsmitarbeiter 225 Zelte pro Periode herstellen. Bei auftretenden Engpässen arbeitet das Unternehmen mit einer Zeitarbeitsfirma zusammen.

Produkt

„Groß geworden" ist das Unternehmen mit dem Produkt „Expedition", das seit der Gründung bis heute hergestellt und vertrieben wird, und inzwischen Kultstatus erreicht hat (siehe Abb. 186).

Abb. 187 Produkt „Expedition" der BEST-TENT Outdoor OHG

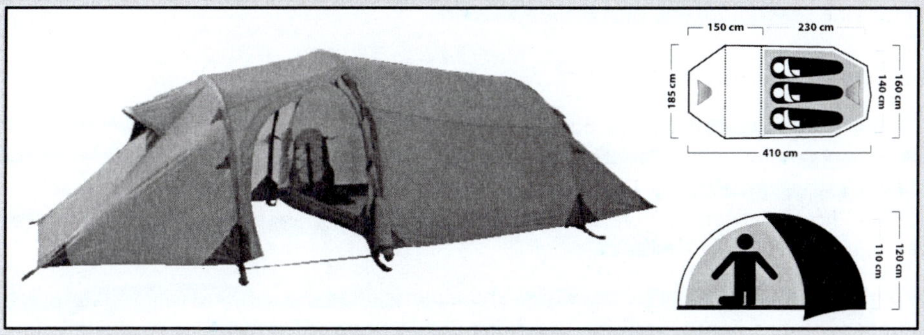

---

[1] Die Fallbeschreibung entstammt in Teilen dem Handbuch des Unternehmensplanspiels TOPSIM easyManagement von der Firma TATA Interactive Systems GmbH, Tübingen.

Einkauf

Zur Produktion eines Zeltes werden im Wesentlichen Gestänge und Ripstop-Nylon benötigt (vgl. Abb. 188). Darüber hinaus fließen diverse Kleinteile (Reißverschlüsse, Haken, Gewebebänder, etc.) in die Produktion ein.

Alle Einsatzstoffe werden von externen Zulieferern beschafft, mit denen zum Teil bereits seit vielen Jahren zusammengearbeitet wird. Zum Teil bestehen enge Kooperationen wie „just in time"-Konzepte.

Abb. 188 Materialien zur Produktion von Zelten

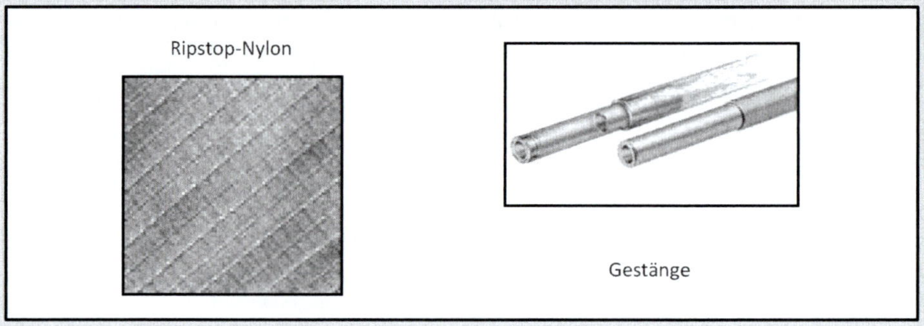

Lager

Die Lagerflächen sind stark limitiert. Derzeit können Materialien gerade in der Menge vorgehalten werden, wie sie für eine Wochenproduktion benötigt werden.

Für die Lagerung der Fertigprodukte wurde Fläche bei einem Spediteur angemietet. Pro Zelt fällt dort eine Lagermiete von 10 € pro Periode an.

Produktion und Entwicklung

Die Produktion der Zelte erfolgt auf Spezial-Maschinen. Derzeit sind zwei solcher Spezial-Fertigungsanlagen mit einer Kapazität von je maximalen 500 Zelten pro Anlage pro Periode mit voller Auslastung im Einsatz. Diese Anlagen sind noch relativ neu, befinden sich seit einer Periode in Ihrem Betrieb und werden in 5 Jahren vollständig abgeschrieben sein. Ein Ausbau der Fertigungsanlagen ist geplant.

Aufgrund des zunehmenden Wettbewerbs und einer starken Design- und Materialoptimierung der Kunden, ist eine kontinuierliche Forschung und Weiterentwicklung der Produkte erforderlich.

Finanzierung

Das Unternehmen verfügt über eine solide Finanzierung. Es bestehen gute Beziehungen zur Hausbank. Zur Deckung des mittel- und langfristigen Finanzbedarfs bestand in der Vergangenheit die Möglichkeit der Aufnahme von Krediten. Kurzfristige Engpässe werden durch einen Überziehungskredit (Kontokorrentkredit) abgefangen. Darüber können u. a. Zahlungsverzüge der Kunden abgefangen werden. Derzeit liegt die Zahlungsquote der Kunden bei ca. 75%.

4 Aufgaben

4.1 Grundlagen

Übungs-/Transferaufgaben

1. Charakterisieren Sie das Zustandekommen von Angebot und Nachfrage auf dem Zeltmarkt aus Sicht des Fallstudienunternehmens unter Zuhilfenahme der folgenden Abbildung (Abb. 189).

Abb. 189 Angebot und Nachfrage auf einem Markt

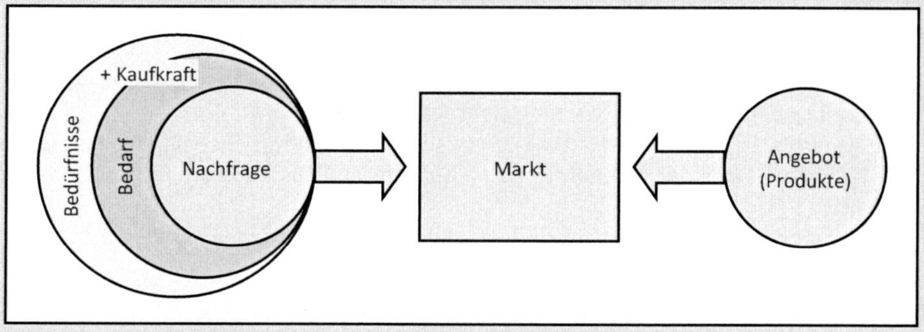

Quelle: in Anlehnung an Scharf/Schubert 2001, S. 5

2. Diskutieren und erläutern Sie, mit welchen Arten von Wirtschaftsgütern das Fallstudienunternehmen zu tun hat.
3. Charakterisieren Sie die wesentlichen Dimensionen der Mikro- und Makroumwelt sowie die möglichen Anspruchsgruppen (Stakeholder) des Fallstudienunternehmens.
4. Zeichnen Sie in der folgenden Abbildung (Abb. 190) ein, welche Sichtweisen für Fritz Fertig in Bezug auf „sein" Unternehmen relevant sind.

Abb. 190 Gliederungskriterien der Betriebswirtschaftslehre

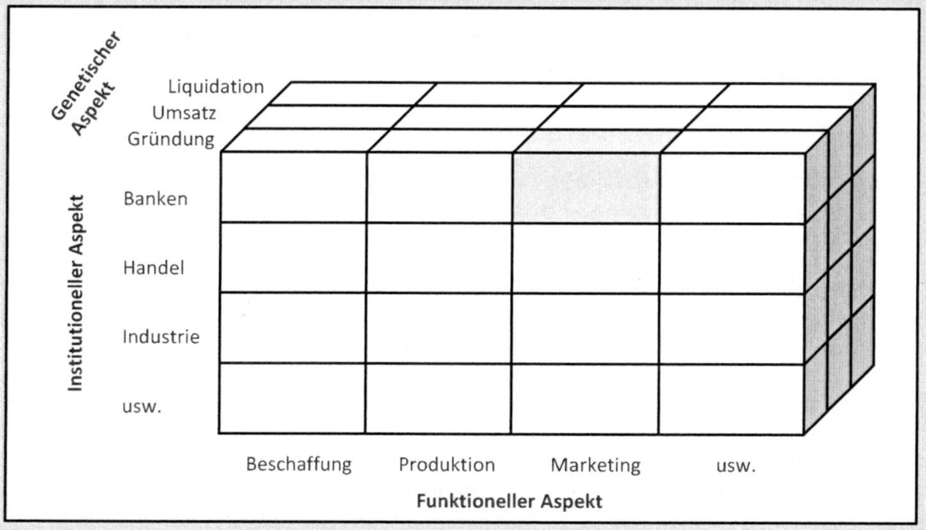

Quelle: in Anlehnung an Thommen et al. 2016, S. 19

5. Nehmen Sie eine Einordnung des Unternehmens nach den verschiedenen Ansätzen zur Typologisierung von Unternehmen vor.
6. Diskutieren Sie die Besonderheiten des Unternehmens vor dem Hintergrund einer Einordnung in die Kategorie der „Kleinen und Mittleren Unternehmen (KMU)".

4.2 Konstitutive Entscheidungen

Projektaufgabe: Wahl der Rechtsform

Aufgrund der absehbaren Grenzen interner Expansion werden in der Geschäftsleitung Möglichkeiten externen Wachstums diskutiert. Dieses hat bereits zu ersten Fusionsgesprächen mit einem regional nahe gelegenen Hauptkonkurrenten geführt.

Einer der Geschäftsführer und Inhaber, Erwin Boss, gibt zu bedenken, dass durch ein stetiges Wachstum - insbesondere die mögliche Fusion - die Führungsbefugnisse aufgeteilt werden müssen. Gleichzeitig möchte er jedoch die Leitung des Unternehmens nicht aus der Hand geben.

Außerdem stehen noch folgende Probleme an:

- Im Rahmen einer Fusion müssen eine Reihe von Investitionen durchgeführt werden, die mit der bisherigen Kapitalausstattung nicht finanzierbar sind.
- Die bisherige unbeschränkte Haftung der Gesellschafter soll gleichzeitig reduziert werden.
- Die bisherige Praxis der Gewinnverteilung auf die Familienmitglieder lässt sich nicht beibehalten.
- Die Unternehmensleitung ist schon jetzt durch Routineaufgaben überlastet. Dieser Zustand würde sich durch eine Fusion weiter verschärfen.

Zusammenfassend stellt Erwin Boss die Frage, ob angesichts dieses Handlungsbedarfs eine Offene Handelsgesellschaft (OHG) zukünftig noch die richtige Rechtsform darstellt. Man sollte doch überlegen, ob nicht die Rechtsform z. B. einer GmbH, einer Aktiengesellschaft – oder einer weiteren, die Herrn Boss gerade nicht einfällt – geeigneter wäre. Herr Fertig wird kurzerhand mit der Erstellung einer Entscheidungsvorlage zur Wahl/Änderung der Rechtsform für die BEST-TENT Outdoor OHG beauftragt.

Übernehmen Sie bitte die Aufgabe für Herrn Fertig. Stellen Sie die Rechtsformen – Einzelunternehmen, Stille Gesellschaft, Gesellschaft bürgerlichen Rechts (GbR), Partnergesellschaft, Offene Handelsgesellschaft (OHG), Kommanditgesellschaft (KG), Gesellschaft mit beschränkter Haftung (GmbH), Aktiengesellschaft (AG), Genossenschaft – strukturiert nach den wesentlichen Kriterien zur Rechtsformwahl dar.

Geben Sie zusammenfassend ein kurzes Statement für Herrn Boss bezüglich der Eignung der Rechtsform für sein Unternehmen.

Projektaufgabe: Standortentscheidung

Das Unternehmen verfügt über ein eigenes Ladenlokal in der Kieler Innenstadt. Damit hat man den direkten Kontakt zum Kunden und kann die Akzeptanz von Produktinnovationen vor einem breiten Vertrieb testen.

Die Geschäftsleitung plant nun die Errichtung einer ersten Filiale in einer Universitätsstadt in Süddeutschland. Die Entscheidung für einen konkreten Standort vor Ort soll Fritz Fertig übernehmen. Dazu bittet er seine ehemaligen Kommilitonen um Hilfe.

Es stehen zwei mögliche Standorte für das Geschäft zur Auswahl. Zum einen besteht die Möglichkeit, in einem modernen Shopping-Center mit angeschlossenem Parkhaus, direkt eingangs der Fußgängerzone (1a-Lage), einen Laden mit einer Verkaufsfläche von 85 qm (Nebenräume: 12 qm, Schaufensterfront: 6 m) zu mieten. Zum anderen kann in einer sogenannten 1b-Lage, einer Seitenstraße, die direkt auf die Fußgängerzone führt, ein Geschäft mit 105 qm Verkaufsfläche (Nebenräume: 16 qm, Schaufensterfront: 9 m) angemietet werden.

Die voraussichtlich anfallenden Kosten (Abschreibungen für Geschäfts- und Ladenausstattung, Kfz usw., Einkaufsvolumen, Personal, Miete, Reinigung, Werbung, ...) belaufen sich in der 1a-Lage auf etwa 240.000 € pro Jahr, in der 1b-Lage auf etwa 205.000 € pro Jahr. Die Umsätze betragen in der 1a-Lage voraussichtlich etwa 305.000 € pro Jahr, in der 1b-Lage etwa 280.000 € pro Jahr. Wobei hier durchschnittliche Erwartungen für die nächsten 5 Jahre unterstellt sind. 100% Umsatzpotential sind frühestens nach 3 Jahren zu erwarten.

Weitere Merkmale der Standorte sind in Abb. 191 ersichtlich.

Ermitteln Sie den aus Ihrer Sicht geeigneten Standort für die Filiale. Welchen der Standorte würden Sie empfehlen,

- aufgrund einer möglichen Vorauswahl mit Hilfe des Prüf- oder Checklistenverfahrens und
- aufgrund der Ergebnisse eines Rangfolgeverfahrens (Scoringmodell).

Beginnen Sie mit der Erstellung einer geeigneten Liste relevanter Standortanforderungen und -bedingungen.

Abb. 191 Merkmale zur Auswahl stehender Standorte

	1a-Lage	1b-Lage
Anlieferung	schlecht (nur Vormittags bis 10.00 Uhr)	gut, über Nebenstraße ganztägig möglich
Lage zur Konkurrenz	direkt gegenüber ein Filialist	ein Warenhaus ca. 500 m entfernt
Andere Einrichtungen am Ort	direkt im Haus: Bistro-Café, Elektronikfilialist, Herrenausstatter, Sparkassenfiliale	Schuhdiscounter, Theater, Kino, Gartenlokal (Studentenkneipe)
Imagegerechte Gestaltungs-möglichkeiten	schwierig, da sehr „steriler Neubau“, Umbau nur in begrenztem Rahmen erlaubt	gut, durch kleinere Umbauten (Altbau)
Kundenstrom	ganztägig stark	schwankend, nachmittags und abends stärker aufgrund Theater-, Kino-, Kneipenbesuchern
Kundenpark-möglichkeiten	problemlos, im Parkhaus	wenige, vor allem in Hauptgeschäftszeiten
(eigene) Personalparkplätze	nein	ja
...		

Projektaufgabe: Unternehmensverbindungen

Aufgrund der absehbaren Grenzen interner Expansion werden zurzeit in der Geschäftsleitung Möglichkeiten externen Wachstums diskutiert. Dieses hat bereits zu ersten Fusionsgesprächen mit einem regional nahe gelegenen Hauptkonkurrenten geführt. Durch die Fusion werden sich vor allem Vorteile hinsichtlich der so genannten „economies of scale“ erhofft. Beispielsweise sind deutlich bessere Einkaufskondition sowie eine größere Verteilung von fixen Verwaltungs-kosten möglich.

Fritz Fertig gibt in einem Meeting der Geschäftsleitung zu bedenken, dass eine solche Fusion erhebliche Risiken in sich bergen kann. Insbesondere liegt seiner Ansicht nach die Kultur in der Unternehmensführung der beiden Unternehmen sehr weit auseinander. Er schlägt deshalb vor, auch alternative Möglichkeiten von Unternehmensverbindungen in Betracht zu ziehen.

Herr Boss hält den Einwand zum Teil für gerechtfertigt. Fritz Fertig wird daher beauftragt, eine Präsentation vorzubereiten, die eine Vorstellung der verschiedenen Formen sowie der jeweiligen Vor- und Nachteile von Unternehmensverbindungen beinhaltet.

Übernehmen Sie bitte die Aufgabe für Herrn Fertig. Stellen Sie die verschiedenen Formen von Unternehmensverbindungen sowie deren Vor- und Nachteile vor. Ist es ggf. auch möglich, die Unternehmensverbindung auf Teilbereiche des Unternehmens zu beschränken? Welche Vorteile hätte dies möglicherweise?

Geben Sie eine begründete Bewertung und ggf. Empfehlung für die BEST-TENT Outdoor OHG ab.

4.3 Unternehmensführung und -planung

Übungs-/Transferaufgaben

1. Skizzieren und erläutern Sie den Umsatzprozess des Fallstudienunternehmens. Welche Besonderheiten bestehen im Vergleich zu einem Handelsunternehmen?
2. Der Einkauf der BEST-TENT Outdoor OHG muss die Ripstop-Nylon-Materialien jeweils ein halbes Jahr im Voraus auswählen und ordern. Skizzieren Sie den in diesem Zusammenhang zu durchlaufenden Problemlösungsprozess im Unternehmen. Wer sollte daran in welcher Form beteiligt werden?
3. Welche der drei Strategiealternativen nach Porter sollte die BEST-TENT Outdoor OHG verfolgen und warum?
4. Die Unternehmensleitung überlegt – nicht zuletzt vor dem Hintergrund einiger Unmutsäußerungen seitens der Mitarbeitenden – die bisher erfolgte Art der Planung nach dem Top-down-Prinzip umzustellen.
   - 4.1. Eine mögliche Alternative wäre das Bottom-Up-Prinzip. Stellen Sie dieses System dar und diskutieren Sie, welche Vor-und Nachteile dieses System aufweist.
   - 4.2. Eine mögliche Alternative wäre das Gegenstrom-Prinzip. Stellen Sie dieses System dar und diskutieren Sie, welche Vor-und Nachteile dieses System aufweist.
5. Welches der Management-by-Konzepte würde zu dem von Ihnen empfohlenen Planungsprinzip passen? Diskutieren Sie die möglichen Interdependenzen.

Projektaufgabe: Ziele

Die seit ca. zwei Jahren bestehenden Zielsetzungen des Unternehmens stellen sich wie folgt dar (siehe Abb. 192).

Abb. 192 Zielsetzungen der BEST-TENT Outdoor OHG

Oberziele:	▸ Stetiges, profitables Wachstum ▸ Qualität der Fertigung ▸ Marktanteile bewahren
Zwischen-/ Unterziele:	▸ Gemäßigtes Wachstum innerhalb der kommenden drei Jahre, danach starke Expansion durch Beteiligungserwerb ▸ Solide Finanzpolitik ▸ Klare Profilierung im Premiumsegment ▸ Hohes Qualitätsimage, trendorientiert ▸ Verbesserung der Arbeitsbedingungen

Im Rahmen eines Meetings der Geschäftsleitung zum Thema „Wachstum als wesentliches Ziel der BEST-TENT Outdoor OHG meldet sich Fritz Fertig zu Wort – in seinem Studium habe er folgendes gelernt: „Mit zunehmender Größe des Unternehmens ist die systematische Erarbeitung von Zielen unter Berücksichtigung der verschiedenen Anspruchsgruppen, die Einbettung der Ziele in ein schlüssiges Zielsystem, die Kommunikation an die Mitarbeiter sowie deren bewusster Einsatz als Führungs-, Steuerungs- und Kontrollinstrument von elementarer Bedeutung!"

Es entsteht eine heftige Diskussion. Einige Mitarbeiter meinen, dass man doch seit Jahren mit Zielen arbeite und diese doch mehr für das Papier als für die tägliche Arbeit geeignet wären. Schließlich beweise die tägliche Praxis, dass es auch ohne solche theoretischen Ansätze sehr gut funktioniert. Andere halten die Aussage von Fritz Fertig für sehr richtig und plädieren für eine Überarbeitung der bisherigen Zielsetzungen sowie einen bewussteren Umgang damit.

Herr Boss überträgt Fritz Fertig die Aufgabe, in einem Team die bisher existierenden Zielsetzungen zu überprüfen und einen Vorschlag für ein neues Zielsystem zu erarbeiten. Dieses soll in einem der nächsten Meetings der Geschäftsleitung präsentiert werden.

Übernehmen Sie bitte die Aufgabe für Herrn Fertig. Überprüfen Sie die genannten Zielsetzungen der BEST-TENT Outdoor OHG. Inwieweit sind diese Zielsetzungen operationalisiert? Ist es möglich diese in ein Zielsystem zu übertragen?

Zwei Team-Kollegen bringen zur ersten Besprechung jeder einen Vorschlag für ein Zielsystem mit (siehe die nachfolgenden Abbildungen).

Abb. 193 Vorschlag für ein Zielsystem 1

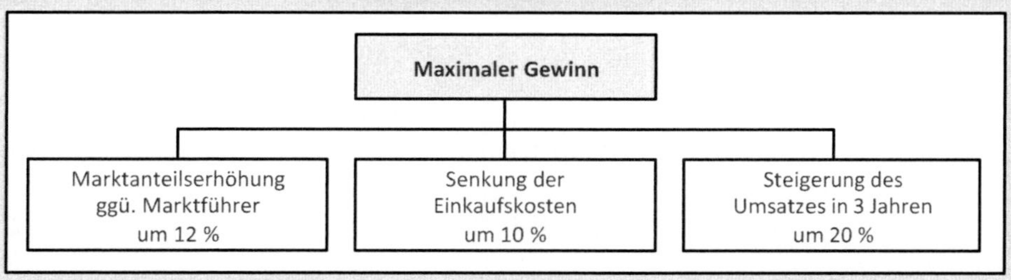

Abb. 194 Vorschlag für ein Zielsystem 2

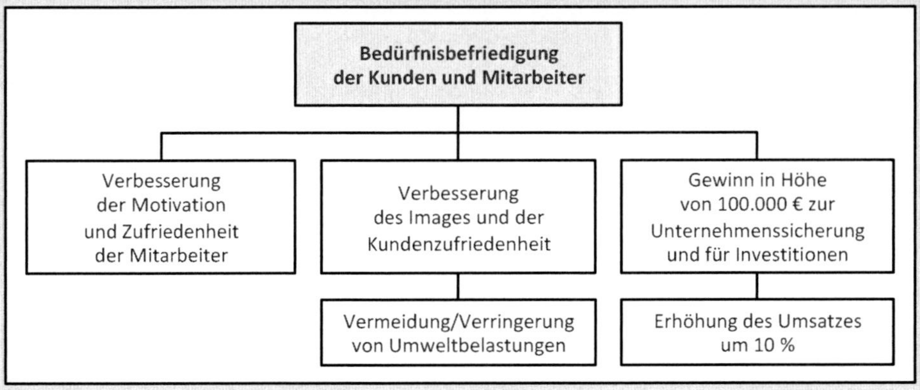

Nehmen Sie bitte kritisch Stellung zu den Vorschlägen und entwerfen Sie ein Zielsystem, das den von Fritz Fertig formulierten Ansprüchen gerecht wird. Dabei ist es Ihnen freigestellt, über die Beschreibung hinausgehende Annahmen zu treffen.

Geben Sie zusammenfassend ein kurzes Statement für Herrn Boss bezüglich der Eignung von Zielsystemen für die Führung von Unternehmen.

4.4 Marketingmanagement

Übungs-/Transferaufgaben

1. Die BEST-TENT Outdoor OHG plant eine Kundenbefragung durchzuführen. Ziel ist es, Ansatzpunkte für die Verbesserung der Kundenansprache und des Service zu erreichen.
   1.1. Ordnen Sie diese Erhebung in die Arten der Marktforschung ein.
   1.2. Welche Vorteile hat eine Befragung gegenüber einer möglichen Beobachtung der Kunden?
   1.3. Wie würden Sie an die Entwicklung einer solchen Befragung herangehen? Skizzieren Sie das Vorgehen.
2. Um welche der Marktfeldstrategien handelt es sich, wenn das Unternehmen einen Einstieg in das Niedrigpreissegment des Zeltmarkts plant?
3. Da es sich bei der BEST-TENT Outdoor OHG um einen Produktionsbetrieb handelt: Welchen Stellenwert und ggf. welche Inhalte hat die Produkt- und Leistungspolitik?
4. Wie ließe sich die Preiselastizität der Nachfrage für das Kernprodukt des Unternehmens ermitteln?
5. Welche Einführungs-Preisstrategie würden Sie für die Neueinführung eines Zeltes empfehlen? Welche Vor- und Nachteile wären ggf. damit verbunden?
6. Da es sich bei der BEST-TENT Outdoor OHG in erster Linie um einen Produktionsbetrieb handelt: Welchen Stellenwert und ggf. welche Inhalte hat die Vertriebspolitik?
7. Welche Instrumente der Kommunikationspolitik sollte das Fallstudienunternehmen Ihrer Ansicht nach in welcher Intensität einsetzen? Geben Sie eine Empfehlung inklusive einer ungefähren Gewichtung.

Projektaufgabe: Marketingmanagement

Der geplante Unternehmenszusammenschluss ist inzwischen abgeschlossen. Die fusionierten Unternehmen agieren nun gemeinsam auf dem Markt unter dem Namen „BEST-TENT Outdoor PLUS GmbH“. Die Ziele „Wachstum durch Umsatzsteigerung“ und „Entwicklung qualitativ hochwertiger Outdoor-Zelte“ haben deutliche Priorität.

Fritz Fertig hat die Aufgabe bekommen, einen fundierten Marketingplan für das gesamte Unternehmen zu entwickeln. Wie sollte er vorgehen? Geben Sie detaillierte Empfehlungen entlang des Marketings-Management-Prozesses.

4.5 Beschaffungsmanagement und Materialwirtschaft

Übungs-/Transferaufgaben

1. Welche Ziele und Methoden sollten in der Beschaffungsmarktforschung im Mittelpunkt stehen?
2. Diskutieren Sie die aus Sicht der BEST-TENT Outdoor OHG relevanten Lieferantenmerkmale.
3. Welche der drei Beschaffungsarten lassen sich in der BEST-TENT Outdoor OHG übertragen/realisieren?
4. Skizzieren Sie ein Schema zur Ermittlung des „Materialbedarfs“ aus Sicht der BEST-TENT Outdoor OHG.
5. Welche Bestandteile würden Sie der BEST-TENT Outdoor OHG in die Fehlmengenkosten integrieren?
6. Diskutieren Sie die jeweiligen Vor- und Nachteile des Bestellpunktsystems gegenüber dem Bestellrhythmussystem aus Sicht der BEST-TENT Outdoor OHG. Welche Empfehlung geben Sie?

Projektaufgabe: Beschaffungsmanagement

In der Beschaffung soll auf Basis der ausgewählten Materialien eine ABC-Analyse durchgeführt werden. In der folgenden Abbildung sind die zugrunde zu legenden Werte ersichtlich (vgl. Abb. 195).

Abb. 195 Werte für die ABC-Analyse

Materialart Nr.	Kostenanteil		Preis je ME
	in ME	in %	
1	1.500	11,8%	10,00 €
2	2.050	16,1%	25,00 €
3	3.150	24,7%	15,00 €
4	2.150	16,9%	18,30 €
5	850	6,7%	8,00 €
6	700	5,5%	43,00 €
7	650	5,1%	22,00 €
8	1.000	7,8%	5,30 €
9	200	1,6%	45,00 €
10	500	3,9%	44,80 €
	12.750	100,0%	

Fritz Fertig hat die Aufgabe, diese Analyse durchzuführen. Unterstützen Sie ihn dabei und diskutieren Sie mögliche daraus ableitbare Maßnahmen.

Inwiefern wäre eine Ergänzung durch eine XYZ-Analyse sinnvoll und zu empfehlen?

4.6 Produktionsmanagement

Übungs-/Transferaufgaben

1. Welcher Fertigungstyp und welches Fertigungsprinzip herrschen bei einem Zeltproduzenten vor?
2. Um in jüngerer Zeit entstandene Lieferengpässe und Qualitätsprobleme zu umgehen, überlegt das Fallstudienunternehmen, einen kleineren Hersteller von Zeltgestängen zu kaufen. Alternativ bestünde auch die Möglichkeit einer engeren Kooperation mit einem großen Zeltproduzenten.
   2.1. Diskutieren Sie, welche Argumente für die Entscheidung sprechen.
   2.2. Diskutieren Sie, welche Argumente gegen die Entscheidung sprechen
3. Die Best-Tent Outdoor OHG plant drei neue Zelttypen herzustellen. Die Entscheidung soll mit Hilfe einer Deckungsbeitragsrechnung gefällt werden. Erläutern Sie dieses Verfahren und stellen Sie dies anhand eines selbst gewählten Beispiels dar.
4. Es ist geplant, im nächsten Jahr 1.000 Zelte zum Stückpreis von 500 € zu verkaufen. Die Fixkosten des Betriebes belaufen sich auf 250.000 €/Jahr. Bei einem Verkauf von 800 Zelten pro Jahr wird der Break Even erreicht.
   4.1. Definieren Sie den Begriff Break-Even.
   4.2. Wie hoch sind die variablen Kosten je Einheit?
   4.3. Wie hoch ist dann der Deckungsbeitrag je Einheit?
   4.4. Welchen Gewinn erzielt das Herstellerunternehmen bei dem geplanten Verkauf von 1.000 Zelten?

Projektaufgabe: Produktionsmanagement

Recherchieren Sie die einzelnen Schritte zur Herstellung eines Zeltes. Skizzieren Sie einen typischen Produktionsablauf für ein solches Unternehmen.

4.7 Rechnungswesen und Controlling

Übungs-/Transferaufgaben

1. Ordnen Sie im folgenden Beispiel die Begriffe Einnahme und Ausgabe sowie Einzahlung und Auszahlung zu:
   1.1. Die Best Tent Outdoor OHG ordert bei einem Zulieferer jeweils im Frühjahr bis zum 31. März Nilon für die Herbst-/Winterproduktion, die bis Anfang August geliefert wird.
   1.2. Nach der Bestellung der Ware werden innerhalb von vier Wochen 50% des Bestellwertes als Anzahlung fällig.
   1.3. Am 01. April wird eine Anzahlung in Höhe von 50% des Bestellwertes geleistet.
   1.4. Nach Lieferung der Ware werden die verbleibenden 50% des Bestellwertes laut Rechnung innerhalb von weiteren vier Wochen fällig.
   1.5. 2 Wochen später wird die Zahlung vorgenommen.
   1.6. Aus den gelieferten Materialien werden Zelte gefertigt und an einen Großabnehmer verkauft.
   1.7. Die Lieferung erfolgt am 01. November zusammen mit der Rechnung. Es wird ein Zahlungsziel von 14 Tagen eingeräumt.
   1.8. Am 14. November geht das Geld auf unserem Konto ein.
2. Stellen Sie eine aus Sicht der Best Tent Outdoor OHG typische Bilanz dar. Welche Positionen sind aus Ihrer Sicht besonders wichtig für einen Industriebetrieb?
3. Wie setzt sich der Jahresabschluss der Best Tent Outdoor OHG nach den aktuellen gesetzlichen Maßgaben zusammen? Welche Bestandteile müssen verbindlich aufgestellt werden? Welche Informationen werden in den Bestandteilen bereitgestellt?
4. Diskutieren Sie aus Sicht der Unternehmensleitung die Vor- und Nachteile einer alternativen Erstellung der GuV ...
   4.1. ... nach dem Gesamtkostenverfahren. Stellen Sie die GuV auch schematisch dar.
   4.2. ... nach dem Umsatzkostenverfahren. Stellen Sie die GuV auch schematisch dar.

Projektaufgabe: Rechnungswesen und Controlling

Vor der Fusion mit dem Konkurrenzunternehmen sollte dessen Gewinn- und Verlustrechnung (GuV) und Bilanz analysiert werden (vgl. Abb. 196 und Abb. 197).

Abb. 196 Bilanz des Konkurrenzunternehmens

BILANZ					
AKTIVA	Periode	Vorper.	**PASSIVA**	Periode	Vorper.
ANLAGEVERMÖGEN	**175,00**	188,75	**EIGENKAPITAL**	**100,00**	**60,00**
Sachanlagen			Gezeichnetes Kapital	60,00	60,00
Maschinen & Betriebsausstatt.	175,00	188,75	Kapitalrücklage	0,00	0,00
			Gewinnrücklage	0,00	0,00
UMLAUFVERMÖGEN	**125,00**	71,25	Gewinn-/Verlustvortrag	0,00	0,00
Vorräte			Periodenübersch./-fehlb.	40,00	0,00
Materialien	0,00	0,00			
Fertige Erzeugnisse	0,00	0,00	**PENSIONSRÜCKST.**	0,00	0,00
Ford. aus Lief. & Leistg.	125,00	0,00			
Wertpapiere	0,00	0,00	**VERBINDLICHKEITEN**	200,00	200,00
Kassenbestand	0,00	71,25	Verbindl. ggü. Kreditinstit.	0,00	0,00
			Restlaufzeit > 5 Jahre	200,00	200,00
			Restlaufzeit < 1 Jahr	0,00	0,00
			Überziehungskredit	0,00	0,00
BILANZSUMME	300,00	260,00	BILANZSUMME	300,00	260,00

Abb. 197 GuV des Konkurrenzunternehmens

GEWINN- UND VERLUSTRECHNUNG			
Nach Paragraph 275(2) HGB GKV	**€**	**Nach Paragraph 275(3) HGB UKV**	**€**
UMSATZERLÖSE	**500,00**	**UMSATZERLÖSE**	**500,00**
+/- Bestandsveränderung	0,00		
- Einsatz-/Betriebsstoffe	160,00		
- Externe Aufwendungen	0,00	- Herstellkosten des Umsatzes	300,00
- Personalaufwand			
- Löhne/Gehälter	111,25	- Vertriebskosten	75,00
- Einstellungen/Entlassungen	0,00		
- Personalnebenkosten	22,25	- Aufwendungen für F&E	25,00
- Abschr. auf Vermögensgegenstände	13,75		
- Sonstige Aufwendungen	102,75	- Verwaltungskosten	10,00
= BETRIEBSERGEBNIS	**90,00**	**= BETRIEBSERGEBNIS**	**90,00**
+ Erträge aus Wertpapieren			0,00
- Zinsen und ähnliche Aufwendungen			10,00
= ERGEBNIS GEW. GESCHÄFTSTÄTIGKEIT			**80.00**
+ Sonst. betriebl. Erträge			0,00
- Sonst. betriebl. Aufwendungen			0,00
- Steuern von Einkommen und Ertrag			40,00
= PERIODENÜBERSCHUSS/-FEHLBETRAG			**40,00**

Welche Erkenntnisse gewinnen Sie daraus über das Unternehmen?

Welche grundlegenden Empfehlungen würden Sie dem Unternehmen geben?

4.8 Finanzierung

Übungs-/Transferaufgaben

1. Skizzieren und diskutieren Sie den güter- und finanzwirtschaftlichen Prozess aus Sicht der BEST-TENT Outdoor OHG.
2. Diskutieren Sie vor dem Hintergrund der bestehenden Rechtsform sowie einem erheblichen Kapitalbedarf für die geplante Investition in einen neuen Standort ...
   2.1. ... mögliche Formen der Innenfinanzierung für die BEST-TENT Outdoor OHG.
   2.2. ... mögliche Formen der Außenfinanzierung für die BEST-TENT Outdoor OHG
3. „Finanzierung und Investition sind die dynamischen Vorgänge, die als Resultat zu den statischen Bestandsgrößen Kapital und Vermögen führen." Stellen Sie diese Aussage grafisch anhand eines durchzuführenden Projekts für die Best Tent Outdoor OHG dar.
4. Die Finanzplanung ist der folgenden Übersicht (Abb. 197) zu entnehmen. Ergänzen Sie folgenden kurzfristigen Liquiditätsplan, und errechnen Sie den Bestand an liquiden Mitteln (Kassenbestand, Bankguthaben, Postgiroguthaben) unter Berücksichtigung der kurzfristigen Forderungen und Verbindlichkeiten (nettomonetäres Umlaufvermögen) per Ende des 4. Quartals unter der Annahme, dass der Anfangsbestand 80.000,-- € betragen hatte. Diskutieren Sie das Ergebnis.
5. Erstellen Sie für das Konkurrenzunternehmen einen ROI-Kennzahlenbaum auf Basis der Werte aus der Bilanz und der GuV (vgl. Abb. 195 und Abb. 196). Nehmen Sie kritisch Stellung und leiten Sie Empfehlungen für das Management der BEST-TENT Outdoor OHG ab.

Abb. 198 Finanzplanung eines Filialleiters der TOP Jeans OHG

Einnahmen in 1.000 €	1. Quartal	2. Quartal	3. Quartal	4. Quartal
Barverkäufe	750	850	870	770
Debitoreneingänge	140	180	170	150
Gutschrifteneingänge	100	120	150	200
Summe				
Ausgaben in 1.000 €				
Lohnaufwand	100	120	100	100
Barlöhne	20	30	40	50
Miete	10	10	10	10
Warenkauf auf Kredit	500	500	450	500
Lieferantenrechnungen	400	500	500	500
Zinsen	5	5	5	5
Summe				
Liquidität pro Quartal				
Liquidität kumuliert				

Projektaufgabe: Finanzierung

Ein Zelthersteller hat einen Umsatz von 500.000,- €/Jahr (Basis: 360 Tage/Jahr). Die Kostenstruktur sieht wie folgt aus:

- Materialkosten 50%
- Lohnkosten 20%
- Herstellgemeinkosten 15%
- Verwaltungs- und Vertriebsgemeinkosten 5%

Weiterhin existieren folgende Rahmenbedingungen:

- Die Lohnkosten fallen durchschnittlich 15 Tage nach Produktionsbeginn an.
- Die Herstellgemeinkosten fallen bei Produktionsbeginn an.
- Die Verwaltungs- und Vertriebsgemeinkosten fallen 60 Tage nach Produktionsbeginn an.
- Die Durchlaufzeit der Fertigung beträgt 60 Tage.
- Die Lagerdauer der Fertigwaren beträgt 15 Tage.
- Die Debitorenfrist beläuft sich auf 45 Tage.
- Die Kreditorenfrist liegt bei 60 Tagen.

Stellen Sie die Kapitalbindung grafisch als Schema mit den sieben oben genannten Elementen dar.

Berechnen Sie die Kapitalbindungsdauer für die nachfolgend genannten Positionen sowie den Gesamtkapitalbedarf und nehmen Sie anschließend kritisch Stellung!

- Herstellgemeinkosten
- Verwaltungs- und Vertriebsgemeinkosten
- Material - Fertigwaren
- Löhne

4.9 Investition

Übungs-/Transferaufgaben

1. Erläutern Sie die Zusammenhänge zwischen Investition und Finanzierung, Kapital und Vermögen. Beschreiben Sie den Zusammenhang zwischen dem güter- und finanzwirtschaftlichen Transformationsprozess am Beispiel des Fallstudienunternehmens.
2. Welche Funktionen hat die Investitionsrechnung? Erläutern Sie diese anhand eines selbstgewählten Beispiels.
3. Stellen Sie die folgenden Methoden der Investitionsrechnung jeweils anhand eines selbstgewählten Beispiels dar. Erläutern Sie, worauf bei der jeweiligen Methode besonders geachtet werden sollte.
   3.1. Kapitalwertmethode.
   3.2. Methode des internen Zinsfußes.
   3.3. Rentenbarwertfaktor. In welchen Fällen findet dieser Faktor Anwendung?
4. Nehmen Sie kritisch Stellung zu der Aussage von Herrn Boss: „Ausgaben in der Personalentwicklung sind keine Investitionen!“

Projektaufgabe: Investition

Die BEST-TENT Outdoor OHG möchte in ein neues Lager investieren. Zur Auswahl stehen drei sehr unterschiedliche Alternativen.

Diskutieren Sie zunächst mögliche Kriterien und deren Gewichtung zur Beurteilung und Auswahl der alternativen Investitionsvorhaben.

Welches/welche Verfahren zur Beurteilung der Vorteilhaftigkeit der Investitionsalternativen würden Sie empfehlen und warum.

Fritz Fertig und Sie sind von der Geschäftsleitung beauftragt worden, die günstigste Alternative auf der Basis einer Standortkalkulation zu ermitteln.

Die Geschäftsleitung stellt Ihnen folgende geschätzte Daten zur Verfügung (siehe Abb. 199). Als Kalkulationszinssatz nehmen Sie bitte 5% an.

Ermitteln Sie die Vorteilhaftigkeit der Investitionsalternativen. Wenden Sie jeweils zwei statische und dynamische Verfahren an. Diese können Sie selbst auswählen. Nehmen Sie zu den Ergebnissen kritisch Stellung.

Abb. 199 Standortinformationen

	Standort A:	**Standort B:**
	vorauss. Erlöse:	vorauss. Erlöse:
t0:	130.000 €	150.000 €
t2:	140.000 €	140.000 €
t3:	130.000 €	150.000 €
t4:	140.000 €	130.000 €
t5:	130.000 €	140.000 €
Restwert (in t5):	1.000.000 €	800.000 €
Anschaffungsauszahlung in t0:	1.000.000 €	900.000 €

4.10 Personalmanagement

Übungs-/Transferaufgaben

1. Fritz Fertig wird von der Geschäftsführung beauftragt, mögliche Wege für die Beschaffung von Führungsnachwuchskräften für das Unternehmen zu ermitteln. Welche Wege gibt es und welche davon würden Sie der Geschäftsleitung nahelegen? Begründen Sie Ihre Empfehlung.
2. In der Vergangenheit gab es immer wieder Personalengpässe in der Produktion. Dies lag mitunter auch an der zum Teil zu geringen Qualifikation der verfügbaren Mitarbeiter. Die Geschäftsleitung sucht nach einem Weg, den Personalbedarf in quantitativer und qualitativer Hinsicht zuverlässiger zu planen. Welches Vorgehen, welche Instrumente würden Sie empfehlen?

Projektaufgabe: Personal

Erwin Boss befürchtet, dass durch die Fusion des Unternehmens erhebliche Personalprobleme auftreten werden. Da das andere Unternehmen deutlich personalintensiver arbeitet, hat sich der Personalbestand auf über 30 Mitarbeiter erhöht.

- Welche Möglichkeiten gibt es, die Motivation der Mitarbeiter in den einzelnen Bereichen durch entsprechende Anreize zu erhöhen?
- Unterbreiten Sie der Geschäftsleitung konkrete Vorschläge jeweils für die Mitarbeiter in der Verwaltung und in der Produktion.

4.11 Organisation

Übungs-/Transferaufgaben

1. Fritz Fertig bekommt die Aufgabe, eine verbesserte Stellenbeschreibung für die Stelle des Produktionsleiters zu erstellen. Insbesondere geht es auch um die Abgrenzung seiner Tätigkeiten zu denen des Geschäftsführers. Wie sollte er dabei vorgehen?
2. Die Geschäftsführung überlegt, eine stärkere Zentralisation von Aufgaben und Entscheidungen vorzunehmen.
   2.1. Diskutieren Sie die grundsätzlichen Vor- und Nachteile.
   2.2. Welche Aufgaben/Funktionen wären hierfür besonders geeignet? Geben Sie eine konkrete Empfehlung.

Projektaufgabe: Organisation

Erstellen Sie auf Basis der Informationen in der Fallbeschreibung ein Organigramm der BEST-TENT Outdoor OHG.

Welche Vor- und Nachteile hat diese Organisationsform.

Diskutieren Sie – insbesondere vor dem Hintergrund der Fusion und der weiterhin angestrebten Expansion des Unternehmens – mögliche Alternativen.

Für welche Aufgabenbereiche bzw. Funktionen würden Sie eine stärkere Zentralisierung, für welche eine stärkere Dezentralisierung empfehlen?

XIII Projekt "Real Case" - "Mein" Unternehmen

Die folgenden Inhalte beziehen sich auf das didaktische Konzept der Veranstaltung „Einführung in die Allgemeine Betriebswirtschafts- und Managementlehre", bei welchem zu jedem Hauptkapitel dieses Buches eine Vorlesungseinheit mit einer entsprechenden Übungseinheit gekoppelt ist.

Es geht darum, die in diesem Buch behandelten Inhalte anhand eines selbst gewählten „realen" Unternehmens zu spiegeln und die praxisseitige Relevanz dieser Inhalte kritisch zu reflektieren.

1 Grundlegende Aufgabenstellung

Bitte begleiten Sie die Veranstaltung als „Botschafter" Ihres Unternehmens, indem Sie die wochenbezogenen Themen anhand der nachfolgenden Aufgabenstellungen auf „Ihr" Unternehmen anwenden/übertragen und fundiert aufbereiten.

Erläuterung zum Vorgehen

- Es soll die Ihnen in der Veranstaltung zur Verfügung gestellte Powerpoint-Vorlage verwendet werden.
- Die wochenbezogenen Aufgaben (Charts) sind zu jeder (!) Übung vorzubereiten und in digitaler Form mitzubringen. Grundlage sollte eine umfassende Recherche über das Internet sowie in weiteren Quellen (Pressemitteilungen, Geschäftsberichte etc.) sein. Sind trotz umfassender und ernsthafter Recherche keine fundierten Informationen zu finden, dürfen Plausibilitätsüberlegungen angestellt werden.
- In jeder Übungsveranstaltung präsentieren zwei bis drei Teams ihre Ergebnisse. Die Auswahl erfolgt per Zufall durch die Übungsleiter.
- Die Überschriften in der Powerpoint-Vorlage sollen bestehen bleiben, um die thematische Zuordnung „klar" zu halten.
- In den Notizen ist eine Konkretisierung der jeweiligen Aufgabenstellung zu finden. Daran soll sich orientiert werden.
- Je Thema sollen drei Charts erstellt werden (Qualität geht über Quantität!).
- Es soll eine Folie mit Quellenangaben erstellt werden. Diese befindet sich am Ende der Präsentation.
- Die vollständige Präsentationsdatei ist zum Semesterende abzugeben und wird dann bewertet. Der Dateiname soll folgendermaßen erstellt werden:
  G[Nummer der Übungsgruppe]_Firmanname_NachnameBearbeiter1in alphabetischer Reihenfolge_NachnameBearbeiter2inalphabetischerReihenfolge

Vorgehen Auswahl des Unternehmens

- Grundlegende Regeln
  - Jeweils zwei Studierende bilden eine Real-Case-Gruppe.
  - Jedes Real-Case-Team wählt ein bzw. zwei Unternehmen aus.
  - Die Zusammensetzung der Real-Case-Gruppen und die Zuordnung der Unternehmen werden durch die Dozenten organisiert.
- Auswahlprämissen – das auszuwählende Unternehmen muss ...
  - ... ein produzierender Industriebtrieb sein.
  - ... eine publikationspflichtige Kapitalgesellschaft sein.
  - ... seinen Sitz in Deutschland haben.
  - ... mindestens ein mittelgroßes Unternehmen nach § 267 HGB.
  - ... muss über eine aussagekräftige Internetseite verfügen und die Geschäftsberichte müssen verfügbar sein.

2 Themenbezogene Aufgaben

2.1 Einführung und Grundlagen

1. Vorstellung "meines" Unternehmens
   - Stellen Sie "Ihr" Unternehmen vor!
   - Orientieren Sie sich an der Frage: Was an diesem Unternehmen ist toll, interessant, begeisternswert und wichtig zu wissen?
   - Verwenden Sie zur Vorstellung eigene Texte, Bilder, Video-Links etc.
   - Vergessen Sie nicht die originären Quellen für die Informationen anzugeben!
2. "Markt, Bedürfnis, Bedarf, Nachfrage"
   - Verdeutlichen und erläutern Sie (graphisch) die Begriffe und Zusammenhänge aus der Sicht "Ihres" Unternehmens.
   - Welche Erkenntnisse lassen sich in Bezug auf die Art und Weise der Unternehmensführung ableiten?
3. Marktform
   - Charakterisieren Sie die heutige angebots- und nachfragebezogene Marktsituation "Ihres" Unternehmens aus betriebswirtschaftlicher Sicht.
   - Benennen und charakterisieren Sie wesentliche Faktoren der Makro- und Mikroumwelt "Ihres" Unternehmens.
4. Stakeholder
   - Wer sind die Stakeholder und welche Bedeutung haben diese aus Sicht der Unternehmensführung?
   - Was sind die Besonderheiten dieser Marktsituation in Bezug auf "Ihr" Unternehmen?
5. Typologisierung
   - Nehmen Sie eine Einordnung und Charakterisierung "Ihres" Unternehmens im Hinblick auf die Gewinnorientierung, die Branche und die Unternehmensgröße vor.
   - Welche Erkenntnisse lassen sich in Bezug auf die Art und Weise der Unternehmensführung ableiten?

2.2 Konstitutive Entscheidungen

1. Rechtsform
   - Welche Rechtsform hat das Unternehmen?
   - Gibt es ggf. (Tochter-)Gesellschaften mit anderen Rechtsformen?
   - Welche Gründe haben zur Wahl dieser Rechtsform(en) geführt?
   - Wurde(n) diese ggf. im Zeitverlauf verändert? Wenn ja, was waren die (vermutlichen) Gründe?
2. Standort
   - Welche(n) Standort(e) hat das Unternehmen?
   - Welche Gründe haben zur Wahl dieses Standortes bzw. dieser Standorte geführt?
   - Wurden diese im Zeitverlauf verändert? Wenn ja, was waren die (vermutlichen) Gründe?

3. Unternehmensverbindung
   - Steht das Unternehmen in engeren Verbindungen zu anderen Unternehmen?
   - Welcher Art sind die Verbindungen?
   - Worauf beziehen sich die Verbindungen inhaltlich?
   - Welches sind die (vermutlichen) Ziele dieser Verbindungen?

2.3 Unternehmensführung und -planung

1. Güter- und finanzwirtschaftlicher Umsatzprozess
   - Skizzieren und erläutern Sie kurz den Güter- und finanzwirtschaftlichen Umsatzprozess Ihres Unternehmens.
2. Ziele
   - Recherchieren Sie soweit wie möglich Vision, Mission, Leitlinien, Ziele und Strategien Ihres Unternehmens. Stellen Sie diese dar.
   - Welche Erkenntnisse lassen sich in Bezug auf die Art und Weise der Unternehmensführung ableiten?
3. Planung und Entscheidung
   - Wie wird (vermutlich) geplant?
   - Wie werden (vermutlich) Entscheidungen in Ihrem Unternehmen gefällt?

2.4 Marketingmanagement

1. Wer ist/sind die wesentliche(n) Zielgruppe(n) des Unternehmens? Charakterisieren Sie diese.
2. Erörtern Sie den Marketing-Mix des Unternehmens in Bezug auf folgende Fragen:
   - Produktpolitik: Wie viele Geschäftsfelder, Produktgruppen, Produkte hat das Unternehmen? Inwieweit ist das Angebotsprogramm diversifiziert oder differenziert?
   - Preispolitik: In welcher Preislage ist das Unternehmen positioniert? Welcher Ansatz zur Preisbildung wird vorrangig eingesetzt? Welche Instrumente der Preisdifferenzierung, der Rabattpolitik etc. werden eingesetzt? Welche Ziele werden damit verfolgt?
   - Distribution: Über welche Vertriebskanäle verfügt das Unternehmen? Skizzieren Sie diese.
   - Kommunikation: Welche Kommunikationswege (Medien) nutzt das Unternehmen? Skizzieren Sie den Kommunikationsmix und verdeutlichen Sie die Gewichtung der einzelnen Kanäle.

2.5 Beschaffungsmanagement und Materialwirtschaft

1. Welches sind die wesentlichen Beschaffungsmärkte des Unternehmens?
2. Wie sind diese Märkte zu charakterisieren – handelt es sich eher um Käufer- oder Verkäufermärkte?
3. Wie viele Lager hat ihr Unternehmen und wo befinden sich diese Lager?
4. Welche Bedeutung wird die Lagerhaltung und das Lagermanagement für das Unternehmen (vermutlich) haben? Begründen Sie Ihre Aussage.
5. Welche Beschaffungsarten werden von Ihrem Unternehmen (vermutlich) bevorzugt? Warum wird so verfahren?

2.6 Produktionsmanagement

1. Charakterisieren Sie das Produktionsprogramm des Unternehmens in Relation zum Absatzprogramm.
2. Wenn es sich um ein Handels- und/oder Dienstleistungsunternehmen handelt, was wird hier „produziert“? Werden Produktionsabläufe unter Umständen „outgesourced“?
3. Wenn es sich um ein Produktionsunternehmen handelt, welche(r) Fertigungstyp(en) bzw. welche(s) Fertigungsprinzip(ien) kommen zum Einsatz?
4. Wie reagiert Ihr Unternehmen auf saisonale Schwankungen?
5. Welche Bedeutung haben Auftrags- und Rüstzeiten sowie Kapazitätsplanungen für das Unternehmen?

2.7 Rechnungswesen und Controlling

1. Beschaffen Sie den Geschäftsbericht Ihres Unternehmens. Stellen Sie auf je einem Chart die (verkürzte) Bilanz, GuV sowie den Cash Flow dar.
2. Analysieren und Diskutieren Sie mindestens drei wesentliche Veränderungen im Jahresvergleich. Was sind die Ursachen für diese Veränderungen?
3. Nehmen Sie Stellung zur Liquidität des Unternehmens.
4. Welche Kostenträger und Kostenstellen hat das Unternehmen vermutlich? Stellen Sie diese dar. Da Sie wahrscheinlich keine expliziten Informationen hierzu finden werden, stellen Sie bitte qualifizierte Vermutungen an!
5. Wie würden Sie aus Sicht der Unternehmensleitung eine stufenweise Deckungsbeitragsrechnung aufbauen? Erstellen Sie eine möglichst konkrete Skizze.

2.8 Finanzierung

1. Erläutern Sie auf Basis der Geschäftsberichte Art und Verhältnis der Finanzierung (Innen-/Außenfinanzierung).
2. Wie wird vermutlich die kurz- und langfristige Finanzplanung des Unternehmens aussehen? Welche wesentlichen Posten werden darin enthalten sein. Entwerfen Sie beispielhaft eine Skizze (Finanzplanungstabelle).
3. Berechnen und Beurteilen Sie die folgenden Finanzkennzahlen für das Unternehmen:

   - Investitionsverhältnis
   - Umlaufintensität
   - Anlageintensität
   - Verschuldungsgrad
   - Eigenkapitalquote
   - Fremdkapitalquote
   - Verschuldungskoeffizient
   - Eigenkapitalrendite
   - Fremdkapitalrendite
   - Gesamtkapitalrendite
   - Umsatzrendite
   - Cash Flow
   - Liquidität (1., 2., 3. Grades)

2.9 Investition

1. Welche Arten der Investition hat das Unternehmen seit seiner Gründung (vermutlich) getätigt? Erläutern Sie diese.

2. Gibt es aktuell Investitionsvorhaben, die Ihr Unternehmen durchführen möchte/wird?
3. Wie werden Entscheidungen über Investitionen in Ihrem Unternehmen getroffen? Welche Entscheidungsträger sind involviert?
4. Welche Verfahren der Investitionsrechnung wurden (vermutlich) angewendet und warum?

2.10 Personalmanagement

1. Analysieren und charakterisieren Sie den quantitativen und qualitativen Personalbedarf des Unternehmens.
2. Diskutieren Sie diesbezüglich vermutlich vorhandene Herausforderungen aus Sicht des Unternehmens.

2.11 Organisation

1. Skizzieren Sie die Aufbauorganisation des Unternehmens.
2. Welche Strukturierungsprinzipien wurden hier angewendet?

XIV Stichwortverzeichnis

A

B

C

D

E

F

G

H

I

J

K

L

M

N

O

P

Q

R

S

T

Ü

V

W

X

Y

Z